GOD'S
BRAIN

신의 뇌

GOD'S BRAIN
신의 뇌

신은 뇌의 창조물. 뇌과학이 밝혀내는 '믿는 뇌'의 메커니즘

라이오넬 타이거·마이클 맥과이어 지음 | 김상우 옮김

와이즈북

인간의 믿음에 대한 과학적 성찰

이 책을 쓴 이유는 (뇌가 창조해낸) 종교적 믿음과, 종교가 만들어낸 광대하고도 오래된 사회 시스템 간에 당혹스러울 만큼 뚜렷한 갭이 존재하기 때문이었다. 이는 인간 행동 측면에서도 풀어야 할 숙제이지만 우리가 반드시 이해해야 할 문제이기도 하다.

그러나 이러한 종교 문제에 대해 공개적으로 논의하려고 하면 대개 한쪽에선 반종교적인 사람들의 적대감으로 인해, 또 한쪽에선 신앙은 회의와 의심의 대상이 아니라고 주장하는 사람들의 자기 확신으로 인해 제대로 된 논의를 할 수 없었다. 따라서 우리는 종교와 종교가 만들어낸 사회 시스템 간의 차이를 이해하는 데 많은 어려움을 겪을 수밖에 없었다.

이런 상황은 종교를 이론적으로 검토할 수 없게 만들었고, 종교의 실용적 결과만이 우리의 과학적 초점에 영향을 미쳤다. 미국의 경우 정부 자체가 종교적 믿음을 표방하고 있고, 그것이 암묵적으로 선출직 공무원의 필수 조건이 되어버린 나라다. 기실, 신앙의 불길이 세계 모든 강대국 정부를 에워싸고 있다.

사람들에겐 인간적인 욕구, 슬픔, 실패, 트라우마 등이 넘쳐나지만, 수많은 공동체 안에서는 신앙에 휩싸인 열정, 그리고 종종은 한 신앙체계의 완전한 승리를 쟁취하려는 군사적인 열정이 존재하기도 한다. 사람들은 머릿속에 든 신념과 목에 건 부적 때문에 죽어간다.

예일대 출판부는 매우 확신에 차고 분노한 광신도가 (과거에 이미 그랬던 것처럼) 편집자를 살해할지도 모른다는 공포 때문에 종교서적의 출판을 거절하고 있다. 이 책은 바로 그런 종교 관련 서적이다. 순종적이고 준법적인 공동체가 누리는 평온한 종교적 위안은 남의 종교보다 자기 종교가 더 우월하다고 주장하는 무시무시한 폭력과 공존하고 있다.

집단의 중요성을 추구하는 국제적인 움직임과 국제정치의 소음 속에서, 종교는 모든 사람이 알고 있는 중요한 문제지만 아무도 언급하지 않는 문제로 남아 있다. 한때 종교는 공동체의 질서를 유지하던 조용한 중심이었다. 따라서 종교에 대해 남아 있는 경외 때문에 그 이면에 어떤 충동이나 욕구, 교활함이 있는지 언급하는 것은 금기시되어 있다. 이와 함께 인간의 뇌는 정상적으로 작동하기 어려운 상태로 머물러 있다.

마이클 맥과이어 · 라이오넬 타이거

신이 뇌의 창조물이라면 '신의 뇌'는 '인간의 뇌'다

저자들은 "신이 인간 뇌의 창조물이라면 신의 뇌는 인간의 뇌"라는 창조적인 주장으로 이 책을 전개하고 있다. '신'과 '뇌'는 이 책의 중심 테마다. 그리고 뇌과학을 기초로 한 치밀한 과학적 논증이 뒤따르고 있다.

신은 왜 존재하게 되었을까?

'신'이라는 존재는 인간세계에 빛과 그림자를 드리운다. 난무하는 교회 십자가들 사이에서, 자살 폭탄 테러리스트의 신앙 속에서, 부자와 가난한 자의 휴일 만찬에, 신앙인과 비신앙인의 갈등 사이에서 종교는 하늘나라이기도 하지만 전쟁터가 된 경우도 많았다.

혼란스러운 믿음의 시대에 이 책은 신에 대한 믿음을 작동시키는 뇌를 들여다봄으로써 인간 믿음의 실체를 규명하고 있다. 즉,

신의 뇌(즉 인간의 뇌)에서 벌어지는 종교라는 유구한 문화 현상에 과학적 뇌수술을 감행해보자는 것이다. 따라서 이 책은 선악을 구분하거나 종교를 비판하거나 과학의 우월성을 주장하지 않는다. 인간의 뇌 속에 그토록 오래도록 자리 잡은 믿음, 그 종교의 생물학적 기원을 (거기까지만) 추적해보자는 것이다.

서구사회에서는 유신론와 무신론의 대립이 만만치 않다. 이는 '생명의 기원' 논쟁으로 더 격화되어 왔다. 1980년대 미국에서 벌어진 창조론(그리고 지적 설계론)과 진화론의 대립은 결국 법정까지 가는 다툼으로 이어졌고, 아직도 그 갈등은 계속되고 있다. 이는 미국 공립학교의 과학 교과서에 진화론을 내몰고 지적 설계론을 채택해야 한다는 기독교도들의 광범위한 움직임에서 비롯되었으며, 이 대립은 아직도 현재진행형이다.

창조론은 대체로 종교계에서 주장하는 논리로, '신'이 우주와 생명을 창조했다는 것이고, 지적 설계론은 신을 지칭하지는 않으면서 다만 '어떤' 지적 설계자가 우주와 생명을 설계했다고 주장한다. 지적 설계론은 신을 언급하지 않았다는 이유로 일부 창조론자들의 비판을 받기도 하지만, 결국 창조론과 지적 설계론은 생명의 복잡성, 즉 존재의 이유와 생명의 기원은 결코 진화론으로 설명할 수 없다는 데 의견을 같이한다. 그러면서 신 혹은 위대한 지적 존재라는 초월적 존재를 가정한다. 반면, 진화론은 생명은 그 자체로 진행성을 가지고 자연선택에 의해 단순한 형태에서 복잡한 형태로 계속 진화해왔다는, 현대 과학계를 지배하고 있는 대표 이론이다.

진화론적 관점에서 유신론을 비판하는 논리는 종교의 본질에 대한 논의로 귀결되는데, 이는 크게 세 가지 시각으로 나눌 수 있다.

첫째, 종교가 인간 집단이나 개인의 생존·번식에 순기능을 한 결과 선택되어 진화했다는 시각이고(에드워드 윌슨, 데이비드 S. 윌슨), 둘째, 종교란 인간이 진화 과정에서 발전시킨 인지 능력의 부산물이라는 시각이며(스티븐 제이 굴드, 리처드 르윈틴), 셋째, 언어나 반복된 행동에 의해 하나의 정신에서 다른 정신으로(예컨대, 부모에서 자식에게) 전달되는 문화정보(이를 밈meme이라 한다)로서 종교를 바라보는 시각이다(리처드 도킨스, 대니얼 데닛).

이중 진화론에 기초한 열렬한 무신론자 리처드 도킨스는 서구사회에 엄청난 반향을 일으키며 유신론 대 무신론 논쟁을 촉발시킨 《만들어진 신The God Delusion》에서 과학적, 합리적 이성을 무기로 유신론을 비판하면서 무신론을 열정적으로 대변하고 있다. 그러나 '신이 있다'는 것을 입증할 수 없기 때문에 '신이 없다'고 확신하는 도킨스의 논리에 대해서는, 반대로 '신이 없다'는 것을 확증하기 힘들기 때문에 신이 있을 수도 있는 것 아니냐는 반박을 제기하는 이들도 있다. 도킨스가 지원한 런던의 버스 광고 "'아마도' 신은 없는 것 같으니 근심을 멈추고 삶을 즐겨라(There's 'probably' no God. Now stop worrying and enjoy your life)"라는 슬로건을 보며 어떤 유신론자들은 도킨스 같은 무신론자들도 신이 없다는 것을 확실하게는 말하지 못한다고 비판하기도 한다.

이러한 유신론과 무신론의 논쟁, 과학과 종교의 논쟁은 철학과 과학이 신학에서 분리된 이후 끊임없이 전개된 인류의 거대한 지적 논쟁의 본류를 형성하고 있다. 수천 년에 걸친 논쟁 속에서 믿는 자들은 불확실하고 불합리하므로 믿는다고 했고, 믿지 않는 자들은 알 수 없고 불합리하므로 믿을 수 없다고 했다. 과학과 종교

논쟁은 이 시대 최고의 과학적 지식, 치밀한 철학적 논리, 뜨거운 열정, 그리고 차가운 머리가 얽히고 부딪히는 인류 지성사의 가장 매력적인 부분이며, 인류가 절멸하거나 아니면 누구나 받아들일 수밖에 없는 절대적인 진리(신의 존재 혹은 부존재의 여부)가 밝혀져야만 끝날 치열하고 첨예한 논쟁이다.

종교는 지적 논쟁의 대상만은 아니다. 종교는 오랜 세월 인류의 삶에 지대한 영향을 미쳐온 살아 있는 힘이다. 크리스마스 같은 특정 종교의 성일은 신앙인뿐 아니라 비신앙인의 삶에도 영향을 미친다. 많은 신앙인들이 신의 뜻에 따라 곤경에 처한 사람을 도우며 사랑과 인류애를 실천하고 있다. 아시시의 성 프란체스코, 슈바이처 박사, 미얀마의 승려들, 그리고 수많은 종교단체의 자원봉사자들은 신앙의 힘으로 자신을 희생하며 인류에 봉사하고 있다. 그래서 인류사회는 조금씩 나은 방향으로 가고 있는지도 모른다. 그러나 인류는 종교로 인해 수많은 혼란과 폭력을 경험하기도 한다. 서로 다른 종교 간의 전쟁, 같은 종교 내의 종파 분쟁, 교리 논쟁, 자살폭탄 테러, 종교 차이로 인한 개인 간의 소소한 갈등, 그리고 종교 때문에 개인적인 욕망을 억눌러야 하는 내적 갈등…… 이 모든 것이 평화와 사랑을 말하는 종교로 인해 발생했고, 지금도 발생하고 있다.

세로토닌의 뇌 작동 기제를 규명한 신경과학자 마이클 맥과이어와 인류학자 라이오넬 타이거는 뇌과학과 진화생물학적 관점에서 인간 뇌에서 발생하는 생물학적 기적, 즉 인류의 가장 오랜 유산인 종교를 해부하고 있다. 그러나 과학적 관점에서 종교를 분석하고 있다고 해서 이들이 정확히 무신론을 주장하고 있는 것은 아니다. 이 책은 다만 신앙과 종교가 뇌, 나아가 우리 삶에 어떤 의미를 갖는지 과학의 시각으로 분석하고 있다.

뇌는 스스로 의문을 제기함과 동시에 스스로 그 의문에 답하려 하는 매우 독특한 성격을 가진 기관이다. 뇌는 불편함을 느끼면 스스로 그것을 해소하기 위해 작동한다. 만약 그 불편함을 오랫동안 해소하지 못하면, 뇌의 주인은 죽음에 이를 수도 있다. 마법사의 저주를 받은 호주 원주민이 스트레스와 걱정으로 시름시름 앓다가 죽는 이른바 '부두 데스voodoo death'가 그런 경우라 할 수 있다. 뇌는 호기심이 많고 불편함을 참지 못하는 고양이와 같다.

저자들에 의하면, 종교는 이런 독특한 성격을 가진 뇌를 위안해brainsooting준다. 종교는 뇌가 정말 궁금해하는 존재의 원리와 이유 혹은 사후세계에 대해 설명해주고, 불편함을 해소해주며, 만족감마저 준다. 미래 혹은 내세에 대한 불확실성이 존재하는 삶은 사람들에게 스트레스를 준다. 사람들은 스트레스로 인한 고통을 줄이기 위해 휴일, 휴가, 운동, 잠, 오락, 마약, 알코올 같은 것들에 의존하지만 일시적일 뿐, 이때 종교가 손짓한다. 그리고 말한다. 내세의 삶이 있으니 의심을 풀고 믿음으로써 평화를 얻고 구원을 받으라고 한다. 종교는 믿음을 분비한다. 종교활동을 하는 동안, 사람들의 뇌는 조용하면서도 강력한 화학작용을 일으켜 샹그릴라를 경험하는 듯한 초월적인 느낌을 받는다. 참으로 놀라운 '믿음'의 기능이 아닌가? 어쩌면 종교의 진정한 구원이란 초월적인 것이라기보다 생물학적인 것일지도 모른다. 어쨌든 종교는 구원을 제공한다.

우리의 종교적 열정과 믿음에 '뇌'가 깊숙이 관여되어 있다는 사실을 알 수 있다는 것만으로도 이 책은 새로운 발견이다.

김상우

차 례

chapter 1

뇌과학이 신의 수수께끼를 푼다

chapter 2

뇌와 종교

chapter 6

종교는 뇌의 발명품

chapter 7

스트레스, 뇌, 그리고 종교

chapter 8

우리가 교회나 절에 가는 이유

chapter 9

신은 어떻게 뇌를 만족시키는가?

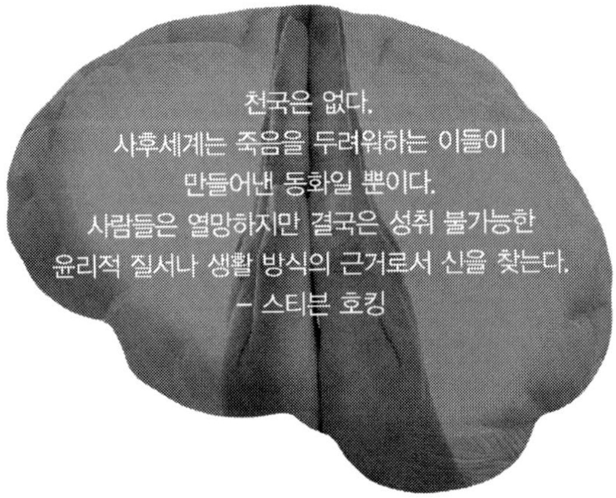

천국은 없다.
사후세계는 죽음을 두려워하는 이들이
만들어낸 동화일 뿐이다.
사람들은 열망하지만 결국은 성취 불가능한
윤리적 질서나 생활 방식의 근거로서 신을 찾는다.
— 스티븐 호킹

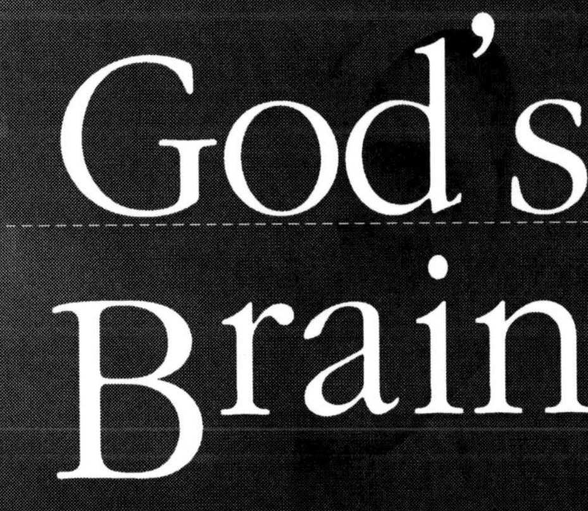

God's Brain

chapter 1

뇌과학이 신의 수수께끼를 푼다

신은 뇌의 산물

현기증이 날 정도로 고색창연한 스페인 성당. 뉴잉글랜드의 첨탑 예배당. 일요일 예배 장소로 사용되는 뉴욕 슬럼가의 상점 앞마당들. 바티칸시티. 교토의 신사神社. 이들은 지구상에 존재하는 4,200개의 서로 다른 신앙 집단faith groups의 물리적, 실질적 표현물이다.1) 이 종교적 표현물들은 호기심 많은, 그러나 운 나쁜 연구자가 구글 검색에서 'Religion종교'을 입력했을 때 무려 3억 7천만 개나 되는 검색 결과를 얻는 이유이기도 하다. 종교는 그 과정에 놀라운 행위, 수많은 사건, 그리고 셀 수 없이 많은 자극적인 인공물人工物들을 만들어낸다. 그러나 고대의 성스러운 종이조각들(성경이나 코란)을 제외하고, 과연 어떤 현상이 실제로 가장 영향력 있고 지속적인 인간 행위에 속하는 종교의 토대가 되고, 또 종교에 활력을 불어넣고 있는 것일까?

우리는 이 질문에 대한 답을 갖고 있다.

바로 '축축한 뇌 조직의 떨림'이 성당과 사원을 포함한 모든 종교적인 것을 만들어낸다.

우리의 주장은 이렇다. 모든 종교는 서로 다르지만 두 가지 운명적 특징을 공유하고 있다는 것이다. 첫째, 모든 종교는 인간 뇌의 산물이며 둘째, 그렇게 만들어진 종교가 다시 뇌 기능에 강력한 영향을 미침으로써 지상의 모든 종교가 존속하고 있다는 것이다. 뇌는 어디서건 모든 사람에게 공통된 기관이다. 신경외과 의사는 바티칸의 기독교 환자건 메카의 이슬람 환자건 간에 자신을 찾아온 환자를 동일한 의술로 치료할 수 있다. 기독교 환자건 이슬람 환자건 이들 환자는 모두 같은 뇌 조직, 같은 뇌 메커니즘을 갖고 있기 때문이다. 그리고 이런 뇌 메커니즘 중 하나가 종교를 만들어냈고, 또 다른 뇌 메커니즘은 앞의 뇌 메커니즘이 만들어낸 종교에 긍정적이고 확신에 찬 반응을 보였던 것이다.

결국 4천여 개의 서로 다른 종교가 있지만 이들은 모두 동일한 뇌 조직과 뇌 메커니즘에서 나왔다.

인류의 오랜 문화적 충동, 종교

축축한 뇌가 종교를 만들었다는 주장이 너무 단순하고 막연해 보일 수도 있을 것이다. 기실 그렇다. 그러나 종교는 인간에게 매우 중요했고 또 중요하기 때문에 확고하고 특별한 분석이 필요하다. 따라서 우리는 그런 분석을 정리하는 것에서부터 논의를 시작해야 한다. 종교는 팔꿈치나 간에서 나온 것이 아니라 모든 믿음의 공통 요소인 매우 지배적인 기관, 즉 뇌에서 나왔다.

이것이 우리 논의의 시작이다. 일종의 종교적 뇌수술을 감행해 보도록 하자.

처음에 놀란 것은 종교가 문제(가장 어려운 삶의 문제들을 설명하고 관리해야 하는 문제)를 만들어내고는, 다시 그 문제를 해결하는 데 착수하는 일을 되풀이한다는 것이다. 종교는 자립적이고 자기 강화적이며 스스로 문제를 해결하는 시스템이다. 정말 놀랍게도 이는 정확히 뇌의 기능을 반영한다. 끊임없이 활동하는 인간 뇌는 설명되어야 할 삶의 가장 극적인 요소들 예컨대 죽음, 악, 불확실성, 사랑의 실패 같은 것을 느끼거나 두려워하거나, 혹은 이해한다. 그런 후 뇌는 제기된 의문들에 답을 내놓기 시작한다. 부리가 달린 새 모형을 가장자리에 달아놓은 물컵을 본 적이 있을 것이다. 장난감 새는 부리로 물을 쪼았다가 다시 원위치로 돌아오고 다시 부리로 물을 쪼는 행위를 계속 반복한다.

종교 행위는 어떤가? 종교의 순환성은 단순하기도 하고 복잡하기도 하다. 요컨대 종교는 설명이 필요한 문제들을 만들어내고는 다시 그 문제들을 치료하려고 한다. 이런 종교의 순환성은 분명하고도 복잡한 뇌의 산물이다. 동시에 뇌는 질병, 피로, 흥분 같은 주기적인 생리 현상의 영향을 받는다. 이런 생리 현상은 뇌에 영향을 미치는 일종의 날씨와 같다. 몸은 뇌를 둘러싸고 있는 환경이다. 종교의식宗敎儀式과 믿음은 죽음에서부터 충동을 억누르는 연애에 이르기까지, 크고 작은 삶의 고통을 다스리거나 적어도 달래주는 역할을 하는 것으로 보인다.

여기서 보여주고자 하는 것은 몸과 뇌와 사회집단, 이 셋의 관계가 종교를 어떻게 유지시키고, 위협하고, 혹은 고립시키는가 하는 문제다.

우리는 이 문제가 매우 근본적인 것이어서 인류가 수천 세대에 걸쳐 광범위한 충동에 사로잡혀 있었던 것이 분명하다고 믿는다. 이런 충동은 문명화된 인류인 호모 테리토리^{Homo Territory, 자기 땅을 표시하는 인간}와 함께 등장했다. 이런 충동의 구체적인 표현 방식은 불교도, 이슬람교도, 기독교도, 애니미즘 신봉자 등에 걸쳐 무척 다양하지만 그 진행 과정은 크게 다르지 않다. 우리의 관심을 끄는 것은 바로 그런 일관된 양상이다.

편견 없는 종교 분석

종교와 신앙을 설명하기 위해서는 자유로운 상상력과 깊이 있는 분석이 필요하다. 종교적 믿음 때문에 따뜻한 봄날 교토의 신사에서 조용한 명상을 하거나, 십자군에 참여하고, 지하드(성전)를 벌이는 일들이 발생한다. 종교적 믿음 때문에 자신의 설교가 신의 메시지를 전하는 것이라고 주장하는 뛰어난 설교자들의 매혹적이고 과장된 메시지를 듣기 위해 체육관에서 거행되는 종교집회에 사람들이 모여들기도 한다. 집회 설교자들은 감동을 불러일으키는 연출적 기교가 뛰어난 사람들이다. 또한 종교적 믿음 때문에 사람들은 고해소에 들어가 다른 사람에게는 절대 털어놓지 않을 자신의 개인적 두려움, 실패, 자신에 대한 회의들을 전지전능한 신에게 고

한다. 종교적 믿음으로 인해 아라비아인들은 매년 자기 몸을 채찍질하는 행렬에 참여한다. 종교적 믿음으로 인해 퀘이커교도Quaker들은 매우 근엄한 예배당에 조용히 함께 모여 삶의 의미에 대해 숙고한다. 또 종교적 믿음 때문에 사형수들의 처형장에 사제나 승려가 참석한다. 종교적 믿음 때문에 발생한 이런 행동들을 이해하기 위해서는 실로 무한한 인내와 더불어 비판에만 치중하지 않는 절제된 감정이 필요하다. 그동안 인기 있는 종교서적들이 많았지만, 그중 가장 유명하고 영향력 있는 종교서적들은 종교를 적의 없이 분석한 것이 아니라 비판에 치중한 것이었다. 가장 유명한 종교 비판 저술가로는 리처드 도킨스Richard Dawkins, 크리스토퍼 히친스Christopher Hitchens, 샘 해리스Sam Harris 등이 있다.[2] 우리는 종교적 행동이 사회에 미친 영향에 대한 이들의 다양한 진단에 동의하기도 반대하기도 하지만, 우리가 기본적으로 관심을 갖는 것은 이들의 출발점이다. 이들의 종교 비판보다 부드럽고 신중하게 씌어진 어떤 글들은 삶의 기본적인 문제를 다루는 종교적 설명의 역사적인 매력을 인정하면서도 과학의 우월함을 주장하기도 한다.[3] 그러나 우리의 유일한 과제는 종교를 비판하거나 과학의 우월성을 주장하는 것이 아니라, 존재하고 있는 사실을 환기시키고 분석하는 것이다.

종교단체들 간에는 큰 차이가 있다. 이 종교단체들은 그들만의 특별한 행동규범, 의복, 성일聖日과 성소聖所, 그리고 (겉으로 드러나지 않지만) 그들이 특별히 정하고 소중히 여기는 것들을 가지고 스스로를 의도적으로 열심히 규정짓는다. 그리고 이렇듯 겉으로 드러나지 않는 것들이 오히려 더 오래 지속된다. 많은 이들에겐 이것이

다른 어떤 것보다 더 분명한 것이기도 하다. 사람들은 좋아하는 작가, 요구르트, 피아노 연주자, 심지어 정당에 대한 지지와 열정을 바꾸기도 하지만, 종교적 입장은 잘 바꾸려 들지 않는다. 비유대인 남성과 결혼했다가 이혼한 여성 코미디언 캐럴 라이퍼Carol Leifer는 미국의 내셔널 퍼블릭 라디오National Public Radio 테리 그로스Terry Gross와의 인터뷰에서, 한 유대인 여성을 데리고 집에 들어서자 그녀의 부모가 무척 행복해하고 안심하는 반응을 보였다고 말했다. 인터뷰 말미에 그녀는 "유대인이기만 했다면 아버지와 어머니는 침팬지라도 환영했을 거예요"라고 덧붙였다.

종교 관련 문제들에 대해서는 많은 훌륭한 해석들이 존재한다. 초기에는 대체로 신학적인 설명과 해석이 주를 이뤘다. 미국의 많은 명문 대학들이 처음에 종교기관으로 출발한 것은 우연이 아니다. 종교단체들은 인간의 이야기를 지배했으며, 라틴어 같은 공식적인 언어도 통제할 수 있었다. 그러나 애초에 종교적 명상과 사상의 중심지였던 대학이 계속 변화했듯이 종교에 대한 해석들도 변했고 새로운 해석들이 등장했다.

새로운 해석들은 심리학적, 인지과학적, 역사적, 진화론적 분석에 기초했다. 이런 새로운 해석을 시도한 많은 사람들은 다양한 종류의 믿음과 종교를 구분했다. 그들은 한 가지 믿음에 대한 열정을 유지하면서 다른 모든 믿음은 무시하기도 했다. 어떤 사람들은 '신의 유전자' 혹은 그와 비슷한 것을 가정하고, 이것이 종교적 교리와 행동을 만들어냈다고 보기도 했다. 또 다른 사람들은 '신이 종교를 인간의 뇌에 주입했다'는 견해를 발전시키기도 했다. 어떤 이들은 종교의 효용가치에 초점을 맞춰 종교가 건강, 생존, 번식에 얼마나 기여하고 있는지 살펴보기도 했다. 이 같은 설명이 빈번히 나오자 사람들은 이런 설명에 관심을 가질 수밖에 없었다. 그외에도 새로운 해석은 수없이 존재한다. 그리고 이런 종교적 해석들을 굳건히 지지하는 사람들은 그야말로 다른 어떤 분야보다 가장 열렬한 (종교적) 지지자들이다.

우리는 도처에 산재해 있는 과거의 것에서 새로운 무엇을 배울 필요가 있다. 우리는 '신앙'처럼 보편적인 것에 대한 정확한 지식이 필요하다. 여러 문화에 대한 새롭고 좋은 정보가 우리에게 도움이 될 것이다. 그런 측면에서 뇌와 뇌의 내부 구조에 대한 사뭇 자극적인 학문이 우리의 관심을 끈다. 거의 모든 인간 집단이 종교를 만들고 그것을 유지하고 있다는 사실, 이런 거대한 사실에서 시작하는 것(끝나는 것이 아니라)이야말로 훌륭한 자연주의 학문(현실이나 자연을 객관적으로 분석, 묘사하는 방법론—옮긴이)을 사용하는 사람이라 할 것이다.

종교는 왜 생겼을까?

중력이 성당의 돌을 받치고는 있지만 성당을 세운 것은 누구일까? 신일까, 아니면 믿음이나 신앙일까? 혹은 독단적인 주장을 담고 있는 어떤 경전들 때문일까? 계시는 아닐까? 사실을 말하자면, 이 모든 것이 성당을 세웠다. 이 모든 것이 훌륭하고 웅장한 성당의 거대한 '원인'으로 증명되고 계속 언급되고 있다. 그러나 무엇이 이런 원인들의 '근원'인지는 결코 알려진 바 없다. 이런 원인들은 공기처럼 그저 존재할 뿐이다.

그러나 이런 원인들을 초래한 어떤 근원이 있기 마련이다. 이런 원인들만 가지고는 기본적으로 인간 뇌에 존재하는 미약한 전기·화학 작용이 어떻게 종교—우리가 지금 관심을 갖고 있는 놀랍고도 오래 지속된 인간의 정신 작용^{human processes}—를 만들어냈는지 만족스럽게 설명할 수 없다.[4] 뇌 속에는 믿음과 관련된 그 무엇, 믿음과 관련된 아주 오래된 그 무엇이 계속 작동하고 있다. 이것은 종교에 관한 많은 생생한 경험적 증거에도 불구하고, 그리고 그것과 별도로 그러하다. 그리스도 재림파가 10월 18일에 종말이 올 것이라고 주장했지만 그날 종말이 오지 않았다고 해보자. 그러면 10월 18일 그리스도 재림파 신도들은 종말이 오지 않은 데 대한 새로운 해석(새로운 신의 계획)을 자신 있게 그리고 재빠르게 만들어낼 것이다. 그리고 이들이 말하는 새로운 신의 계획은 그것을 받아들이는 사람들을 신속하게 만족시킬 것이다.[5]

지진과 전쟁, 그리고 이해할 수 없는 재앙이 발생하면 오히려 자애로운 신의 세상에 대한 믿음이 더 굳건해지며, 역경 속에서 신앙의 힘이 강조되기도 한다. 수많은 논평가들은 "신앙이 없는 세상을 상상해보라"고 경고한다. 이 말을 듣는 사람들은 대개 신앙에 감사해한다.

팡로스^{Pangloss, 볼테르의 소설 《캉디드》에 등장하는 낙천주의자. 모든 것에 신의 목적이 있다고 믿는다—옮긴이}와 볼테르는 여전히 신앙 속에 있다. 초점은 도처에 있지만 우리의 초점은 결국 종교의 '근원'이다.

종교의 대표 상품 '내세'

종교단체들은 신, 의식儀式, 믿음을 만들어내는 창조적인 능력이 있다고 스스로를 공공연히, 그리고 종종은 자랑스럽게 규정한다. 비록 강력한 세력이 과학과 종교의 경계를 모호하게 만들려고 하지만(이는 과학과 종교, 혹은 어느 한쪽에게도 바람직하지 않다) 신이나 의식, 믿음은 논리적 견지에서 이해되지 않으며, 과학적인 견지에서도 증명이 불가능하다. 이 때문에 신앙인과, 신앙인을 비웃는 비신앙인 간의 갈등이 발생했다.

이런 상황에서 신앙인들은 세속주의자들의 무미건조함을 비웃는다. 신앙인들은 비신앙인들이 무미건조한 빌딩을 세운 후 그 안에서 특별하지도 화려하지도 않은 옷을 입은 채 그저 그런 행사를 벌이고 수준 낮은 음악을 연주하는 사람들이라고 생각한다. 그리고 이런 무미건조하고 단조로운 비신앙 속에 즐거움이란 도대체 어디에 있는지, 왜 비신앙은 그토록 시시한지 묻는다. 반대로 비신앙인은 위대한 믿음이란 것은 있을 수 없다고 보고 (비록 우아한 합창이 울려 퍼지는 성당에서 믿음을 찬미한다고 해도) 신앙인들을 비웃는다. 비신앙인들은 신앙이 내세우는 주장들을 분석하고 증거를 찾다가 결국 증거도 못 찾고 머리를 흔들며 떠나버린다.

그 결과 신앙인과 비신앙인 사이에 불화가 만연한다. 갈릴레오 이전은 물론 이후에도 진화, 지적 설계, 무신론, 신앙이 행동(또는 도덕)에 미치는 영향에 관한 수많은 주장들로 시간과 정력이 소모되었다.

이 문제에 대해 어떤 견해를 택하든, 종교는 분명 사람들의 생각과 행동에 지대한 영향을 미친다. 어떤 사람은 아시시의 성 프란체스코와 테레사 수녀처럼 종교 때문에 평생을 바쳐 헌신하기도 했고, 또 어떤 사람은 극히 치명적인 결과를 초래할 수도 있는 행동을 하기도 한다. 예컨대 어떤 신앙인들은 다른 신앙을 가진 사람을 죽이는 일을 의무로 여기거나, 적어도 바람직한 일이라고 믿기도 한다. 그리고 극단적인 경우 "모든 이교도와 무교도에게 죽음을!"이라고 외치기도 한다.

이교도뿐만 아니라 무교도까지 죽인다고? 과연 그럴까? 그러지 못할 이유는 또 무엇인가? 잘못된 무교도들을 죽이지 말고 내버려둬야 할까? 기실, 탈레반의 과업은 결코 끝나지 않았다.[6]

대체 왜 그럴까? 기독교인, 유대인, 이슬람교도들은 자신들의 신과 의식儀式, 행동규범이 가진 권위를 계속 일깨운다. 그들은 그들만의 죄악과 미덕을 폭넓게 정의한다. 또한 다양한 형태로 설정된 내세의 삶을 종종 엄격하게 설명하기도 한다. 도교 신자들은 개인의 행동과 우주의 원리를 연결시킨다. 모르몬교 같은 종교단체는 개인과 공동체의 행동에 대해 상세한 프로그램을 제공하는데, 이 프로그램은 비교적 최근에 받은 신의 계시에 따른 것이다.[7]

대부분의 종교는 보상과 징벌, 지옥불과 신선함, 쾌락과 고통의 정도가 가지각색인 내세의 삶을 약속한다. 이런 약속은 실로 특별하고 중요하며, 이 약속에 필적할 만한 것은 아무것도 없다. 한 사람이 죽어서 어떤 내세의 삶을 살게 될지, 살아 있는 사람은 결코 알 수 없지만, 모든 문제가 내세의 삶과 깊이 연관되어 있다. 그래서 수세기 동안 가톨릭교도들은 더 나은 내세의 삶을 위해 면죄부를 샀고, 오늘날까지도 미국인들은 종교단체에 가장 많은 돈을 기부하고 있다. 이처럼 내세의 삶에 대한 믿음은 현세의 삶을 살아가는 데 직접적인 영향을 미친다. 현세의 삶이 멈춘다고 삶이 끝나는 것이 아니라는 생각은 대단히 매력적인 것이다. 하나의 '힘'으로써 종교가 가진 매우 독특한 대표 상품이 하나 있다면, 그것은 바로 '내세'다.

따라서 종교가 매혹적인 내세의 삶을 약속하며 유혹할 때 사람들은 종교적 믿음을 아주 간절히 갈망하기도 한다. 이 책에서 우리는 종교적 믿음이 왜, 어떻게 뇌와 신체 생리를 안정시키는 효과를 갖는지—이것이 이 책의 핵심이다—그리고 종교들마다 그 효과가 다른 이유는 무엇인지 살펴볼 것이다. 음식마다 칼로리와 에너지가 다르듯, 각 종교가 뇌와 신체 생리를 안정시키는 효과는 저마다 다르다. 사람들의 종교적 유대감은 보통 평생 지속된다. 60~70년 동안 한 사람은 존재, 존재의 기원과 역사, 존재의 일상적 표현에 관한 여러 관념 중 특정한 관념(어떤 종교나 무신론)에 유대감을 느낀다. 그런 유대감에 따라 결혼과 양육 같은 중요한 행동을 하게 된다. 어떤 음식을 먹고 어떤 음식을 피할 것인지, 어떤 책이나 영화를 볼 것인지 등 사소한 일들(이런 일도 때론 아주 중요한 의미를 갖는다)도 오래전부터 전해져온 이야기에 뿌리를 둔 종교규범의 영향을 받을 수 있다.

뇌는 편안함과 만족을 갈망한다

지금까지 해왔던 논의들에 대한 설명이 잘못된 도구를 가지고 잘

못된 영역에서 이루어진 것은 아닐까? 따라서 우리의 관점과 그 이유를 밝히면 다음과 같다.

자연nature은 불필요한 반복과 일종의 기능적 과잉에 의존하고 있다. 자연은 당연시 여기는 것이 거의 없으며 항상 최악을 대비한다. 우리의 신체기관 대부분은 평상시에 하는 일보다 훨씬 더 많은 일을 훨씬 더 잘할 수 있다. 운동선수들이 그 증거다. 운동선수들은 점수를 올리기 위해 최선을 다해야 하지만, 항상 최고의 능력을 발휘하는 것은 아니다. 뇌도 예외는 아니다. 뇌는 어떤 치약을 쓸지, 혹은 어떤 사람과 점심을 먹고 평생 친구로 지낼지를 생각하는 것보다 훨씬 더 중요하고 위험한 일을 생각할 수 있는 능력이 있다. 그리고 뇌는 교육도 받는다(신앙의 본질과 형태에 대한 극히 세련된 논문이 많았던 17세기 유럽의 신학 대학들처럼). 바로 이 때문에 20세기 초까지 북아메리카 고등교육 시스템의 대부분이 확립되었다.

지루하고 짜증스럽게 되풀이되는 수많은 일상사를 만족스럽게 처리하거나, 뇌가 답할 수 없는 신학적인 문제에 사로잡혀 있을 때에도 뇌 주인의 행동은 증가한다. 그는 스릴러 영화나 책을 보거나 하이킹을 하거나 맹렬한 속도로 스키를 타거나 말을 타기도 하며, 그외에 꼭 필요한 일이 아닌데도 만족감을 주는 행동들을 한다. 뇌는 흥분과 변화를 필요로 한다.

뇌가 시도하는 변화는 뇌 자체를 편안하게 하고, 뇌의 몰입도를 줄여주며, 뇌가 안전하다고 느낄 수 있는 가장 흥미로운 것들을 얻는 것이다. 뇌는 진화를 통해 획득한 사회 정서적 능력을, 그리고 힘겨운 일상사와 (종종, 혹은 심지어 늘) 대조되어 보이는 사회 정서적 능력을 발휘하고 싶어 한다.

종교와 뇌의 관계는 달리기와 다리의 관계와 같다. 종교는 뇌를 위한 사회 정서적, 제도적 역할을 한다. 훈련된 다리가 단거리 육상 선수, 허들 선수, 산책자, 에베레스트 등반자, 미하일 바리시니코프 같은 발레리노를 만드는 데 도움을 주듯, 인간의 뇌는 다양한 신앙, 미신, 점성술가, 종교, 신앙인 무리들을 만들어낸다. 사이언톨로지Scientology, 교황, 케냐로 떠난 아이오와 선교단, 모르몬 경전, 알라를 위한 자살폭탄 공격자를 만들어낸 것은 바로 '뇌'다. 그러나 뇌는 또한 평온하고 좋은 분위기의 마을회관, 교구, 사원을 만드는 데도 도움을 주었다. 많은 곳에서 종교는 탄생과 결혼을 주관한다. 이런 곳에서는 개인에게 뿌리를 제공하고 사회단체에 품위를 부여하는 종교적 관행이나 믿음을 유지하는 것과, 교양 있고 올바르게 세상을 살아가는 일 사이에 아무런 갈등이 없다.

따라서 이 시점에서 우리는 우리가 논의할 행동이나 현상 중 무엇이 좋고 나쁜지 나눌 수 없다. 무엇보다 논의의 중심이 인간 뇌를 보여주는 것인 한, 우리는 선악을 구분하지 않을 것이다. 그렇다고 모든 행동이 똑같이 건전하고, 똑같이 올바르며, 똑같이 우아하고, 똑같이 지각 있으며, 똑같이 좋다는 의미는 아니다. 다만 사전에 결론을 내리고 논의를 시작할 수 없다는 말이다.

God's Brain

chapter 2

뇌와 종교

통계 수치로 본 종교

기독교, 이슬람교, 힌두교, 불교, 도교, 유교, 신도 신자들을 모두 합하고, 여기에 동물의 특별한 힘이나 신비로운 상징을 숭배하는 종교를 더하면, 세계 성인 인구의 80퍼센트 이상이 종교를 가지고 있는 것으로 추산된다.[1] 종교는 빛과 그림자처럼 거의 모든 곳에 존재한다. 종교는 가슴속에, 교회의 좌석에, 폭탄과 함께 폭발하는 자살폭탄 공격자에, 가난한 자의 휴일 만찬에, 그리고 하늘나라에 존재하고 있다. 종교를 이해하기란 쉽지 않다. 이런 어려운 문제—왜, 언제, 어떻게 종교가 존재하게 되었는가 하는 문제—에 대한 답은 결코 분명하지 않다. 그런데도 약간 의아한 것은 종교는 현실적인 문제이자 지적인 문제로서 우리들에게 항상 중요한 이슈였다는 것이다.

그러나 시작이 필요하다. 우선 종교와 관련된 간단한 통계 수치를 살펴봄으로써 종교에 대한 풍부하고 직접적이며 유익한 시각을 얻을 수 있다. 그러나 물론 종교활동의 규모는 전체적으로 어마어마하다.

종교의 범위와 영역을 보여주는 통계 수치(이 수치는 앞으로도 계속 커질 것이다)는 매우 풍부하며, 상당히 객관적이고 공정해 보인다. 그러나 외부인의 눈으로 볼 때, 특정 종교는 이상하고 심지어 기이해 보이기까지 하다. 각 종교의 장점과 활동은 장소에 따라, 시대에 따라 천차만별이다. 그러나 세계 도처에 엄청난 수의 종교가 존재한다는 것은 종교의 실상을 잘 보여주는 하나의 예다. 우리는 지금 산소처럼 곳곳에 퍼져 있고, 외견상 피할 수 없는 현상에 대해 살펴보고 있는 중이다.

전 세계에는 4,200개의 서로 다른 신앙집단과 종교가 존재하는 것으로 보고되었다.[2] 그러나 실제로는 이보다 훨씬 많은 종교와 신앙집단이 존재하는 것으로 추정된다. 성경은 전 세계 6,912개 언어 중 4,516개의 언어로 번역되어 있으며,[3] 과거에는 번역 대상이 아니었던 많은 언어로도(그 수가 얼마인지는 알 수 없다) 지금 번역되고 있는 중이다. 지구상에는 21억 명의 기독교인, 15억 명의 이슬람, 그리고 수십억 명의 다른 종교인들이 존재한다. 그리고 앞서 말한 것처럼, 구글 검색창에 단어 'Religion'을 치면 약 3억 7천만 개의 검색 결과가 나오는데, 이를 스크롤하는 데만 평생이 걸릴 수도 있다. 전 세계 국가 중 종교가 없는 나라는 없다. 결과적으로 종교란 중력처럼 우리가 직면하고 있는, 피할 수 없는 거대한 현상이라 아니할 수 없다.

위의 통계 수치는 우리가 하고 있는 이야기의 규모를 어렴풋하게 보여주지만, 종교의 우아함이나 진부함 혹은 강력함 같은 속성에 대해서는 말해주는 바가 없다. 종교는 우리의 삶에서 핵심적인 부분을 차지한다. 종교활동은 일요일이나 토요일 혹은 성일에만, 그리고 신성한 장소나 특정 나라에서만 행해지는 것이 아니다. 종교는 모든 곳에 존재하며 매일 종교활동이 이루어진다. 많은 사람이 종교 경전이나 설교집 혹은 종교서적을 읽는다. 미국 교도소에 수감 중인 죄수들도 납세자들이 자금을 지원하는 종교단체들로부터 종교 교육을 받는다.[4] 그가 종교적이건 아니건 간에 사람들의 삶은 종교의 영향을 받고 있다.

그러나 통계 수치는 오해를 불러일으킬 수 있다. 가령 많은 나라가 그렇듯, 실제로 종교적인 행동을 하는 사람의 수는 교회에 나오는 사람의 수보다 많을 수 있다.[5] 조사에서 자신이 종교인이라고 밝힌 사람 수는 실제보다 적을 수 있다. 조사는 질문 내용에 따라 왜곡될 수도 있다. 예컨대, 2004년 에스토니아에서 실시한 한 조사에서 응답자의 49퍼센트가 신의 존재를 믿지 않는다고 답했다. 그러나 희한하게도 같은 조사에서 단 11퍼센트만이 무신론자라고 답했다.[6] 물론 그것이 진실이든 아니든 사람들은 자신이 종교단체의 일원이라고 말할 수는 있다. 이는 의례적, 관습적, 혹은 그저 단순한 반응이기도 하고, 많은 나라의 공직자에게는 거의 의무적인 반응이기도 하다. 일에 쫓기는 많은 사람들에게 종교행사란 한 주에 한 번 마음을 편하게 다스릴 특별한 시간이거나 공식적으로 '나를 귀찮게 하지 말라'는 시간이기도 하다. 또한 종교행사는 종교의 힘을 보여주는 중요한 징표이기도 하다. 그래서 르완다 학살 같은 끔찍한 내전 중에도 교회당은 안전한 피난처로 간주되었다. 보다 평화로운 시기에도, 교회당은 불법 가택 침입 같은 일상적인 법규가 비교적 적용되지 않는, 안전하거나 혹은 적어도 중립적인 장소로 간주된다.

종교 현상과 관련해 매우 인상적인 통계 수치가 있다. 예컨대, 신앙인이건 무신론자건 간에 많은 사람들은 종교가 가진 특별한 힘을 인정한다. 종교는 현대뿐만 아니라 문자가 사용된 과거 역사 시대는 물론이고, 도르도뉴의 서늘하고 축축한 동굴에 동물 그림과 손도장을 남기고, 손가락으로 돌에 색칠하고 뭔가를 새겨 넣던 시절, 그리고 그 이전부터 인간이 희구하는 뭔가를 제공해주고 있다. 종교는 영감, 경외, 공포, 신비의 근원이다.[7] 종교는 헌신, 연민, 희생, 복종, 자원, 시간, 노동을 요구한다. 종교만큼 인류의 모든 예술을 자극하고 그것을 실질적으로 뒷받침했던 것도 없다. 종교는 중세의 가톨릭 교리에 반기를 든 학문과 예술마저도 자극했다.[8] 종교는 위안을 주는 영원한 내세에 대해 열정적으로 말하면서, 동시에 그 열정으로 결코 사라지지 않을 지옥에 대해서도 말하고 있다. 또한 종교는 비신앙인들을 불안하게 함으로써 이들이 임종 시에 종교에 귀의하도록 만들기도 한다.

믿음이 가진 힘과 영향력

각 종교의 믿음은 특별한 만큼 서로 다르고, 구체적인 만큼 널리 퍼져 있다. 믿음은 때로 단순하고 때로 복잡하다. 믿음은 도처에, 심지어 예기치 않은 곳에도 영향을 미친다.

'에덴동산과 잃어버린 낙원'이라는 완벽했던 과거의 매혹적인 아우라[aura]를 예로 들어보자. 이 아우라는 현재와 미래에 퍼져 있다. 에덴동산과 잃어버린 낙원은 매우 놀랍고 영향력이 큰 관념이다. 빌리 그레이엄[Billy Graham]의 말처럼 "내세의 영원한 삶을 위해 창조된 우리가 현생에서 우리의 영혼을 완전히 충족시켜주는 것을 찾기란 불가능하다".[9] 그런데 그런 낙원이 있었다는 증거, 그런 낙원이 존재했었다는 물질적인 흔적은 과연 무엇인가? 이 세상에서 우리가 눈으로 확인할 수 있는 낙원이나 에덴동산이 없다면, 무엇으로 그리고 어떤 증거로 그런 완벽한 낙원의 모습을 그린 것일까? 역설적으로, 바로 그 낙원의 '불가능성'이 효과적인 종교활동과 결합되어 오히려 낙원을 믿게 만들었다.[10]

낙원에 대한 믿음은 경험과 인식에 근거한 것이 아니라 전적으로 순수한 믿음이며, 그 자체로 하나의 권위다.

믿음은 매우 개인화되기도 하는데 그 이유는, 예컨대 최후의 순간에 사자[使者, 메시아나 예언가]가 과거로부터 장엄하게 와서 완전성을 회복하고 은혜를 퍼트릴 것이기 때문이다. 그러나 그때가 올 때까지 모든 사람은 계율과 계율을 선포, 관장하는 사람에게 복종해야 한다. 오직 현재의 복종만이 성스러운 미래가 가져다줄 완전한 삶을 보장해줄 것이다. 이런 모든 드라마는 머리를 어지럽게 만들기도 하지만, 수많은 교회와 신사, 그리고 그곳의 신도들이 매주 접하는 일이다.

다른 무엇과 달리, 종교적 믿음이 가진 힘과 의사 전달력은 매혹적일뿐 아니라 사람을 꼼짝 못하게 만들기도 한다. 필자는 8세 때 방울뱀과 산호뱀, 지옥불을 연상시키는 목사의 설교로 유명한 모하비 사막 탄광촌의 복음주의 교회에서 조부모와 함께 예배를 본 적이 있다. 100여 개의 신도석이 중앙을 기준으로 좌우로 나뉘어 있는 작은 교회였다. 목사님은 설교단을 주먹으로 내려치며 지옥의 공포를 설교했다. 신도들은 감히 숨소리도 내지 못한 채 미동 없이 설교를 들었다. 소름 끼치는 순간이었다. 그때 앞줄 신도석 아래에서 큰 방울뱀 하나가 나오더니 중앙 통로에서 출구 쪽으로 천천히 미끄러져 나갔다(이 풍경은 인간과 파충류가 가진 뇌에 '종교'라는 공통점이 없음을 보여준다. 그 방울뱀은 목사님을 전혀 개의치 않았던 것이다). 신도들 사이에 수군대는 소리가 들렸다. 사람들의 눈길이 뱀에 머물렀다. 그러나 뱀을 바라보기만 할 뿐 그 누구도 움직이지 않았다. 목사님을 제외하곤 말하는 사람이 없었다. 설교는 더욱 격렬해지고 있었다. 결국 한 아이가 "뱀이다!" 하고 비명을 질렀다. 그러자 신도들이 약속이나 한 듯 무리 지어 교회 밖으로 뛰쳐나갔다. 목사님은 "그 뱀은 물지 않아요. 물 리가 없지요. 여기는 신의 집입니다"라고 설교를 해댔다. 물론 교회는 하늘나라였지만, 방울뱀은 방울뱀이었다.

신에 대한 복종과 종교의 위계적 속성

인류는 평등에 대한 여망과 계속 되풀이되는 차별적인 현실 사이에서 끝없이 고통받아 왔다.

　우리는 종교가 평등과 불평등 사이에서 끝없는 논쟁의 중심에 서 있다는 점을 보여주고자 한다. 사회에서 종교가 수행하는 주요 과제 중 하나는 불평등한 현실과 대면하는 것이다.

　신의 눈으로 볼 때 모든 사람은 평등할 것이다. 그런데 그의 눈은 왜 항상 아래를 보고 있을까? 그리고 왜 야구선수는 그들이 서 있는 땅 위에서 야구를 하면서 위를 가리키며 홈런 신호를 보낼까? 왜 그들의 손은 둥근 천정 돔을 가리킬까? 위계질서와 사회질서에 대한 인간의 관심이 도처에 존재하고 있는 상황에서, 그런 관심을 처리하는 종교의 능력이야말로 종교의 효능을 보여주는 특징일 뿐만 아니라 종교가 성공하게 된 비밀 아닌 비밀이기도 하다. 우리가 이 문제에 관심을 가져야 하는 까닭은 본질적으로 이 문제가 매우 흥미로운 것이기 때문이다. 게다가 종교가 평등과 불평등에 대한 주장들과 직접 대면하고 있다는 사실은 대단히 의미심장하고 중요하다. 그리고 이런 사실이야말로 종교가 가진 힘에 대해 말해준다(물론 칼 마르크스Karl H. Marx는 종교를 엘리트가 '대중'을 통제하기 위한 수단으로 보았는데, 이는 부분적으로는 옳지만 지나치게 단순화한 것이기도 하다. 엘리트들이 종교생활을 하는 환경이 아무리 훌륭하다 해도 그들이 신을 믿는 방식은 평민과 흡사한 경우가 많다).[11]

　단적으로 말하자면, 종교가 '신에 대한 인간의 복종'이란 관념을 사회조직 안에서 복종과 지배관계를 구축하는 하나의 장치로 사용했을 가능성이 있다.[12] 이런 의미에서 볼 때 마르크스는 정확했다. 기실 여러 자료를 통해 볼 때, 인간이 위계질서에 관심을 가진 종species이라는 증거는 많다.[13] 평등에 대한 여망도 강력하고 지속적인데, 그것은 '평등에 대한 여망'이 자연 상태(즉 위계질서)에 대한 해독제 역할을 하기 때문이다.[14] 마르크스는 불평등을 숨기고 있는 종교적 가면은 미래에 도래할 무계급사회의 승리를 위해 폐기

되어야 한다는 것을 직관적으로 알았다.

중요한 사회적 제도로서 성공을 거두고 오래 지속되어온 종교는 자신이 다룰 수밖에 없는 '인간'이라는 종의 이러한 실체를 인정해야 한다. 자신의 말이 곧 신의 말이라거나 신으로부터 나왔다고 주장하는 일부다처제적 숭배 사회의 폭군들에서부터, 훨씬 포괄적이고 동질적인heterogeneous 로마가톨릭교회에 이르기까지 정도는 다양하지만, 사실상 모든 종교는 인간이란 종이 가진 위계질서적 속성을 인정할 수밖에 없다.

인간이 세상을 위, 아래의 관점으로 보는 위계적 성향을 갖고 있음을 보여주는 또 다른 보편적인 현상이 있다. 그것은, 각 종교의 신도들은 보통 자신의 종교를 가장 우월하다고 생각한다는 것이다. 자신의 종교를 다른 종교보다 못하다고 보는 신앙인은 그 어디에도 없다.

전 세계적으로 각 종교의 신도들은 자신을 다른 종교의 신도들보다 우월한 존재로 여긴다. 그래서 유대인은 자신들이 "신의 선택을 받은 민족"이라고 주장하며, 이슬람교도는 이교도들이 본질적으로 저속하다고 주장한다. 이런 생각은 자신의 종교로 개종하면 구원의 승리를 얻을 것이란 믿음에도 반영되어 있다. 복음주의에 입교한 신도는 다시 태어난(이른바 '거듭난') 것으로 간주되는데, 기독교의 경우 오직 한 번뿐인 현생에서 이루어지는 이런 재탄생은 동양적인 환생 개념의 기독교적 버전이라고 할 수 있다.

이런 주장이 얼마나 정확한 것인지 간에, 자부심 강한 종교집단에 속한 사람들이 비신앙인에 대해 우월감을 가진다는 것은 거의 의문의 여지가 없다. 이런 우월감은 종교집단의 신도가 됨으로써 맛볼 수 있는 감정으로, 기이하고 추상적이긴 하지만 감정적으로 실재하는 혜택이다. 이런 우월감은 보통 사람이 느낄 수 있는 가장 일반적이고 보편적인 형태의 우월감 중 하나이며, 그 중요성은 아무리 강조해도 지나치지 않을 종교의 특징 중 하나다.

이 책의 목적 중 하나는 인정하고 싶지 않은 나약함에 매어 있거나, 또 아름답고 행복한 신의 은총에 매어 있는 신앙인들을 풀어주자는 것이다. 여기서 한 가지 의문은, 매우 위계적인 성향을 보이며, 심지어 그럴 운명을 타고난 듯한 인간이라는 영장류가 평등한 관계를 만들 수 있느냐 하는 것이다.

똑같은 사람이 없는 것처럼 똑같은 종교는 없다. 각 종교는 자신만의 정체성, 위엄, 경전과 역사에 대한 독특한 해석을 갖고 있다. 각 종교는 다른 사고 구조로는 말할 수 없는 자신만의 사고 구조를 갖고 있다. 또 자신만의 교리와 행동규범을 갖고 있다. 따라서 사원 한편에서는 여성들이 천을 머리에 쓰고 다른 편에서는 남성들이 모자를 쓰고 있어야 한다. 언뜻 보기에 제멋대로인 듯한 이런 행동규범들이 신도들에게 부과된다.

그리고 위계적인 분위기가 모든 곳을 지배한다. 각 신앙은 그 신앙의 개창자가 설파한 가르침들을 통합한다. 어떤 종교는 자신의 성인을 기리는 조각상을 곳곳에 세우기도 한다. 모든 국립도서관에는 예수, 무함마드, 부처, 공자 등의 인물상이나 인물화가 존재한다. 종교는 종교가 탄생된 시대의 관념과 가치 중 많은 것을 통합하고, 종교적 위인과 권위를 통해 연대기적 연금술로 고대의 신조信條를 현재에 설파한다.

우리는 모든 종교에 공통된 두 가지 특징을 확인했다. 하나는

'믿음'이고, 다른 하나는 '위계질서(조직 구조)'다. 믿음이라는 종교적 특징을 이해하기 위해서는 신학자와 신경과학자가 필요하고, 위계질서라는 종교적 특징을 이해하기 위해서는 사회학자와 역사가가 필요하다. 믿음과 위계질서는 문제의 핵심이며 상호의존적이기도 하다. 종교 의복의 색이 위계에 따라 다르다는 것을, 그리고 그 옷을 입은 사람이 종교적으로 어떤 의미를 갖는지 알아야 한다. 가장 찬양받는 교황에서부터 초라한 시골 성직자에 이르기까지 이런저런 명령을 내리는 사람과 명령을 받는 사람이 없다면 종교적 사회질서는 존재할 수 없다.

물론 이런 명령에 복종할 수도, 복종하지 않을 수도 있다. 종교는 하늘나라이기도 하지만 전쟁터가 된 경우도 많았다. 또한 믿음과 위계질서의 연관성이 확실하지 않을 수도 있다. 심지어 위계질서의 형성을 막기 위해 또 다른 위계질서가 수립될 수도 있다. 그럼에도 믿음과 위계질서는 분리될 수 없고, 특이하게 무척 상호의존적인 것으로 보인다. 그러나 위계질서는 언제나 존재한다. 초기 기독교에서 말하는 '낮은' 자와 가난한 자를 위해 헌신하라는 가르침은 매우 감동적이고 인상적이긴 하지만, 종교의 위계적 속성을 보여주는 좋은 사례이기도 하다. 마찬가지로 테레사 수녀와 앨버트 슈바이처의 경우도 위계적 속성을 가진 인간 중에서 (낮은 자와 가난한 자를 위해) 가장 기꺼이 헌신한 사람이지만, 평등을 구현하기가 얼마나 어려운지 잘 보여주는 사례이기도 하다. 엄밀히 말해 이들의 삶은 어떤 높은 곳에서 낮은 곳을 향해 있었던 것이다.

생존 적응력을 높이기 위해 진화한 뇌,
그리고 종교

각 종교의 신도들은 무슨 일을 하건 간에 자신의 종교를 믿는다. 바로 이 사실 때문에 우리는 뇌에 주목하지 않을 수 없다. 뭔가를 믿는다는 것은 간장도 신장도 팔꿈치도 아닌, 바로 뇌가 하는 일이기 때문이다. 사람이 뭔가를 믿을 때 뇌 스캐너 검사를 하면 뇌가 어떻게 움직이는지 관찰할 수 있다. 그 순간 뇌의 화학적 구성이 어떻게 변하는지도 측정할 수 있다.

믿음은 하나의 유기적 산물이다. 믿음은 말이나 절, 몸을 움직이거나 노래를 부르는 것, 혹은 종교행사에 참여하는 행위 속에서 확인된다. 믿음은 땀과 피부의 관계처럼 신체와 직접적인 유기적 관계를 맺고 있다. 몸과 영혼을 분리하려는 전통적이고 관습적인 시도는 매우 잘못된 것이고 위험하기도 하다. 신앙인들은 이런 견해에 반대할지도 모르겠다. 그러나 우리 시각에서 볼 때, 영혼과 몸을 분리하는 그릇된 태도를 버리지 않으면 종교의 복잡성과 그 힘을 제대로 파악할 수 없다. 이 문제는 뒤에서 다시 살펴볼 것이다.

뇌는 진화하면서 생존을 위해 절대적으로 필요한 과제를 발견하고 해결하는 능력을 키워왔다. 한마디로 '뇌는 행동하기 위해 진화했다'. 뇌는 '행동'하기 위해 진화했지 반드시 생각하기 위해 진화한 것은 아니다.[15] 이것은 또 다른 핵심적인 종교적 사실로서 무척이나 중요한 의미다. 뇌는 정보를 흡수할 뿐만 아니라 그보다 훨씬 많은 정보를 만들어내거나 상상한 후, 흡수한 정보와 만들어낸 정보를 결합한다. 뇌는 스스로 정보를 조직하고 자신이 만든 정보를 다른 이에게 기꺼이 그리고 종종은 열심히 설명한다. 뇌 주인과 함께 뇌는 자신이 설명하는 것을 믿는 경향이 강하다. 이 둘은 함께 사건을 예측한 후 행동에 나서기도 하고 행동하지 않기도 한다.

뇌의 각 영역, 각 영역의 역할, 각 영역이 어떻게 기능하는지에 대해서는 수많은 연구결과가 나와 있다. 이 연구결과들은 사회적 행동을 통제하는 뇌의 물리적 기능에 대해 수많은 증거를 제시한다. 한 예로, 우리는 거의 매주 뇌의 어떤 영역이 어떤 역할을 하는지에 관한 소식을 접한다.[16]

신경과학자가 공리주의를 가능케 하는 뇌 영역을 발견했을 수도 있다는 것, 최대 다수의 최대 행복이란 것이 어떤 신경세포 더미에 새겨져 있을 수 있다는 것을 믿을 수 있겠는가?

뇌는 매우 자연스럽게 이런 일을 한다. 부모의 교육이나 또래의 영향을 안 받는 어린 유아기에도 뇌는 그렇게 작동한다. 자궁 안에서도 뇌는 목소리와 동작을 구분하고, 다른 자극에 각각 다르게 반응한다. 태아는 엄마가 커피를 끓이는 소리와 라디오에서 흘러나오는 모차르트의 음악을 듣는다. 어린 팬들이 아이돌 스타를 바라보듯 신생아도 그런 눈으로 엄마의 움직임을 좇는다.

뇌가 왜 이렇게 진화했는지 상상하기란 어렵지 않다. 한마디로 뇌는 적응해야 했기 때문에 적응력을 갖게 되었다. 보이지 않는다 해도 포식자가 큰 덤불 뒤에 숨어 있을지 모른다고 상상하면서 미리 적절하게 경계하면서 수많은 생명이 살아남을 수 있었다. 지평선 너머에 다른 땅이 있을 거라고 상상함으로써 더 마음에 들거나 더 비옥하거나 아니면 적어도 더 재미있는 땅을 찾아 나섰고, 그 결과 실제로 그런 땅을 발견하기도 했다. 뇌의 활동으로 인간의 가능성은 무한해졌다.

그렇다면 뇌는 왜 이렇게 작동하는 것일까? 그래야만 했기 때문이다. 뇌는 행동하기 위해, 생존하기 위해, 종족 번식을 위해, 어려운 시기를 대비하기 위해 결정을 (실제 대안들 사이에서) 내려야만 한다. 뇌는 겨울을 대비해 음식과 땔감을 저장하는 법을 배워야 한다. 뇌는 우기에 쏟아진 비 때문에 소용돌이치는 강을 건너는 실수를 범하지 않아야 하고, 최소한 그런 실수를 되풀이하지 않는 법을 배워야 한다. 뇌는 공휴일이 오기 전에 미리 상점에 가서 필요한 물건을 사도록 감독해야 한다. 뇌는 보스가 왜 자기를 저녁모임에 초대하지 않았는지 걱정해야 한다. 사람들은 자신에게 중요한 것을 성취하길 원하고 또 그래야만 한다. 이때 뇌는 주인이 자신의 환경을 어떻게 보고 있는지 관리 감독한다. 그 이유는 자신이 처한 환경에 대한 이해와 믿음이 있어야 사건에 대한 통제력이 나아지고, 예측 가능한 결과가 나올 확률을 높일 수 있기 때문이다.

사람들은 불확실성이나 실패보다 통제와 예측 가능성을 훨씬 더 좋아하고, 이를 열심히 추구한다. 실패와 혼란을 추구하는 사람은 없다. 실패를 겪었을 때 느끼는 아찔함은 뇌의 기능적 성공 및 실패와 그에 따라 신체가 받는 영향 사이에 긴밀한 관계가 있음을 보여준다.

뇌가 하는 일은 설명하고 평가하며 그 평가를 믿고 행동을 통제하는 일이다. 다시 말하지만, 뇌는 생각하기 위해서라기보다 행동하기 위해 먼저 진화했다. 생존을 위해 뇌가 하는 역할은 복잡한 진화의 유산이라 할 수 있다.

뇌는 땔감을 비축하고, 이성에게 구애하며, 아이를 안심시키고,

강을 건너는 일 같은 구체적이고 분명히 확인할 수 있는 일들을 해왔다. 그러나 동시에 뇌는 확실하고 명백한 '물리적 증거hard evidence'가 없는 것들을 상상하고 믿기도 한다. 다른 은하계의 생명체, 신, 지상의 삶의 설계자, 인간적인 성격을 가진 동물들, 사후세계, 지옥, 천국, 마녀, 악마, 천사, 그리고 교만이라는 죄악 같은 놀라운 관념을 뇌 말고 도대체 그 무엇이 생각해낼 수 있단 말인가?

물리적 증거에 대해 잠시 말해보자. 물리적 증거란 과학자들이 쓰는 용어다. 대부분의 사람들은 과학자들처럼 체계적이거나, 자신의 상상과 믿음에 제한을 두고 사고思考하지 않는다. 과학자들은 물리적 증거의 측면에서 '과학적 방법을 통해 그 오류가 증명될 수 있는 관념'과 '검증할 방법이 없기 때문에 오류가 증명될 수 없는 관념'을 구분한다.[17] 초심리학이 그 예다.[18] 대부분의 과학자들은 종교적 믿음은 검증할 수 없다는 견해를 갖는다. 철학자 대니얼 데닛Daniel Dennett의 말처럼 "내게 과학을 보여달라"는 것이다.[19] 따라서 믿음은 상상력의 결과이긴 하지만 과학적으로는 근거 없는 것으로 규정된다.

이는 리처드 도킨스와 샘 해리스 같은 저술가가 종교를 비판할 때의 핵심 논점이기도 했다.[20] 물론 토마스 아퀴나스같이 존경받는 신학자들이 발전시킨 '신의 존재에 대한 독창적인 증거'들을 뒷받침하는 수많은 증언, 그리고 잔 다르크, 토리노의 수의, 모세의 불타는 떨기나무같이 신을 목격하고 계시를 받았다는 무수한 증언들이 있지만, 결국 천국, 지옥, 사려 깊고 자비로운 신, 무서운 눈을 가진 가면을 쓰고 꼬리를 흔들어대는 악마 같은 것을 검증할 과학적인 방법은 존재하지 않는다.

이런 평가가 가혹하게 들릴 수 있지만 가슴 아프게도 그러하다. 하지만 과학이 의도적으로 그러는 것은 아니다. 종교에 대한 과학적 평가는 과학적 추론에 따른 불가피한 결론일 뿐이다. 과학과 종교의 충돌—자연주의와 유신론(신 존재론)의 충돌—은 반드시 승자와 패자가 갈리는 게임은 아니다.

그러나 종교에 대한 이런 비판은 뇌가 어떻게 작동하고 있는지 고려한 것일까? 뇌는 특정한 방식으로—즉 과학자의 뇌처럼—작동해야 하며, 믿음은 물리적 증거로 뒷받침되어야 한다는 주장은 모두 좋다. 그런데 뇌가 본래 그렇게 작동하는 것이 아니라면, 뇌는 과학자의 뇌처럼 작동해야 하며, 믿음은 물리적 증거에 의해 뒷받침되어야 한다는 주장은 현실적인 것이 아니라 희망에 불과하다. 더욱이 일부 비평가들이 그랬던 것처럼 종교적 믿음을 '망상'으로 치부해버리면, 예의 바르고 사려 깊은 신앙인들을 자극하거나 아무런 결실도 얻지 못한 채 그들을 침묵하게 만들 수도 있다. 또 종교, 종교의 매력, 종교의 영향력, 종교의 근원, 그리고 가장 중요하게는 종교의 중심에 있는 뇌에 대해 균형 잡힌 탐구를 못 할 수도 있다. 그리고 모든 믿음은 같다는 상대주의자의 도피성 발언에 제발 속지 말길 바란다. 믿음에는 훨씬 많은 것이 관련되어 있다. 그리고 각각의 믿음은 도덕적, 개념적 관념에 있어 매우 독자적이며, 파운드와 온스가 다르듯 저마다 다르다.

이런 논점은 처음 볼 때보다 훨씬 더 복잡하다. 대부분의 사람들의 뇌가 실제로 하는 일은 정보를 조직하고 행동에 대한 결정을 내리는 일이다. 뇌는 물리적 세계에 대한 자신의 경험(보고, 냄새 맡고, 맛보고, 듣고, 만지는 것들)을 통해 아는 것과 상상을 통해 아는 것을 결합한다. 뇌가 상상하는 것은 보거나 냄새 맡거나 맛보거나 듣거나 만질 수 없는 생각, 관념, 시나리오, 설명 등을 말한다.[21]

놀랍게도 기록에 따르면 "인간이 상상하는 많은 것은 실제 경험하는 것과 같은 비중과 가치, 동일한 권위가 주어진다".

몸이 철봉에 매달리는 것보다 그물침대에 누워 있을 때 더 편안함을 느끼는 것처럼, 뇌는 의심하는 것보다 믿는 데서 더 편안함을 느낀다. 인간이 어떻게 행동하고 결정을 내리는지 살펴보자. 행동을 이끄는 안내자로서의 '상상想像'이 그리 놀라운 것은 아니지만 아주 대단한 것이다. 사람들은 기존 직장보다 새 직장이 더 좋을 거라고 상상하면서 직장을 옮긴다. 보고 나면 그 영화가 어떨지 모르지만 재미있을 거라고 상상하면서 극장에 간다. 실제는 어떨지 몰라도 타코가 맛과 요리에 대한 갈망을 채워줄 거라고 상상하면서 타코를 저녁 메뉴로 요리한다. 중요한 것은 계획이지 확실성이 아니다. 사람들은 콘서트가 즐겁기를 기대하며 티켓을 사고, 이웃에게 잘 대하는 것이 하늘나라에 가는 데 도움이 된다고 믿기에 실제 그러고 싶은 것 이상으로 친절하게 이웃을 대한다. 또한 사람들은 은퇴한 후 골프를 본격적으로 치면 골프 실력이 좋아질 거라고도 믿는다.

상상을 통해 이루어지는 이런 모든 선택은 사람들의 삶에 직접적이고 물리적인 영향을 미친다('상상'은 '선택'하게 하고 이런 '행동'은 '삶'에 영향을 미친다). 사람들은 기도를 한 번, 두 번 혹은 다섯 번 하면 천국에 갈 가능성이 커진다고 생각하기도 한다. 이 경우, 뇌는 예언적 결론에 도달한다. 일단 뇌가 뭔가를 상상하면 그것에 대해 설명하고 그것을 현실로 취급해야 쉽게 행동으로 옮겨진다.

이런 두드러진 사례는 때때로 출현하는 종교집단에서 볼 수 있다. 모든 재산을 팔고 친구와 친척에게 작별을 고하고는 다음 주 목요일에 도래할 세상의 종말을 기다리겠노라고 선언하는 종교집단들이 그렇다.

인간의 상상은 설명되어야 한다. 뇌가 행동을 상상하지 않으면 인간은 행동하지 않을 것인가? 성경 말씀대로 "꿈(상상) 없는 백성은 망하고 말 것Where there is no vision, the people perish"(잠언 19장 18절)인가?

우리는 무엇이 실재하는 것이고 무엇이 뇌에서 표현된 것인가와 같은 철학적인 문제(실재와 상상의 문제)를 다루고 있는 것이 아니다. 이런 철학적 문제는 오늘날의 철학자는 물론이고 데카르트, 존 로크, 조지 버클리 같은 과거의 위대한 철학자들이 전념했던 문제이기도 하다. 그러나 이 문제는 아직도 밝혀지지 않았으며 이를 둘러싼 탐구와 논쟁은 지금도 계속되고 있다.

우리가 관심을 갖는 것은 뇌를 작동시키는 사람이 '없다면' 뇌가 어떻게 작동하느냐 하는 것이다. 뇌가 작동하는 것을 바라보는 제3의 눈 없이 어떻게 뇌의 작용을 직접 경험할 수 있을까? 이런 시각에서 볼 때 상상하는 것은 갑자기 고춧가루를 먹는 것처럼 실제적인 것이 될 수도 있다. 지옥도 마찬가지다.

뇌는 상상하고 믿고, 믿음에 따라 행동한다

역사적으로 볼 때 '경험하고 만질 수 있는 것'과 '상상하고 믿는 것' 간의 차이가 항상 분명하지는 않았다. 오늘날에조차 이 둘 간의 차이가 분명하지 않다. 예로 '하늘을 나는 인간'이라는 관념이 처음 나왔을 때, 이 관념은 상상력의 결과로 생각되었지만 그 후 인간이 하늘을 나는 일이 실제 벌어졌다. 또 마녀의 경우처럼, 실제로 마녀가 존재한다고 믿는 사람들이 있었다. 입증된 기록에 따르면 런던, 프랑스, 세일럼, 매사추세츠에서 합법적인 마녀사냥이 있었다.[22] 수많은 법정에서 마녀로 고발된 사람들을 비난하고 사형을 언도한 후 불에 태워 죽이는 일이 실제 무자비하게 자행되었다. 최근에도 새로운 UFO 목격담, 새로운 음모 이론, 수많은 사람들이 믿는 수십여 종의 새로운 가짜 치료법들이 나오고 있다. 또한 어딘가에서는 특정 민족이나 국가, 종교집단이 자신들이 우월한 인종이라거나 자신들의 신앙이 최고라는 상상을 하고 있을 것이다. 자신들이 우월하다는 결론, 절대적이고 영원한 위계질서에 대한 상상이 실제로 성공을 거둔 사례는 많다. 나치, 집단 자살을 벌인 존스타운의 신도들, 자살폭탄 테러로 인디라 간디Indira Gandhi를 살해한 여인 등등.

'실제로 현실이 되는 속성을 가진 상상'을 묘사하는 기술적 용어는 '귀속attribution'이다.[23] 귀속이란 유형有形의 사건과 경험뿐만 아니라 상상에 어떤 것의 의미나 원인을 돌리는 것을 말한다.

이는 몹시 흔한 일이고, 우리 모두는 또 그렇게 하고 있다. 가령 사람들은, 어떤 특성은 천국에 귀속시키고 또 어떤 특성은 신에 귀속시킨다. 사람들은 몇 시에 아침을 먹고 아침 메뉴는 무엇이고 하는 식으로 자신의 내세를 아주 구체적으로 상상한다. 성 베드로 농담 시리즈는 보통 천국을 미국과 사우디아라비아의 부유층이 거주하는 교외 주택지 같은 장소로 묘사한다. 이곳에는 문과 문지기가 있고, 들어가려면 자격이 있어야 하며, 아무나 들어갈 수 없다. 내부에는 아주 중요하고 자격이 있는 사람들만 살고 있으며, 언덕 꼭대기에는 모든 우두머리들의 우두머리가 거주하는 커다란 저택이 있다.

또한 일상생활에서 어떤 사람은 심각한 병에 걸린 아내의 건강을 위해 신에게 기도하기도 한다. 시간이 가면서 그녀의 병세가 호전되면 신앙인은 어찌 됐든 자신의 기도가 아내의 병세를 호전시키는 데 도움이 되었다고 생각하기 쉽다. 아내의 병세가 호전된 것을 신에게 돌리는(귀속시키는) 것이다.

반대로 남편이 열심히 기도했는데도 아내가 죽었다고 해보자. 이때 남편은 격한 슬픔 속에서도 어떤 이유 때문에 신이 사랑하는 아내를 천국으로 데려갔다고 생각하기 쉽다. 이 두 경우에 있어서 위계적 영장류인 남편은 일이 그냥 벌어지는 법은 없다고 믿는 만큼이나 확신을 갖고 누군가가 이 모든 일을 관장하고 있음에 틀림없다고 생각한다. 그에게는 위계질서가 있어야 하고 그 위계질서 안에서 제 역할을 하는 동인(즉, 신)이 있어야 한다. 대니얼 데닛의 말처럼 "우리는 지붕에서 떨어지는 눈처럼, 실제로는 동인이 아닌 것에서 동인을 찾으려는, 매우 강력히 내재화된 경향이 있다".[24]

뒤에서 살펴볼 뇌의 또 다른 영역들은 이러한 다양한 시나리오들을 실행한다. 그 과정이 매우 흥미로운 것이긴 하지만, 결국 뇌는 그 이유가 무엇이든 지금과 같이 진화했으며, 그외에 무엇을 하든 우선 상상하고 믿고, 그 믿음에 따라 행동한다. 믿음은 사람의 행동을 결정하고, 행동을 통해 예상한 결과가 나올 수 있다. 이는 헌신적인 신앙인들에겐 분명한 일이지만, 방관자들은 어떻게 종교에 귀의하게 되는 것일까? 죽음을 앞두고 종교에 귀의하게 되는 것일까? 각 종교는 모두 매우 특별한 성격을 가진 믿음들의 총합이다. 꽃들이 저마다 다른 것처럼 종교도 각각 다르지만, 결국 종교는 모두 '믿음'이다.

앞서 강조했듯이 믿음 중 가장 두드러진 것은 (상상으로 만들어낸) '보다 높은 권위'에 대한 믿음과 (행동 지침 역할을 하는) '절대적이고 인격화된 도덕 원칙'에 대한 믿음이다. 모든 단체의 구성원들은 보다 큰 강력한 질서체계 안에서 협의에 의해 결정된 지위를 기꺼이 수락하고, 또 수락할 수 있는 일종의 정치인이기도 하다. 사람들이 우주에 자신만 존재하며 자신에게 일어나는 모든 일은 전적으로 자신이 책임진다는 생각을 받아들이기란 분명 어려운 일이다. 또한 사람들은 세속적인 최고 지도자보다 더 높은 존재는 우주에 없다는 생각도 받아들이지 않는다. 그래서 새로 취임하는 미국 대통령은 취임 선서 말미에 보통 "신이여 저를 도우소서"라고 말한다. 이는 미국 대통령이란 거물조차도 누군가(즉, 신)의 말을 들어야 한다는 것을 의미한다.[25]

어떤 사람들은 자신만의 지도를 갖고 세상을 살아가려 하고, 그렇게 살아가는 것을 즐긴다. 그러나 우리는 우리가 어떻게 사회적인 종으로 진화하게 되었는지 뒤에서 살펴볼 것이다. 반사회적으로 살거나 사회 주변부에서 살려면 특별한 에너지와 재능이 필요하며, 무모함과 용기가 필요한 경우도 많다. 역사가 시사하는 바가 그렇다.

'믿는 뇌'는 종교적 스토리를 좋아한다

그러나 종교에 관한 이야기는 여기서 끝나지 않는다. 명확한 논의를 위해 종교를 지탱하는 네 가지 기둥을 따로 떼어 살펴보자. 그 네 가지 기둥은 경전, 신, 교리, 그리고 행동규범이다.

모든 종교는 스토리를 갖고 있다. 이런 스토리는 미국 인디언 호피족Hopi의 구전 설화, 유대교 율법서 토라Torah와 기도서 시두르Siddur, 구약과 신약 성경, 그노시스파Gnosticism, 영지주의의 여러 경전, 불경, 수피교Sufism, 이슬람 신비주의 종교, 이슬람 신비주의의 경전들, 도교 경전, 바하이교Bahaism, 이슬람 시아파계 종교 성찰집, 말일성도Latter-Day Saints, 모르몬교 경전 등 여러 곳에서 발견된다. 재미있는 것은 이런 유명한 종교적 스토리들에 관한 새로운 이야기가 소설로 나온다는 것이다. 그중 대표적인 《다 빈치 코드The Da Vinci Code》는 고대 종교의 드라마뿐만 아니라 고대 종교가 현재의 일상에 어떻게 존재하고 있는지 흥미진진하게 보여줌으로써 4천만 부나 팔린 베스트셀러가 되었다. 종교의 스토리 라인을 구성하는 것은 경전, 신, 교리, 행동규범들이다. 이들을 하나하나 살펴보자.

각 종교는 보통 폭넓게 인정되는 한 개의 공식 경전(복수의 버전을 인정하는 경우도 있지만)을 갖고 있다. 예로 성공회Episcopalian는 모든 성경 버전을 인정하지 않는다. 그리고 경전을 해석할 권리가 있는 사람과 그 해석을 따라야 하는 사람으로 나뉘는 것이 보통이다. 때로 경전은 종교의식 시간(가령, 안식일)이나 성소(가령, 사원)에 관한 내용을 담기도 한다. 예로, 유대교의 유월절Passover 행사인 하가다Hagadah를 할 때의 규칙, 그리고 성소 안과 밖에서의 행동규범 혹은 십계명처럼 종교의식 시간과 별도로 일상생활에서 지켜야 할 행동규범을 규정할 수도 있다. 이런 규칙과 규범들은 어디를 가든 따라다닌다. 동물이나 자연을 숭배하는 사람들의 경우에는 개인적·집단적 안전, 죽은 조상과의 소통, 혹은 풍년을 기원할 수도 있었다. 그런데 흉년이 들면 농부는 최소한 그 나쁜 소식이 자신의 어리석음이나 경솔한 행동 때문이 아니라, 자신 안에 있는 보다 큰 힘이 작용한 결과라고 주장할 수 있었다.

중요한 종교문헌은 놀라울 정도로 많다. 경전의 저자들은 아주 박학다식한 사람들이다.

불교를 제외한 거의 모든 종교에는 신이 하나, 혹은 그 이상이 존재한다. 기독교와 이슬람교에는 하나의 신이 있고, 힌두교와 일본의 신도에는 수많은 신이 존재한다. 이런 신들은 지상과 그밖의 곳에서 일어나는 모든 일을 관장하는 특별한 힘을 가진 강력한 존재다. 이런 신들은 각각 독특한 주장을 하며 지상에 있는 인간들의 행동에 대해 다른 기대를 하고 다른 규칙을 적용한다. 또 각각 서로 다른 희망과 약속의 메시지를 전한다. 또한 개인적인 헌신을 요구하기도 한다. 개인의 진정한 헌신의 정도가 클수록 이들이 신과 특별한 관계를 맺을—비록 가톨릭교회의 성인과 같은 매개자를 통해야 하지만—가능성도 커진다. 사람은 교황이나 이맘imam, 회교 성직자, 랍비에게는 기도하지 않아도 그의 신에게는 기도한다. 유대교는 묘사될 수도 없는 자신의 신 외에 어떤 구체적인 사람이나 사물을 숭배하는 것을 금하고 있다. 불명확함과 보편성이야말로 신의 우월함과 덕성을 나타내는 것으로 간주된다. 기실, 유목민의 경우 어떤 고정된 성상聖像을 가진다는 것은 일종의 사치였다.

종교가 전하는 스토리는 매력적이다. 그 스토리가 전하는 메시지는 매우 강력한 이야기, 충고, 약속을 담고 있다. 종교가 전하는 스토리는 믿음을 불러일으키며, 때로 홀린 듯 종교에 몰입하게 하고, 믿지 않는 위험을 감수하거나 감히 설교를 방해하려는 사람들에게 불길한 경고를 하기도 한다.

그러나 믿음과 교리에는 또 다른 측면이 있다. 우리는 '사람들은 자신이 상상하는 것을 믿을 수밖에 없다'는 것을 강조한 바 있다. 그런데 믿음은 우리가 자주 무시하는 뇌의 편견에 의해 지속된다. 편견 때문에 뇌는 자신의 믿음에 어긋나는 생각이나 증거를 거부한다. 대부분의 기독교인은 내세가 존재하지 않을 가능성을 받아들이지 않는다. 여호와의증인의 경우, 여호와 이외의 신이 존재할 가능성을 거부한다. 창조론자는 지구의 연령에 대한 지질학적 증거, 창조론의 신빙성을 떨어뜨리는 인류 조상들에 대한 명확한 증거, 4천 년 이전에 존재했던 종교의식을 묘사한 암벽화, 진화론으로 추적한 종의 변화, 그리고 죽음(특히 영혼의 죽음)이 실재한다는 것을 거부한다(여호와의증인은 죽음을 죽음으로 보지 않고 영원한 천상으로 올라가는 에스컬레이터를 타는 과정이라고 믿는다).

종교에 헌신하고 있는 뇌는 7주 후에 세상의 종말이 온다는 식의 예언이 예상대로 이루어지지 않아도 그에 대해 사뭇 기발한 설명(아주 독창적이진 않더라도)을 만들어낸다는 것을 강조한 바 있다. 예언한 날이 어찌 된 일인지 틀렸다 해도 더 세련된 새로운 논리로 새로운 종말의 시간을 제시하고 신속하게 다시 이를 믿게 만든다. 그러나 존스타운 집단 자살의 경우처럼 이런 계획이 비극으로 끝날 때도 있다. 하지만 전반적으로 이런 불길한 믿음 체계가 극단적인 불행으로 귀결되는 사례가 그리 많지 않다는 것은 우리에게 시사해주는 바가 있다. 그럴지라도 우리는 여기서 종교전쟁의 가능성, 폭탄을 믿는 자살폭탄 공격자의 특별한, 그리고 종종은 성공적인 주장에 대해서도 유념해야 한다.

우리가 지금까지 설명한 종교의 핵심 기둥들은 두 가지 분명한 특징을 갖고 있다. 이는 종교가 어떻게 작동하고 있는지 보여준다. 그 특징 중 하나는 믿음, 교리, 경전, 신은 현실과 다소 동떨어지게 만들 필요가 있다는 것이다. 현실과 너무 가깝게 연결되면 아마도 불편해질 수 있다. 종교는 엄격한 과학적 연구, 예를 들면 병자를 위해 진심으로 기도해도 치료에 별 효과가 없다는 것을 증명하는 등의 연구를 좋아하지 않는다.[26] 또 다른 특징은, 일단 뇌가 교리와 신의 존재를 믿게 되면 특히 경전의 해석, 영적 구속, 행동규범과 관련된 기만에 속기 쉬워진다는 것이다. 따라서 뇌가 마이크로소프트 프로그램과 같은 것이라면, 자주 발생하는 오작동을 막기 위해 패치 프로그램을 자주 설치해야 할지도 모른다. 두 종교의 가장 큰 차이가 예배일이 다른 것일지라도, 다른 종교로 옮기기란 매우 어려운 일이기 때문에 사람들은 자신의 종교와 교리를 쉽게 버리지 못한다.

종교들 간에는 교리, 경전, 행동규범을 믿는 방식과 이것들이 가져다주는 것에 대한 관념도 크게 다르다. 가장 이상적인 기도법은 무엇인가와 같은 논쟁들은 계속될 것이다. 예로, 이슬람교에서는 사원에서 절을 할 때 이마를 바닥에 대는 것을 올바른 기도법이라고 한다. 또 기도 중 앞줄에 앉아 있는 여인의 모자(혹은 그녀)에 시선을 두면 기도의 효과가 없어진다고 하는 종교도 있다. 먹어야 할 것과 먹지 말아야 할 것, 다른 종교의 신도들과 어떤 관계를 유지해야 하는지에 관한 내용도 종교적 스토리에 들어 있다. 이슬람교도는 코란을 신이 직접 한 말이라고 믿는다. 이들은 자신의 행동이 코란의 말씀에 부합되도록 하루에 다섯 번 기도를 드리고 일생에 한 번은 메카 순례를 하려고 한다. 이 모든 것이 코란에 명확히 기록되어 있다. 반면 일부 기독교 종파의 경우 신약성경은 신이 직접 한 말을 기록한 것이 아니라 신의 메시지와 역사적 사건을 해석해 놓은 것으로 본다. 그러나 이들은 신에 복종하는 자신의 신앙을 입증하기 위해 예배당 신도석에 들어가기 전에 무릎을 꿇는 것과 같은 특별한 행동을 고안해내기도 했다. 또 구약성경이야말로 진리이며 신약성경은 부차적인 중요성만 가졌다고 보는 기독교 종파도 있다.

고유한 종교적 스토리에 더해 영향력 있는 경전 해석자들(가톨릭 성인인 누르시아의 베네딕트나 성 프란체스코, 중세 유대교 랍비 마이모니데스 등)의 스토리와 삼위일체설의 채택 같은 중대한 종교적 변천이 포함될 수 있다. 종교적 성취에 관해서도 종교마다 그 종착지와 배척해야 할 것이 서로 다르다. 이와 관련해 미국의 복음주의evangelism와 불교를 비교해보자. 불교 승려는 개인적이고 영적이며 정신적인 여행(주로 명상)을 통해 다른 사람들은 알지 못하는 자신의 진정한 본질을 발견하려고 한다. 반면 복음주의의 종교적 여정은 개인적이고 사적인 만큼이나 공적이다. 선행을 하고, 돈을 기부하며, 경전의 가르침대로 행동하고, 전도하며, 교회를 위해 일하는 것이 복음주의 신도가 할 일이다. 이들에게 선행이란 눈으로 확인할 수 있는 속죄와 구원의 조건이다. 밝은 빛(선행)이 있어야 바늘

구멍(속죄와 구원)에 실을 잘 꿸 수 있고, 그래야 천국에 갈 수 있다는 것이다.

종교는 보통 교리, 사원, 성지(즉 메카, 바티칸, 예루살렘), 관행(즉 돼지고기를 먹지 말 것, 토요일은 단식할 것, 일요일에 죄를 고백할 것 등), 그리고 그 종교가 천명한 것들(즉, 무지한 자와 구원받지 못한 자를 신에게 데려오라, 그 역시 칭찬받을 것이다 같은 것들)에 의해 각각 독특한 성격을 갖는다. 자신에 대한 보살핌 같은 종교활동(2008년 늦봄 폭력이 난무하던 미얀마에서 폭압적인 정부하에서도 승려들이 벌인 구호활동 같은)을 통해 얻는 혜택 몇 가지는 이미 언급했으며, 더 많은 혜택을 뒤에서 살펴볼 것이다.

종교의 빛과 그림자

초점을 잠시 다른 데로 돌려보자. 많은 종교활동은 처음에 보이는 모습이나 애초의 주장처럼 그렇게 순결하거나 순수하지도 않고, 또 그렇게 유익하지도 않다. 일부는 사이언톨로지를 종교로 보지만 다른 곳에서는 돈벌이 술책으로 보기도 한다. 기업이나 정부 같은 비종교조직도 상황에 따라 종교를 이용하고, 선거에 유리하도록 종교 교리와 규범을 조작하기도 한다. 교회와 국가의 차이를 구분하기 어려운 경우도 많다. 실로 많은 종교와 국가는 그 둘 사이에 차이가 존재한다는 것 자체를 완강히 거부한다.

정치와 돈이 관련된 몇몇 사례를 통해 이를 확인할 수 있다.

중국과 미국 같은 나라는 종교적 불관용에 대해 열띤 논쟁을 벌인다. 그러나 동시에 바티칸과 중국은 1951년 난절된 관계의 정상화를 모색하고 있다. 장로교의 한 분파는 9·11을 미국 CIA의 음모라고 주장하는 책을 발간하기도 했다.[27] 미 하원은 2007년 국방예산안에 군대에서 기독교식 기도를 허용하는 규정을 삽입했고,[28] 이슬람 성직자들은 유럽 신문에 실린 반이슬람 만화를 비판하고 중세 이슬람에 대한 발언을 문제 삼아 교황 베네딕트 16세를 위협하기도 했다. 미국의 복음주의자들은 다른 국가와 그들의 지도자, 그들의 종교를 비판하곤 한다. 유명한 제리 폴웰 목사는 매우 독창적인 인과론에 입각해 9·11을 미국에 만연한 동성애와 낙태에 대한 "신의 응징"이라고 말하기도 했다. 많은 미국 대학생들은 국기에 대한 맹세와 "신이여 우릴 도우소서"란 말을 거부하고 있다. 반면 보수적인 기독교인들은 "메리 크리스마스"라는 용어를 안 쓰는 백화점이나 할인점에선 구매 거부를 하자고 주장하고 있다. 줄기세포 연구를 지지하는 사람과, 줄기세포의 질병 치료 가능성을 인정하면서도 신앙 때문에 이를 반대하는 사람 간의 갈등이 생명윤리학을 둘러싸고 지속되고 있다.

또 항상 돈과 관련된 문제가 있다. 종교단체가 하는 가장 기본적인 일 중 하나는 지속적으로 발생하는 비용을 충당하기 위해 신도들에게 헌금을 요청하는 것이다. 유럽의 가톨릭교회처럼 종교단체가 도시와 시골에 많은 부동산을 소유하고 있다고 해도, 결국 종교단체의 위계구조를 유지하기 위해서는 헌금이 필요하다. 많은 종교단체는 복권식 제품 판매, 복권 판매, 서적 판매 등 공식적인 상업활동을 한다. 종교단체 기부금에는 면세 혜택이 주어지기도 한다. 미국인들은 그 어떤 사회단체보다 종교단체에 많은 돈을 기부하고 있다. 종교는 이윤을 내는 것이 아니라 현금 흐름을 확보하는 것이 일차적인 동기이긴 하지만, 여러 면에서 기업과 유사해 보인다. 빌리 그레이엄 목사가 진행하는 설교 행사의 조직적, 재정적 기반을 다소 자세히 설명한 글을 보면 화려한 종교행사를 진행하기 위해서는 실질적으로 무엇이 필요한지(말하자면, 돈) 알 수 있다.[29]

경제학 법칙과 전략은 기업뿐만 아니라 종교단체에도 적용된다. 뒤에서 우리는 기업의 사업 확장이나 시장점유율 확대와 비슷한 종교의 개종 권유와 전도활동에 대해 살펴볼 것이다. 기업에 부적절한 자금 사용이나 스톡옵션 조작에 관한 스캔들이 있는 것처럼, 종교에도 성직자가 신도들 몰래 빼돌린 자금으로 아주 호화로운 생활을 하거나 교회 스스로 부정을 저지른 사례가 적지 않다.[30] 종교 밖에 있는 이들도 이런 일에 동참한다. 예로, 로스앤젤레스 캘리포니아 주립대학은 일인당 42,000달러의 비용이 드는 7대 성지에 대한 21일 간의 노-호스트 바 여행 프로그램no-host bar tour, 음료 비용을 참가자가 부담하는 여행을 추진하기도 했다.[31]

이런 사실들을 지적했다고 해서 종교에 긍정적인 면이 없다는 것은 결코 아니다. 이 책에서 우리가 말하고자 하는 핵심적인 주장은 종교가 긍정적인 면을 갖고 있다는 것이다. 마음이 불안한 사람의 경우, 종교는 마음의 신경생리학적 핵심부에 즉각 긍정적인 영향을 미친다. 수많은 증언이 이런 사실을 입증한다. 수십억 명에 이를 것으로 추정되는 일반 신도들의 경우도 마찬가지다. 대부분의 종교는 신앙심과 수행에 있어서의 개인차를 인정한다. 특히 고해성사를 듣는 가톨릭 사제들은 매주 같은 죄를 반복하는 교구 신도들을 용서하고 축복을 내린다. 이슬람 사회에서는 가족 상황이 정상 참작을 할 만하거나 가난한 경우 메카 순례를 면제해주기도 한다. 열성적인 복음주의자들은 신앙이 부족한 신도들의 신앙심을 높이기 위해 노력하지만, 그들이 그리 열성을 보이지 않는다 해도 그들과 맥주 한잔 할 수 있는 관용을 보여준다. 같은 교회에 다니는 신도들은 서로 돕고 서로를 위해 기도한다. 또한 교회는 노숙자에게 교회를 개방하고 음식과 쉴 곳을 제공한다. 허리케인 카트리나 같은 재앙이 닥치면 종교단체는 자발적으로 나서서 정부보다 효과적으로 이재민에게 생활공간, 시간, 돈, 그리고 도움의 손길을 제공했다. 보수적인 수많은 미국 종교단체들은 기후변화에 대한 일종의 십자군 전쟁을 벌이고 있다.[32] 그리고 가톨릭교회는 단일 조직으로는 지구 최대의 보건 및 교육 지원 단체이며, 아프리카 시민사회의 구심점 역할을 하고 있고, 인도 카스트 제도에 대한 가장 강력한 반대자이기도 하다.[33]

이번 장에서 우리는 영적, 종교적 충동의 복잡성과 일관성을 파악하고, 지적인 시각에서 종교적 충동을 파악하려고 하는 것이 얼마나 중요한지 강조하려고 했다.

우리는 우리가 원하는 것이 아니라 이미 존재하고 있는 문제를 다루고 있다. 중력의 법칙과 수력학을 외면했다면 비행기를 설계하는 일, 캄보디아의 벼농사를 위해 관개시스템을 구축하는 일, 콜로라도 강에 튼튼한 댐을 세우기 위해 엄청난 양의 흙과 돌을 옮기는 일을 할 수 없었을 것이다. 한 시스템을 변화시키거나 반대로 유지, 강화시키기를 원한다면 먼저 그 시스템을 잘 이해해야 한다.

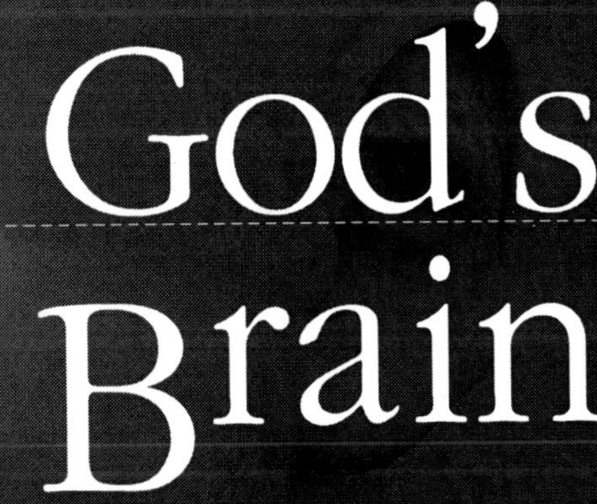

God's Brain

chapter 3

우리 삶에 스며든 종교

우리 삶을 지배하는 신

이번 장에서는 논의의 범위를 좁혀보자. 특히 우리는 종교적 믿음과 행동규범이 신앙인의 삶에 얼마나 침투해 있는지에 대해 흥미를 갖고 있다. 종교와 진실을 둘러싼 논쟁이 어떻게 진행되든지 간에, 일상의 삶은 항상 그 논쟁의 최전선에 있다. 일상의 삶은 개인의 일대기가 진행되는 부분이기도 하다.

일상적인 회사 일이 있듯이 종교에도 일상적인 것이 있다. 독실한 신앙인, 특히 자신의 신앙을 전부로 여기는 사람에게 종교적 믿음과 행동규범은 그들의 췌장만큼이나 삶의 한 부분이다. 분명한 것은 "당신은 누구냐?"라는 질문에 자신을 '췌장 주인'이라고 말할 사람은 거의 없지만, 자신을 '기독교인'이나 '이슬람교도'라고 소개할 사람은 많다. 이는 특히 예루살렘처럼 한 지역에 여러 종교가 있을 경우엔 더 그렇다. 이런 곳에서는 자신을 종교와 연결시키는 것이 중요하고 필수적이다. 또한 자신을 종교와 연결시키는 것은—이슬람 수니파Sunnis와 시아파Shias의 대결, 북아일랜드의 가톨릭과 개신교의 대립, 그리고 과거 유럽의 종교전쟁처럼—잠재적으로 자신의 안위에 매우 중요한 일이 될 수 있다.

수많은 사람들이 일상적으로 몸에 부적을 착용하거나 자신의 종교를 나타내는 징표를 지니고 있다는 사실은 자주 언급되지 않는 놀라운 일이지만 분명한 사실이다. 영적 세계의 힘은 돌이나 보석 혹은 기교적 예술품으로 상징화된다.[1]

종교적 정체성이 한 개인에게 주는 영적, 도덕적 영향이 별 의미 없고, 최악의 경우 거추장스러울지라도 종교적 정체성은 사라지지 않는다. 종교적 정체성은 항상 신앙인을 따라다닌다. 예를 들어, 저자 라이오넬 타이거는 몬트리올에서 유대인으로 태어났다. 타이거는 몬트리올 시민의 다수가 프랑스계 캐나다인이긴 하지만 몬트리올은 사실상 모든 시민이 소수집단인 도시라고 보았다. 몬트리올에서의 종교적 정체성은 영적이거나 경건하기만 한 것은 아니었다. 제2차 세계대전 당시(당시 타이거는 어린이였다)에는 특히 그러했다. 당시는 수백 년 전 전투에서 퀘벡을 함락시켰던[2] 영국 국왕 편에서 싸우자고 프랑스어로 입대를 독려했던 징병관들에 항의하는 폭동이 있었다. 많은 퀘벡인들은 영국 국왕 편이 되는 것을, 경제적 착취자이자 그리스도를 죽인 이교도 유대인을 보호하는 일이라고 보았다. 이런 분위기에서 한 사람의 정체성은 이론이 아니라 감정적으로 결정되었다. 육체적 생존과 안녕이 가장 큰 문제였고, 유대인인 어린 타이거가 무시무시한 잔느 망스캐다다 개척 시대에 최초로 퀘벡에 병원을 세운 프랑스 태생의 여성 영웅 갱단 소속의 아이들이 장악한 거리를 걸어갈 때면 공포로 머리끝이 쭈뼛쭈뼛할 정도였다.

그러나 육체적 안전에 대한 공포가 상존했어도 유대인의 정체성을 지탱해주는 율법은 흔들림이 없었다. 타이거는 13세가 되던 해에 유대교 관습에 따라 성인식을 치러야 했고, 거기서 엄숙한 일에 대한 사뭇 적절하고 바람직한 열정을 경험했다. 유대인으로서 엄숙하게 성인식을 치르는 것은 당연한 일이었다. 성인식은 아이가 책임감 있고 진지한 성인이 된다는 것을 의미했으며, 이로써 신과의 관계도 변하게 된다. 성인식을 거치면 아버지는 더 이상 타이거의 장점이나 잘못에 책임이 없고, 이제는 신이 그것을 직접 심판하게 된다. 종교 율법에 복종하고 수양하며 남에게 기쁨을 주려는 타이거의 노력에 대해서도 신이 직접 보상하게 될 터였다. 이런 새로운 책임을 지고 신을 기쁘게 하기 위해 타이거는 성인식을 위해서만이 아니라, 새 셔츠를 처음 입거나 햇과일을 먹을 때에도 이해하기 어려운 계율에 따라 기도문을 암송했다. 이런 계율은 성인으로 살아가고 신을 모시는 방법을 가르치는 안내서에 모두 명시되어 있었다. 그리고 가족예배 의식도 엄숙하게 잘 치렀다.[3]

그런데 타이거의 의도가 무척 진지했고 새로운 성인의 의무를 다하고자 하는 결의가 철저했는데도 타이거는 헌신적인 유대교도가 될 수 없었다. 타이거는 상당히 오랫동안 신의 관심의 징표를 갈망했다. 그가 과거보다 큰 책임을 떠맡았는데도 그에 대한 신의 관심이 과거보다 더 커졌다고 믿을 만한 증거는 없었다. 성인이 되어 신과 새롭게 맺은 관계를 증명할, 그리고 그것을 공고히 할 어떤 개인적이고 분명한 증거가 없었다. 실제로 타이거가 신앙에 대한 기대와 열정을 잃게 되는 과정은, 수많은 사람들이 기록해놓은 고통스러운 믿음의 상실에 관한 경험에 비하면 아무것도 아니었다. 물론 타이거는 그가 속한 유대인 공동체에서 다른 유대인들과 적극적인 관계를 맺었지만, 그런 관계 속에서 종교적인 요소는 현저히 줄어들었다.

우리는 종교가 어떻게 일상의 삶에 스며드는지, 잠시 살펴봤다. 이 문제는 다음 장들에서 더 깊이 알아볼 것이다. 어떤 일상적인 종교적 계율은 널리 알려져 있다. 극히 이론적이고 추상적이며 외견상 자의적인 가정에 기초한 경우가 많다 하더라도, 주요 종교의 핵심적인 믿음, 경전, 교주, 행동규범들(음식, 의복, 대표적인 의식에 관한)은 잘 알려져 있는 것이 보통이다. 사람들은 이런 것들을 자기 지역구의 의원이나 알래스카의 주도, 최근에 완봉승을 거둔 투수 이름보다 더 잘 알고 있을지도 모른다.

이는 별로 놀라운 일도 아니다. 신앙의 세계는 독특하고 복잡하다. 외부인이 보기에 구별하기 힘든 감리교와 루터교처럼(물론, 해당 신자들은 이런 평가를 받아들이지 않겠지만) 외견상 크게 달라 보이지 않는 종교들도 있다. 반면 가톨릭, 불교, 여호와의증인은 비슷한 점보다 다른 점이 더 많다. 이 세상에 존재하는 수천 개의 종교들 간의 차이는 현기증이 날 정도로 크지만 동시에 대단히 흥미로운 것이기도 하다.

종교들을 분석하면 각각 다른 사실과 특징들이 나온다. 우리는 이 책에서 이런 차이를 자세히 검토하지는 않았다. 그런 차이를 검토한 훌륭한 연구들이 이미 많이 있기 때문이다. 대신 우리는 여기서 세 가지 사례를 통해 종교가 사람들에게 미친 영향을 파악해볼 것이다. 먼저 우리는 열성적인 기독교 신자인 한 미국인 남성의 전형적인 일주일을 소개할 것이다. 그리고 1870년대 미 대륙을 횡단하는 포장마차 속에서 가톨릭 신자인 한 젊은 여인이 기록한 일기를 살펴볼 것이다. 그 다음에는 나치 치하에서 철저한 가톨릭 교육을 받았지만 나중에 자신이 유대인이란 사실을 알게 된 한 어린아이의 운명을 소개할 것이다. 첫 번째 사례는 저자가 알고 있는 사람의 이야기이며, 두 번째 사례는 이 책의 공저자인 맥과이어의 친척 할머니에 관한 이야기이고, 세 번째 사례는 여러 사람이 겪은 비슷한 이야기를 한 소년의 이야기로 정리한 것이다.

이들의 실제 사례를 보기 전에 실제로는 일어나기 힘든 가상의 실험을 하나 해보도록 하자.

어떤 이유로 인간을 닮은 외계인이 뜻한 바 있어 다른 혹성에서 지구로 왔다고 해보자. 이 외계인은 신앙인이 되려고 한다. 그는 종교를 택하기를 원했고, 동시에 그 종교에 의해 택함을 받기도 원한다. 완전하고 깨끗한 영혼인 이 외계인은 자신이 믿을 종교를 결정하기 위해 북아메리카 일대를 돌며 열심히 사람들을 만나 인터뷰를 하는 중이다.

그와 함께 길을 나서보자.

그는 최근에 준공한 켄터키 주 피터즈버그의 창조론자 박물관을 찾았다.[4] 그는 이 박물관의 주요 테마가 진화론에 대한 도전임을 깨달았다. 따라서 사뭇 생소한 논쟁에 대해 생각하게 되었다.[5] 그는 돌연히 생긴 알레르기를 치료하기 위해 잠시 병원에 들러야 했다. 대기실에서 그는 글을 읽었는데, 대부분의 의사들은 종교가 환자의 건강과 장수에 도움이 된다고 생각한다는 내용이었다.[6] 또 도서관이 지구인들의 지식 저장고라는 이야기를 듣고 그곳을 방문해서는, 오늘날의 세계 혼란상을 종교개혁 및 종교개혁의 역할—
1500년에서 1700년 사이에 유럽을 분열시켰던—과 비교한 한 종
교학자의 글을 읽었다.[7]

　이야기는 갈수록 복잡해졌다. 한 저녁 강연에서, 어떤 연사는 종
교가 알 수 없는 것에 대한 공포에 직면해 존재론적 안도감을 주기
때문에 존재한다고 말했다. 또 다른 연사는 예수는 신의 아들이 아
니라 예언자이며 예수란 인물을 중심으로 종교를 만든 것은 사도
바오로라고 주장했다.[8] 강연장 밖에는 유대인 그리스도교Jews-for-
Jesus, 예수를 메시아로 인정한 유대인 교파—옮긴이의 집회가 있었고, 그 아래 거리
에서는 재즈 밴드를 대동하고 온 침례교도 집단이 옥외 부흥회를
하고 있었다.

　유명한 아카데믹센터에서는 자신만만한 한 철학자가 종교란 믿
을 수 없는 일상사의 표면 아래에 존재하는 합리적 질서를 찾기 위
한 하나의 시도라고 말함으로써 우리의 외계인을 당황케 했다. 또
한 유전학자는 인간이 신을 추구하고 숭배하도록 하는 '신의 유전
자'가 있다고 주장했다. 한 역사가는 루터Martin Luther, 칼뱅John
Calvin, 에마누엘 스베덴보리Emanuel Swedenborg, 스웨덴의 과학자, 철학자, 신학
자—옮긴이는 이상적 삶에 이르는 길을 찾으려는 강박관념으로 고통
받았다고 주장하기도 했다. 다른 역사학자는 진정 유일한 종교는
유대교라고 했고, 또 다른 역사학자는 구약성경을 믿는 사람은 제
정신인지 진단을 받아야 한다고 주장했다. 어떤 사회학자는 왜 종
교가 전쟁의 원인이 되는지 설명했다. 한 생리학자는 진지한 종교
적 명상은 집중력을 높여준다고 발표했다. 또 한 신경과학자는 몬
트리올에 사는 수녀들의 뇌 사진, 사람들이 기도할 때 활성화되는

특정 뇌 부위의 사진을 보여주었다.

우리의 외계인은 기술적이고 세속적인 인류의 첨단기술을 보기 위해 미국의 공군사관학교를 방문하기도 했다. 공군사관학교 생도들은 시속 1,600마일로 비행하면서 수마일 밖에 떨어진 3피트 크기의 목표물을 명중시킬 수 있는 미사일을 조준하고 발사하는 법을 배우고 있었다. 우리의 외계인은 눈부실 정도로 뛰어난 첨단기술이 있긴 하지만 서로 다른 종교를 가진 군종 성직자들 간에 근본적인 갈등이 존재한다는 사실을 발견했다.[9] 우리의 외계인은 소수 종파에 속한 군종 성직자가 차별대우에 불평하는 말을 들었다. 저녁식사 중 우리의 외계인은 초음속 제트기 조종사가 된 '동물을 인도적으로 사랑하는 사람들PETA, People for the Ethical Treatment of Animals'의 한 회원과 대화를 하게 되었는데, 그 회원은 PETA란 하나의 종교이며 PETA 회원들은 동물이 아니라 인간을 의학실험에 사용할 것을 주장한다고 소개했다.[10] 또 우리의 외계인은 어떤 사람의 책상에서 한 공군 장교가 다른 장교에게 보낸 편지를 발견했는데, 그 편지는 공군의 공식 규정상 허용되지 않는 "Yours in Christ(그리스도 안에서 당신의 벗이)"라는 인사말로 끝을 맺었다. 저녁식사 후 우리의 외계인은 종교가 과연 인간의 본성인지를 토론하는 자리에 참여했다.[11]

우리 외계인의 방랑은 계속되었다. 지금 그는 솔트레이크시티에 와 있는데, 그곳에서 그는 모르몬교의 창시자 조지프 스미스 주니어Joseph Smith Jr.의 제자들을 만났다. 이들은 모르몬경에 묘사된 계시의 진리를 열렬히 증거했다. 우리의 외계인은 1823년 천사가 조지프를 찾아와 계시를 전한 것이 사실임을 입증해주는 존재로 간주되었다.[12] 우리의 외계인은 모르몬교도들의 정착 과정에 관한 이야기를 들었다. 모르몬교도들은 모르몬경이 규정한 대로 신학적 확신을 가지고 (미국 사회가 오랫동안 불법으로 여겼던) 일부다처제를 공개적으로 택한 사람들이었다. 또한 우리의 외계인은 미국이 천명한 종교의 자유 원칙 때문에 그들의 관습이 보호되고 있으며, 보호되어야 한다는 말을 들었다. 연구자들이 신앙인과 비신앙인의 뇌에서 차이를 발견했다는 말도 들었다. 그렇지만 일부다처제는 미국의 종교적 관용에 대한 중대한 도전이 되고 있다.

여행 중에 우리의 외계인은 종교 교재, 기도서, 성물 같은 수많은 종교 상품과 서비스를 발견했다. 그중 특히 관심을 끈 것은 병사들의 성적 순결을 보호하기 위해 만들어진 한 책자였다.[13] 몸에 붙인 부적에서 성인의 형상을 한 초에 이르기까지 이런 모든 물건들은 종교라는 공장에서 만들어져 나와 거의 모든 곳으로 퍼져 나갔다. 성물을 파는 한 상점에서 우리의 외계인은 판매인이 "조지 W. 부시는 국민들에 의해 대통령으로 선출된 것이 아니라 신의 뜻에 따라 대통령이 되었다"고 하는 말을 들었다.[14]

방문했던 마을에서 우리의 외계인은, 호의를 베풀고 종종은 영감을 주는 겸손한 성직자들을 많이 만났다. 이들은 신의 존재를 절대적으로 확신했다. 이들은 또한 자신의 특별한 지식을 다른 사람들에게 알리는 것을 임무로 여기고 있었다. 자신의 설교가 절대적으로 옳다는 것을 다른 사람들에게 설득시키는 일이야말로 자신의 천직이요 의무라 여겼다. 우리의 외계인은 이들 중 일부는 정치적, 육체적으로 무척 힘들고, 심지어 위험한 상황에서도 자신의 사명을 추구하기 위해 지구의 반을 여행했다는 말을 들었다.

우리의 외계인은 예배당에 가거나 갔다 온 사람들이 몹시 행복해하고 편안해하는 것을 보고는 놀랐다. 예배당 안이나 초원 위에서 뭔가가 실제로 일어나는 것처럼 보였다. 한 영장류 연구센터에서는 많은 연구자들이 인간과 일부 영장류 동물이 '도덕성'과 (아마도 매우 초보적인) '종교'의 기반이 되는 생물학적 시스템을 공유하고 있다고 믿었다.

여행이 거의 끝나가자 우리의 외계인은 가능한 한 많은 종교집회를 방문했다. 그는 서로 거의 교류를 하지 않는 종교단체들이 서로 다른 사고방식을 갖고 있다는 결론을 내렸다. 이따금 어떤 이유로 상대방에 대한 적의가 불타오르고 사그라지긴 했지만, 외견상 이들 종교집단은 서로에게 관심이 없었다.

우리의 외계인은 많은 설교와 가르침이 '인간의 고통과 차별'이라는 분명한 현실보다 '옳고 그름에 대한 도덕적 관점'에 초점을 맞추는 경우가 많다는 것을 깨달았다. 그는 '종교는 진정 누구를 위한 것'인지 의아해하지 않을 수 없었다. 마지막으로 한 목사와 만난 자리에서 우리의 외계인은, 모든 종교가 차이점은 있지만 같은 목적을 향해 나아가고 있다는 그럴싸하고 흡족한 견해를 접했다. 그러나 그후 그는 한 교회 직원으로부터 오직 처녀만 천국에 갈 수 있다는 당혹스러운 경고를 들었다.

지치고 혼란스러워진 우리의 외계인은, 비록 많은 광신도들이 열정적인 선교사들의 성공(과거는 물론 지금도 계속되고 있는)을 자랑하고는 있지만, 종교를 더 알기 위해서 아시아, 중동, 아프리카, 남아메리카까지 여행할 필요는 없다는 현명한 결정을 내렸다. 여행을 계속한다 해도 자신이 종교를 선택하는 데 필요한, 결정적이고 참신한 정보를 얻을 가능성은 거의 없다고 보았다.

그렇다면 우리의 외계인이, 신앙인이 되고 자신의 임무를 완수하려면 이제 무엇을 해야 할까? 종교를 택한다면 과연 어떤 종교를 택할 것인가? 그가 한 경험 중 과연 어떤 것이 그런 결정에 영향을 미칠 것인가?

물론 우리의 외계인이 종교에 대해 현명한 결정을 내리는 것은 불가능하다고 판단하고 자신의 별로 돌아갈 수도 있다. 그러나 사고실험thought experiment, 어떤 상황을 가정하고 실제로 어떤 일이 벌어질지 예측하는 것—옮긴이을 해보면, 이런 결정을 할 가능성은 거의 없다.

그는 또한 잠시 멈춰 자신의 메모를 검토하고 추가 연구와 인터뷰를 통해 메모를 업데이트한 후에 결정을 내릴 수도 있다. 그러나 이는 비현실적이다. 사실, 여러 종교를 진지하고 깊이 있게 비교한 다음 그중 한 종교를 선택하는 사람은 천 명 중 한 명에 불과할 것이다.

또한 우리의 외계인은 자포자기하는 심정으로 외견상 매력적으로 보이거나 가장 편안하고 사교적인 종교를 택할 수도 있다. 이런 선택은 부분적으로 잠시 뒤에 살펴볼 로버트의 사례에 해당한다. 혹은 우리의 외계인이 어린 나이에 지구에 와서 신앙인 가족과 함께 살면서 그 가족의 종교에 동화되어 갔다면, 여유로운 과정을 거쳐 신앙인이 될 수도 있었을 것이다. 이는 부분적으로 뒤에 살펴볼 엘바의 사례에 속한다. 두 사람의 이야기 다음에는 확실한 종교적 정체성이 부족한 탓에 혼란을 겪은 유대인 가톨릭교도들의 복잡한 사례도 살펴볼 것이다. 여기서는 확실성의 부족에 주목해야 한다. 이런 혼란을 겪었던 이들은 어찌 됐든, 모든 사람은 구체적이고 온

전한 형태의 종교를 가져야 한다고 생각할 것이다. 그러나 그런 생각은 어디에서 온 것일까?

로버트의 사례: 미국 남성, 복음주의 신도

종교가 권장하거나 기대하는 활동을 하는 데 사람들이 바치는 시간은 저마다 다르다.

한 극단에 있는 사람들은 특정 종교에 강한 소속감을 갖고 있다고 말은 하지만 종교행사나 종교의식, 혹은 지역봉사 같은 종교 관련 활동에는 거의 참가하지 않는다. 이들은 종교단체와 성직자들의 조언에 극히 최소한의 관심만 기울인다.

또 다른 극단에 있는 사람들은 종교에 얽매여 삶에 종교적 의미를 부여하며 살아간다. 이들은 어디에나 있을 수 있지만, 특히 미국의 시골이나 준교외 지역에 많이 거주한다. 이런 곳에서 교회는 지역의 중심 역할을 할 뿐 아니라, 설교를 하거나 일요일 아침 회개할 기회를 주는 것 이상의 많은 기능을 한다. 대도시의 교외나 시내 거주자들이 영화나 스포츠, 쇼핑, 공원 산책 등 특별한 취미를 갖고 있는 데 반해, 시골 사람들에게는 주변에 극장이나 쇼핑몰이 없으며, 스포츠 행사도 인근 고등학교에서 열리는 풋볼 게임 정도에 불과한 경우가 많다.

이번 사례의 주인공 로버트는 인구가 약 1,600명 정도인 미국의 시골에 살고 있다. 이곳에는 두 개의 주유소, 한 개의 작은 시장, 불규칙적으로 문을 여는 간이식당 한 곳, 무허가일지도 모르는 자

동차 수리점 한 곳, 그리고 바가 한 군데 있다. 현재 로버트는 29세
로 직업은 목수다. 그는 가끔 와인을 마시긴 하지만 독주는 마시지
않고 담배도 피우지 않는다. 경제적으로도 큰 문제가 없다.

　로버트의 이야기가 특이하지는 않다. 그의 부모는 매우 종교적
이며 지역 교회활동에 적극적인 기독교 신도다. 어렸을 때 로버트
는 교회에 다니며 교회 복구 작업을 돕기도 했다. 그런데 곧 안 좋
은 일이 벌어지기 시작했다. 20세가 되었을 때 로버트는 주유소 강
도 사건으로 유죄를 선고받고 15개월간 감옥에 가 있었다. 출소한
이듬해에는 두 번의 음주운전으로 고통과 방황은 더 커졌다. 24세
에 로버트는 직장을 잃고 무일푼이 되었으며 직업을 구할 수 없었
고 빚을 져 계속 방황했다. 집에 돌아왔으나 부모는 그를 받아주지
않았다.

　그러던 어느 날, 마을 자동차 수리소에서 고등학교 친구와 이야
기를 나누었다. 친구는 교회를 다니기 시작했으며 그것이 자신의
삶을 바꿔놓았다며 로버트에게 교회 다닐 것을 권했다. 로버트는
친구의 제안을 받아들였다. 그리고 그가 교회를 나가기 시작한 지
1년 6개월이 지난 후 그의 일주일은 다음과 같이 바뀌어 있었다.

· 일요일

집에서 교회까지 30분, 일요일 오전 첫 예배 60분, 주일학교 봉사 90
분, 일요일 제2예배 60분, 신도들과 격의 없는 의견 교환 15분, 교회
에서 집까지 30분, 저녁 성경 공부 60분, 저녁 기도 20분, 총 종교활
동 시간 365분

· **월요일**

아침 기도 10분, 저녁 기도 20분, 총 종교활동 시간 30분

· **화요일**

아침 기도 10분, 집에서 성경교실까지 가는 데 20분, 성경교실 참석 70분, 성경교실에서 집까지 오는 데 20분, 저녁 기도 20분, 총 종교활동 시간 140분

· **수요일**

아침 기도 10분, 병약한 교외 신도를 집에서 시장으로 데려가 쇼핑을 돕고 집에 다시 데려오는 데 45분, 저녁 기도 20분, 총 종교활동 시간 75분

· **목요일**

아침 기도 10분, 집에서 교회까지 가는 데 30분, 남성 신도들과의 토론회 60분, 교회에서 직장까지 가는 데 20분, 저녁 기도 20분, 총 종교활동 시간 140분

· **금요일**

아침 기도 10분, 독신자 교회 신도를 위한 사교 만찬장 가는 데 30분, 독신자 만찬 120분, 교회에서 집까지 오는 데 30분, 저녁 기도 20분, 총 종교활동 시간 210분

· **토요일**

아침 기도 10분, 집에서 교회까지 가는 데 30분, 교회 개수 공사에 목수일로 봉사하기 150분, 교회에서 집까지 오는 데 30분, 저녁 기도 20분, 총 종교활동 시간 240분

· **일주일 동안 교회 관련 활동에 사용한 시간 = 1,200분 = 20시간**

종교활동에 일주일의 20시간을 바친다는 것이 많은 독자들에겐 과해 보일 수 있다. 그러나 대화를 해본 결과 로버트에겐 결코 지나친 일이 아니었다. 로버트는 종교적인 가정에서 자랐고, 가족 모두가 복음교회의 열성 신도였으며 지금도 그러하다.

이들 가족에게 믿음은 확실하다. 신의 존재는 사실이며 예수의 부활도 사실이다. 마테, 마가, 누가, 요한의 글은 모두 복음이다. 로버트의 어머니는 매일 저녁식사 전 30분 동안 세 자녀들에게 성경을 읽어주면서 "신은 우리가 바칠 수 있는 모든 것을 받을 자격이 있는 분이란다…… 신은 우리의 영감靈感이야"라고 말하곤 했다. 전 가족이 교회 프로그램에 참여했고, 교회의 친목 만찬이나 기타 행사를 주재하기도 했다. 또 추수감사절 훨씬 전부터 집에 크리스마스 장식을 했다. 목사는 이 가족을 자주 방문했고, 로버트의 아버지는 수입의 12퍼센트를 교회에 바쳤다. 로버트의 어머니는 할머니한테 물려받은 5만 달러 중 반을 교회에 헌금하기도 했다. 26세에 로버트가 확실한 신자가 되었을 때 이 모든 일은 갑작스레 그에게 의미 있는 일로 다가왔다. 더욱이 그는 교회 사람들을 좋아했다. 로버트는 "교회 사람들을 만나면 내가 중요하고 꼭 필요한 사람이라는 느낌을 받아요. 그들은 일에 지친 하루의 피로를 풀어주는 사람들이죠"라고 말했다.

로버트의 이 말은 특이한 것이 아니다. 로버트가 한 말은 성 바오로와 성 아우구스티누스로 거슬러 올라가는 오랜 역사가 있다.

로버트는 또한 자신에게서 아주 흥미로운 점을 발견했다. 1년 전 그는 멀리 떨어진 산골에 통나무집을 하나 지어주기로 계약한 적이 있었는데 완전히 혼자서 그 집을 지어야 했다. 일요일에만 겨우 현장을 벗어날 수 있었고, 먼지가 풀풀 나는 길을 50마일 운전해 가장 가까운 교회에나 갈 수 있었다. 그러나 로버트는 그 교회에서 거의 만족감을 느낄 수 없었다. 설교는 어느 교회나 있는 것이지만, 그 교회에서는 사교 행사도, 성경 강독 강좌도, 공동체 활동도 없었다. 7주 후 공사가 끝나자 로버트는 다시는 자신의 교회와 교회 사람들을 떠나지 않겠다고 다짐했다. "나는 내가 알고 있는 것보다 더 사교적이더군요"라고 로버트는 자신의 목사에게 말했다. "신도들이 있을 때에만, 그리고 내가 다른 사람들에게 뭔가 베풀 때에만 만족을 느낍니다." 관대함을 베푸는 행위는 음식을 먹거나 섹스를 할 때와 동일한 뇌의 보상 영역을 활성화시킨다고 신경학자들이 최근 보고한 것처럼, 로버트도 다른 사람들에게 베푸는 데서 만족감을 느꼈다. 그런 것처럼 교도관과 과학자들은 죄수를 독방에 가두는 것, 즉 모든 관계를 단절시키는 것이 매우 가혹한 처벌이라는 것을 잘 알고 있다.

물론 로버트의 일상이 엄격하게 종교적인 것은 아니다. 교회 사람들은 정치, 직장, 물가에 관해 이야기를 나누고, 요리법을 교환하며, 지역 소식을 나누기도 한다. 그러나 반대로 교회 밖에서 교회와 교회활동에 대해 이야기를 나누는 경우도 종종 있다. 예로, 선교사와 그 가족이 선교활동을 마치고 돌아온 후 아프리카에서 겪었던 육체적 위험, 고난, 그리고 성공적인 선교활동에 대해 이야기를 하는 경우가 있는데, 이들의 이야기는 교회 신도뿐만 아니라 같은 마을 일부 비신앙인들의 마음까지도 사로잡는다. 이와 같은 일들은 그 자체로 하나의 공동체적 삶이 된다.

여기서 잠시 다음과 같은 질문을 해보자. 로버트가 일주일의 20

시간을 종교활동에 쓰고 있는데, 그와 아주 비슷한 사람—어려서부터 로버트와 떨어져 볼티모어의 친척집에서 살고 있는 로버트의 쌍둥이 형제라고 가정해보자—은 왜 종교활동에 전혀 시간을 쓸수 없을까? 심리학자들은 쌍둥이들의 종교적 성향이 매우 비슷하다고 주장하지만, 이런 설명은 로버트와 가상의 쌍둥이 형제에게는 적용되지 않는다. 그렇다면 타고난 성향보다 사회적 환경이 종교활동에 더 큰 영향을 미치는 것인가? 충분히 그럴 수 있고, 자주 그런 일이 있다. 특히 지역 교회가 마을의 사교 중심지이기도 한로버트와 같은 환경에서는 더욱 그러하다. 로버트의 마을과 달리, 도시 지역에서는 교회 말고도 사교활동을 할 수 있는 다른 대안들이 존재하기 때문에 종교활동에 참여하지 않아도 사교생활이 가능하다. 그런데 개신교는 도시에서 더 효과적으로 신도들을 모은다(예로, 오늘날의 남아메리카와 과거의 한국). 따라서 꼭 환경이 종교활동을 결정하는 것만도 아닌 듯하다. 그렇다면 종교 유형이 결정 요인일까? 티베트, 남아메리카, 아프리카의 여러 시골 지역에서는 서로 다른 유형의 종교들이 존재하지만, 이 지역의 종교활동 장소는 로버트의 교회와 비슷한 기능을 하며, 그 지역의 대다수 성인들도 종교활동에 참석한다. 종교활동에 참여하지 않고 혼자 고립을 택하는 사람은 비교적 거의 드물다. 따라서 종교활동이 종교 유형에 따라 결정되는 것도 아닌 듯하다.

로버트의 새 삶이 그에게 제공해준, 어떤 깨닫지 못한 것이 있다면 무엇일까? 이에 대해서는 다음 장들에서 자세히 보겠지만 여기서 미리 말하면, 긍정적인 교류활동socialization을 들 수 있다. 즉 의식을 행하고, 종교적 믿음을 구체화하며, 종교적 믿음에 헌신하는 종교행사에서 하는 교류활동은 '뇌를 편안하게brainsoothe' 해준다는 것이다. 종교는 뇌를 즐겁게 하는 데 무척이나 뛰어난 능력을 갖고 있다.

에필로그: 로버트는 현재 29세로서 결혼을 하고 아이를 낳았다. 그는 인근 카운티에 있는 한 회사의 건물 관리인으로 일하며, 일주일에 약 15시간을 교회활동에 바치고 있다.

엘바의 사례: 1870년대 미 대륙을 횡단한 가톨릭 신자

여기에 또 다른 이야기가 있다. 이는 미국인들이 미 대륙을 가로질러 서부 해안으로 여행할 때 겪은 서사적이고 영웅적이며 전설적인 이야기 중 하나다. 이 이야기는 이 책의 공저자인 맥과이어의 친척 할머니가 기록한 일지다. 이 이야기는 극심하고 거대한 불확실성과 굶주림에 직면한 한 사람과 집단에게 종교적 믿음이 얼마나 중요한지 보여주고 있다.

19세기 말 서부로 이동한 무리 속에는 새로운 유토피아를 찾아온 이상주의자에서부터 금광을 찾아 몰려든 사람, 사회주의자, 모르몬교도 같은 종교인에 이르기까지 다양했다. 여기서 소개할 사례의 집단에는 가톨릭 신자, 유니테리언교도Unitarians, 삼위일체와 예수의 신격을 부인하고 하느님만이 신이라고 믿는 종파—옮긴이, 사회주의자, 그리고 노동운동가들이 뒤섞였는데, 엘바는 1876년 이들과 함께 펜실베이니아 탄광 지대를 출발해 애리조나의 제롬Jerome까지 여행을 했다.

엘바는 버몬트 출생으로 6세 되던 해에 무신론자였던 부모님이 갑자기 세상을 떠난 후 고아가 되었다. 그후 펜실베이니아에 있는 친척 밀리 아줌마에게 입양되었는데, 밀리 아줌마는 독실한 가톨릭 신자였다. 입양된 지 얼마 안 되어 엘바는 세례를 받고 지역 가톨릭교회의 적극적인 신도가 되었다. 시간이 흐르고, 학교에서 엘바는 아주 뛰어난 성적을 보였으며, 선생님들은 그녀에게 대학 진학을 권했다. 몇 명의 남성이 그녀에게 구애하기도 했다. 17세가 되던 해 그녀는 인근의 한 대학으로부터 입학 허가를 받고 입학 준비를 했다. 그런데 밀리 아줌마가 남편 펠릭스를 포함한 가족과 몇 명의 친구와 함께 새로운 삶을 찾아 캘리포니아로 이주하겠다고 밝혔다. 엘바는 자신의 도움 없이는 밀리 아줌마가 캘리포니아에 도착할 때까지 살지 못할 거라고 생각하고 이주 행렬에 동참하기로 했다.

여행은 거의 7개월이 걸렸다. 처음부터 종교적 믿음과 의식에 대한 언쟁, 가령 저녁식사 전에 누가 기도할 것인가 혹은 과연 기도를 해야 하는가 등으로 부딪혔고, 리더십에 대한 다툼도 있었다. 또 이동 경로, 하루에 얼마나 이동할 것인가, 누가 어떤 허드렛일을 할 것인가를 결정하는 일도 결코 쉽지 않았다. 그러나 한동안 엘바가 경험한 일은 모두 일상적인 것이었다. 횡단 여행 중에는 함께 여행하는 다른 일행만이 유일한 자원이었다. 정부도 없었고, 자동차 견인 서비스도 없었으며, 호텔도 거의 없었고, 음식은 극히 열악했으며, 휴대폰도 인터넷도 없는 여행이었다. 공구함에는 나침반과 고된 노동, 연민, 동기, 영감, 그리고 희망이 들어 있었다.

엘바의 묘사에 따르면, 이 이주단은 "신이 전 여정에 걸쳐 우리를 지켜봤기 때문에" 그렇게 멀리까지(애리조나의 제롬까지) 여행할 수 있었다. 아래 내용은 엘바의 여행일지와 맥과이어가 나눈 말을 정리한 것이다.

· 켄터키

비가 사흘 동안 멈추지 않았다. 모든 것이 비에 젖어 불을 피울 수 없는 상황이다. 마차를 움직일 수도 없다. 온통 진흙투성이다. 밀리 아줌마의 기침소리가 안 좋다. 어젯밤에는 말 한 마리가 죽었다…… 오늘 밤에는 비가 그치기를, 밀리 아줌마의 병세가 호전되기를 기도해야겠다.

· 이틀 후

비가 그쳤다. 우리는 다시 이동하기 시작했다. 아직도 진흙투성이다…… 밀리 아줌마의 기침이 잦아들었다…… 하느님이 기도에 답하셨다.

· 아칸소

모든 사람들이 기침하고 토하고 아프다…… 어제 저녁 준비를 할 수 있는 사람은 나뿐이었다. 남자들은 아직도 누가 무리를 이끌어야 할지를 두고 말다툼을 벌이고 있다. 어빈 씨(노동운동가)는 투표를 원하고, 펠릭스 아저씨는 자신이 가장 제격이므로 자기가 무리를 이끌어야 한다고 말한다. 아직 싸움이 벌어진 건 아니지만, 남자들이 싸움을 벌일까 봐 두렵다…… 어빈 씨가 인디언을 보았다고 말했을 때 우리는 너무 무서웠다…… 기도가 도움이 될 것이다. 하느님은 누가 지도자가 되어야 할지 아실 것이고 우리에게 다시 건강을 줄 것이다. 하느님께 우리를 안전하게 보호해달라고 기도해야겠다.

· 도착한 다음날

펠릭스 아저씨가 무리의 지도자가 되었다.

· 5일 후

이제 거의 모든 사람이 건강을 되찾았다. 하느님, 감사합니다.

· 현재의 오클라호마 주 어느 곳

물이 필요하다. 절실히 필요하다. 물 구경을 못해본 지 사흘이 지났
다…… 참을 수 없을 정도로 덥다. 말들도 너무 힘들어서 움직이려
고 하지 않는다…… 마차바퀴 축 두 개가 부러져 수리가 필요하
다…… 모든 사람이 그늘에서 쉬고 있다. 펠릭스 아저씨는 남은 물
을 지키고 있다. 그는 반나절 치 물밖에 안 남았다고 말했다. 우리는
먼 길을 왔다. 이제 하느님이 우릴 버리려는가?…… 하느님께 우리
의 어려움을 말씀드려야겠다.

· 도착한 다음날

천둥과 함께 폭우가 몰아쳐서 무리가 모두 물에 젖었다. 사람과 동
물 모두 비에 젖는 것을 잊고 빗속에서 컵에 물을 가득 채웠다.

· 4일 후

물은 충분하고 고장 난 바퀴 축도 모두 교체했다. 일행은 이제 텍사
스로 향하고 있다. '하느님은 관대하고 자비로우시다.'

· 6일 후

우리 일행은 기아와 물 부족으로 죽은 다른 일행의 유해를 땅에 묻
기 위해 잠시 이동을 멈췄다.

· 텍사스, 그리고 현재의 뉴멕시코 주 어느 곳

밀리 아줌마의 기침이 다시 악화되었다. 그 어느 때보다 심각하
다…… 그녀는 스프만 먹어야 할 것이다. 오늘 펠릭스 아저씨는 여

러 번 이동을 멈추고 아줌마를 쉬게 해줬다. 이주 여행 때문에 그녀가 죽을까 두렵다. 모든 사람이 긴장하고 있다…… 기도를 드려야겠다.

·10일 후

밀리 아줌마가 돌아가셨다. 그녀를 땅에 묻었다. "하느님, 아줌마를 당신의 집으로 데려가소서. 하느님께서 그녀를 데려가시기로 결정하신 것을 받아들이나이다. 그녀는 훌륭한 여성이었고 나에게는 더없이 좋은 어머니였습니다. 나의 시간이 되면 그녀에게 가겠노라고 전해주십시오. 오 하느님, 저의 이기적인 기도를 용서해주십시오. 그러나 밀리 아줌마가 없었다면 저는 당신을 모른 채 목적 없이 방황했을 것입니다."

· 현재의 애리조나 주 제롬

일행이 흩어졌다. 어빈 씨와 세 명의 무리는 소지품을 챙겨 떠났다…… 이들과 펠릭스 아저씨 간에 거친 말이 오갔다…… 펠릭스 아저씨가 나머지 무리는 이곳에서 여름을 난 후 가을에 다시 캘리포니아를 향해 출발해야 한다고 결정했다. 유니테리언교도들은 자신들만의 기도회를 따로 열었고, 우리도 그렇게 했다.

· 그날 저녁

하느님, 감사합니다. 하느님은 수개월 전 이 여행을 시작할 때부터 저희와 함께하셨습니다. 하느님이 우리를 축복하시고 우리의 생존을 보살펴주신 까닭에 우리는 이곳에 올 수 있었습니다. 하느님, 당신을 사랑합니다.

에필로그: 엘바와 펠릭스는 제롬에 머물렀다. 엘바는 광산촌에

요리사로 취직했고 펠릭스는 얼마 후 병들어 세상을 떠났다. 3년 후 엘바는 캘리포니아로 이주해 결혼한 후 아이를 하나 낳고 96세 까지 그곳에서 살았으며 평생을 독실한 가톨릭 신자로 지냈다.

제이슨의 사례: 홀로코스트에서 살아남은 유대인 아이

제이슨이라는 인물은 신분이 드러날 가능성을 최소화하기 위해 여러 사람의 삶을 적절하게 구성했다.

1960년대에 필자 맥과이어는 동부 해안 도시의 병원에서 일하며 비슷한 이야기를 가진 몇몇 사람들을 인터뷰할 수 있었다. 제이슨의 이야기는 이들의 이야기를 엮은 것이다.

히틀러가 권력을 장악한 직후인 1930년대 초 독일이었다. 당시 많은 유대인들은 자신들의 시민권과 재산이 위험에 처했다는 것을 알았다. 현실적이고 보다 편집증적인 유대인들은 생명까지 위협받고 있다는 사실을 깨달았다. 일부는 독일을 떠나 이민을 갔고, 일부는 계속 독일에 남았다. 독일에 남은 많은 사람들은 홀로코스트를 겪거나 강제 노동수용소에서 수년을 보낼 운명이었다. 유대인인지 쉽게 확인될 수 없는 이름이나 사회적 지위를 가진 소수의 유대인은 가톨릭으로 개종해 제2차 세계대전이 끝날 때까지 독일에 남았다.

제이슨의 가족도 제이슨이 4세 때 가톨릭으로 개종했다. 나중에 제이슨은 가톨릭으로 개종하기 전 '유대인으로 지냈던 삶'을 기억하지 못했다. 제이슨 가족의 개종은 '완전한 개종'이었다. 가족이 유대교와 연루되었다는 모든 물리적 증거(책, 편지, 그림, 악보, 가구 등)는 불태워졌다. 집 안과 밖에서는 독일어만 사용했고 이디시어Yiddish, 독일에서 사용된 유대인 언어―옮긴이는 결코 사용하지 않았다. 친척들에게는 어떤 상황에서도 제이슨의 가족에게 편지를 쓰거나 접촉하지 말라고 통보했다. 가족들은 제이슨 앞에서 과거에 대해 철저히 입 다물었고, 제이슨에게 탄생 시의 종교(유대교)도 모르게 했다. 제이슨의 부모는 지역 가톨릭 교회활동에 상당 시간을 할애했다. 소교구 활동은 물론이고 때로 대교구 활동에도 참여했다. 제이슨은 지역 가톨릭학교에 다녔는데, 급우의 대다수는 가톨릭 가족 출신이었다. 제이슨은 친구들의 생일파티에 갔고 친구들은 그의 생일파티에 오곤 했다. 아이들이 으레 그렇듯 사제나 상점 주인, 부모들을 놀리는 일을 모의하고 행동에 옮겼다. 제이슨의 부모는 다른 가톨릭 신도들과 사제들을 불러 환대했고, 종종 그들 집을 방문하기도 했다. 식사 때마다 기도를 했지만, 물론 유대인 음식을 내놓지 않았다.

1930년대가 지나고 제2차 세계대전도 그렇게 지나가고 있었다. 그동안 제이슨의 가족은 유대인이라는 사실이 발각되지 않았다. 이들 가족과 교류한 사람 중 누군가가 이들이 유대인임을 의심했을지는 몰라도 그런 의혹은 밝혀지지 않았다.

제2차 세계대전이 끝나자 가톨릭교로 개종했던 많은 유대인 가족은 독일을 떠나 다른 나라로 이민을 갔고, 미국으로 간 가족도 있었다. 제이슨의 가족도 1950년대 초 미국으로 이민을 갔다.

1950년대와 1960년대는 미국인들이 유대인을 동정하고 받아들인 시절이었다. 당시 홀로코스트의 상세한 내막과 희생자 수가 밝혀지면서, 홀로코스트로 인해 유대인 가족이 파괴되고 많은 유대인이 죽임을 당했다는 사실이 드러났다. 따라서 1950년대와 1960년대는 미국이 유대인을 이해하고 받아들였으며 지지하던 시기였다. 그 시기에는 대부분이 그러했다.

제이슨의 부모는 미국에 온 것을 매우 기뻐했다. 20여 년 만에 처음으로 육체적, 정신적으로 안전하다고 느꼈다. 이때 부모는 제이슨에게 가족의 과거에 대해 말해주었다. 제이슨이 유대인으로 태어났으며, 제이슨과 가족의 생명을 보전하기 위해 가톨릭으로 개종해 제이슨을 가톨릭교도로 키웠다는 것, 그리고 이제 그들이 계획한 대로 제이슨이 유대인으로서 새 삶을 살 수 있게 되었다는 사실을 말했다.

제이슨의 부모는 유대인 가정에서 자랐기 때문에 유대인으로서의 과거를 상당 부분 되살릴 수 있었고 유대인의 삶에 다시 편안함을 느꼈다. 아무런 갈등 없이, 그들은 가톨릭과 결별해 유대인 공동체로 통합될 수 있었다.

그런데 제이슨에게 문제는 그리 간단치 않았다. 그에게 의미 있는 것은 크리스마스, 부활절, 사순절 같은 가톨릭 명절이었다. 그는 이런 가톨릭 명절을 여러 번 축하했고 즐겼다. 가톨릭 미사는 그에게 영감을 불러일으켰고 그는 열심히 미사에 참석했다. 그는 성당의 촛불에서 풍기는 특별하고 달콤한 냄새와 성가를 좋아했다. 그는 가톨릭 농담을 이해하고 그런 농담에 웃음을 터트렸으며, 친구들이 종종 공개적으로 표현하는 다른 종교에 대한 혐오, 그리고 세례의 의미와 가톨릭교도라는 자부심을 이해했다. 그는 지역

성당의 분위기, 신도들, 종교 및 기타 문제에 대해 사제와 이야기를 나누는 데서 편안함을 느꼈다. 심지어 그의 부모가 더 이상 성당에 나가지 않았는데도 제이슨은 매주 한 번 고백성사를 했고 자주 미사에 참석했다.

시간이 가면서 제이슨은 가톨릭 신자로서의 과거를 잊고 유대인의 가치와 생활방식을 수용하고 유대인 공동체에 융화되려고 노력했다. 그는 지역 유대인 회당에 참석해 그의 과거와 감정에 대해 랍비와 이야기를 나누었다. 랍비와 제이슨의 가족은 가톨릭에 대한 그의 감정을 이해하면서 유대인 공동체에 점차 융화되도록 도와주었고, 제이슨도 노력했다. 그러나 그는 결코 자신을 완전한 유대인으로 느끼지 못했다.

그러나 제이슨이 알게 된 또 다른 사실이 있었다. 나치로부터 친척이나 가족을 잃은 수많은 유대인들은, 제이슨의 가족이 어쨌든 죽은 유대인들을 저버린 사람들이라고 느꼈다. 그 사람들은 살아남기 위한 개종의 필요성은 이해했다. 가톨릭으로의 개종이 제이슨과 가족의 생존을 위해 잘한 일이었음을 인정할 수 있었다. 그래서 제이슨의 가족이 살아남을 수 있었던 것이다. 또한 그들은 개종을 결정한 것이 제이슨이 아니라는 사실도 이해했으며, 제이슨은 죄가 없기 때문에 유대인 전통을 받아들여야 한다고 말하기도 했다. 그런데도 이들은 제이슨과 그의 부모가 다른 유대인의 희생 위에서 살아남았다는 생각을 완전히 지울 수 없었다. 그래서 지역 유대인 공동체는 제이슨과 그의 가족에게 완전히 마음의 문을 열지 않았다.

에필로그: 제이슨은 중간인으로 살 수밖에 없었다. 과거를 몰랐

던 당시의 가톨릭 신자는 더 이상 아니었지만, 그렇다고 자신을 유대인으로 느끼지도 못했다.

세속적인 삶을 고결함으로 바꾸어주는 신

이런 사례가 극소수의 사람들에게만 적용되는 것일까? 제이슨의 경우는 그렇지만, 엘바와 로버트는 아니다. 이들의 이야기가 정신의학적으로 망상적인 사람에 관한 이야기일까? 이들 이야기의 그 어느 부분이나, 이들의 삶 어디를 살펴봐도 그런 결론은 맞지 않다. 종교행사에 가서 망상이나 정신질환에 시달리는 사람을 꼽는다면(이 증거가 항상 논쟁적이고 그리 중요한 것이 아닐 수 있지만) 그 비율은 비신앙인보다 적을 것이다.

이 세 가지 이야기에서 종교적 믿음의 진리를 찾을 수 있을까? 우리의 대답은 '그렇지 않다'이다. '믿음'이 반드시 '진리'와 같은 것은 아니다(흔히들 믿음을 진리라고 주장하긴 하지만). 그러나 로버트와 엘바의 경우, 그리고 어느 정도는 제이슨의 경우에도 그 대답은 '그렇다'이다. 이들에게 믿음은 진리와 동일하다. 더욱이 경솔하고 의미 없는 행동을 하지 않기 위해 이들처럼 종교와 믿음을 진지하게 받아들여 진정한 삶의 의미를 발견한 사람은 매우 많다. 대다수의 사람은 아니라 해도 많은 사람이 그렇다.

이 세 가지 이야기는 또 다른 측면에서 교훈적이다. 가령, 이 이야기들은 교화의 영향력을 잘 보여주고 있다. 어린 시절 가톨릭에 교화된 제이슨의 삶은 그의 부모가 과거를 밝힌 후에도 오랫동안 가톨릭의 영향을 받았다. 그의 일부분은 가톨릭교도로 남아 있었고, 개인적으로 가톨릭의 믿음과 역사를 의미 있게 받아들였다. 이는 그가 더 이상 가톨릭교도로서의 의무를 하지 않아도 되는 상황에서도 그러했다. 이것은 그가 과거보다 더 기꺼이 가톨릭을 믿었다는 것을 의미한다. 따라서 제이슨의 경우는 특히 그에게 영향을 미쳤던 특별한 상황을 감안한다면, 어린 시절의 종교적 교화가 평생의 믿음을 좌우한다는 종교적 공리公理가 들어맞는 사례라고 볼 수 있다.

반면, 로버트는 어린 시절에 받은 기독교적 교화의 영향을 받지 않은 것으로 보인다. 로버트의 경우에는 위의 종교적 공리가 적용되지는 않지만, 어린 시절의 종교 교육 때문에 그는 20년 후 빠르게, 전면적으로 종교를 받아들이게 되었다는 논리적인 가정이 가능하다. 엘바의 경우, 그녀가 가톨릭에 교화되고 가톨릭에 끌리게 된 이유가 6세 때 부모를 잃은 아픔 속에서 가톨릭 신자였던 밀리 아줌마와 관계를 맺고 그녀를 사랑하게 되었기 때문인지는 확실치 않다.

우리가 보기에 여기서 가장 유익한 이야기는 종교적 믿음에 관한 것이다. 종교적 믿음이 개인들의 사고와 감정을 사로잡는 능력에 주목해야 한다. 종교적 믿음은 개인들의 삶을 지배하고 그들에게 만족을 줄 수 있다. 종교적 믿음은 개인들로 하여금 다른 모든 대안적인 믿음을 거부하게 만든다.

"실제로 지금 이 책을 읽고 있는 모든 독자는, 만약 위 사례의 주인공들이 매우 다른 종교를 가지고 매우 다른 문화 속에서 태어나고 성장했다면, 다르게 생각하고 다른 종교의 신도가 되었을 것이며 '자신의 문화나 종교' '다른 생활방식이나 종교'를 의심의 눈으로 보게 될 가능성이 매우 클 거라는 데 동의할 것이다."15) 그렇다면 종교와 종교적 믿음에 대해 그렇게 깊이 헌신하는 이유는 무엇일까? 거기엔 뭔가 특별한 것이 작용하고 있는 것이다.

지금까지 우리는 그 특별한 뭔가가 대체로 종교적인 믿음만이 제공하는 많은 것에서 찾을 수 있다고 주장해왔다. 앞서 우리는 종교적 믿음은 (종교적 믿음 말고는 대답할 수 없는) 여러 의문에 대답한다는 사실을 살펴본 바 있다. 종교적 믿음은 이 세상에 의미 있는 장소를 제공하며, 아마 다음 세상에도 의미 있는 장소를 제공할 것이다. 종교적 믿음은 자부심과 사회적 효능감^{sense of social efficacy}을 높여주며, 관계를 촉진하고, 한 집단 내에서 신뢰를 제고하는 등의 역할을 한다. 이 특별한 뭔가는 마치 넓은 공간을 특별한 냄새나 향, 분위기로 가득 채우는 마법의 에어로졸과 같다. 이런 의미에서 종교의 이 특별한 뭔가는 우리를 감싸고 있는 공기처럼 대단히 포괄적이고 비구체적이지만 아주 쉽게 느낄 수 있고 영향력까지 있기 때문에 거의 영적이다.

이것이 우리 대답의 일부다. 그러나 위의 사례들에서 종교적 믿음은 쉽게 지루해지고 피곤해질 수 있는 일상의 세속적이고 반복적인 일에 의미를 부여해준다는 또 다른 측면이 발견된다. 예로, 신이 질서와 청결함을 원한다고 믿으면 매일 쓰레기를 버리고, 울타리를 다듬고, 주차장 진입로를 청소하는 일들이 더 이상 일상적인 것이 아니라 어떤 고결한 의미를 갖게 된다. 그렇지 않다면 이런 일들은 가능한 한 피하고 싶은 허드렛일에 불과하다. 세속적인 일을 자신의 집 안에 에덴동산을 창조하는 일로 보지 않을 이유는 또 뭔가? 일상적이고 지루한 일이 도덕적으로 대단히 위대한 일이 될 수 있다는 생각은 흥분을 자아낼 뿐만 아니라 동기를 유발하기도 한다.

우리가 이런 점을 강조한 것은 주차장 진입로를 청소하거나 울타리를 다듬는 일과 같은 수준에서는 종교적 믿음의 중요성을 발견하기가 쉽지 않기 때문이다. 그러나 종교적 믿음은 우리의 일상사에 스며들어 있다. 종교는 햇과일을 처음 먹고, 참치로 준비한 소박한 저녁에 감사해하고, 가을에 오래된 코트를 구세군에 기증하고, 접시를 닦고, 애완동물에게 좋아하는 음식을 먹이는 것 같은 일상적인 일을 찬미한다. 일상사라는 음악 코드에 종교적 믿음이라는 음색을 더한 것이다. 왜 그러지 못하겠는가?

God's Brain

chapter 4

종교와 섹스

섹스에 스며 있는 종교

3장에서 우리는 각기 다른 상황에 처한, 각기 다른 세 명의, 각기 다른 세 가지 이야기를 들었다. 그러나 각 사례는 삶을 규정하는 특징이 '종교'임을 동일하게 보여주고 있다. 로버트와 엘바의 이야기는 종교를 받아들인 사람과 그들을 받아들인 종교에 관한 이야기다. 로버트는 성경과 즐거운 신앙인 공동체에서 영감을 발견했다. 또 엘바는 개인적인 상처가 있었지만 하느님과의 개인적인 관계 속에서 역경과 불확실성에 맞설 수 있는 의지와 내적 평화를 발견했다. 제이슨의 이야기는 부모의 생존 전략에 의한 개종, 새롭게 드러난 과거, 그리고 어린 시절의 종교적 교화와 새롭게 밝혀진 사실 간의 감정적이고 인지적인 줄다리기를 내용으로 한다. 여기에 자신의 최근 역사인 종족 및 친척들의 죽음을 정확하게 알고 있는 민족종교(유대교) 공동체의 격앙된 감정이 더해졌다.

여기서 우리는 훨씬 일반적 주제인 '섹스와 종교' 문제로 관심을 돌려볼 것이다. 다음 질문으로 이 주제를 시작해보자. 왜 많은 종교는 신도들의 성생활을 그렇게 진지하고 적극적으로 지도, 관리, 판단, 결정하려 하는가?

우리는 특히 성性이 가진 매혹적인 심리적, 육체적 힘에 관심이 있다. 사람들은 에로틱한 활동과 인류의 재생산(번식) 활동을 통제하는 방대한 일련의 규칙(종교에 기초한)과 끊임없이(실제로 태어나서 죽을 때까지) 맞닥뜨린다. 종교는 성과 관련된 모든 곳에서 인간과 함께하며, 동시에 성은 삶의 핵심에 위치한다. 이 책처럼 냉철한 과학적 기록임을 자처하는 글에서 성과 종교의 문제가 야기하는 인간적 혼란을 적절히 묘사하기란 쉽지 않다. 이 문제의 본질에 대한 좋은 지침서는 생물학(섹스)과 종교(아일랜드 가톨릭)의 전형적인 충돌을 가장 긴박하게 묘사한 제임스 조이스James Joyce의 《젊은 예술가의 초상Portrait of the Artist as a Young Man》이다.[1] 종교와 성의 대립을 거의 절제하지 않고 묘사한 또 다른 책은 단테Dante Alighieri의 《신곡Divine Comedy》이다.[2] 두 책은 모두 '섹스와 종교'에 대한 영구적인 공지문을 성당 입구에 붙여놓는 역할을 했다.

섹스와 종교. 이보다 더 광범위한 주제가 있을까? 이 주제를 포괄적으로 검토하는 것이 우리가 할 일은 아닌 것 같지만, 꼭 그렇지만도 않다. 우리의 관심은 사회가 급속도로 변화하는 시대에 믿음, 가치, 그리고 종교규범이 어떻게 신도들의 삶(섹스)에 영향을 미치는지를 보여주는 것이다.

섹스를 갈망하는 인간,
섹스를 규제하는 종교

먼저 논의의 배경을 잠시 살펴보자.

섹스와 종교. 이 문제에 있어서는 (기술적인 사안이긴 하지만 그럼에도 매우 중요한) 두 가지 사실이 분명히 말해주는 바가 있다. 첫째, 섹스와 번식을 관리하는 수많은 현대식 방법은 종교 발생 이후에 나타났다는 것이다. 피임약, 루프 피임도구[IUDs], 기구를 통한 난자와 정자의 이식, 화학 및 기계적 유산 같은 섹스와 관련된 결정적인 혁신들은 많은 종교가 신도들의 성적 행동을 지도하는 책임을 오랫동안 떠맡은 후에 발전했다. 섹스와 관련해 본래 우리 조상들이 갖고 있었던 것은 아담과 이브의 거추장스러운 알몸이 전부였다. 둘째, 성적 행동에 관한 다양한 종교적 규범과 입장은 대체로 섹스 관련 질병 치료제가 발견되기 전에 발전했다는 것이다. 식이요법과 마찬가지로 섹스를 다스리는 여러 규칙들은 섹스로 인한 위험을 줄이려는 유익한 의학적 노력들이었다. 그러나 현대의학 수준이 높아지면서 열정적인 섹스주의자들은 '여전히 섹스를 조심스럽게 할 필요가 있는지' '매일 24시간 섹스를 하는 데 무슨 문제가 있는지' 의문을 제기할 수 있었다.

이제 인생의 섹스 주기 문제를 살펴보자.

정확히 말해, 인간의 생명은 남성과 여성의 섹스를 통해 만들어진다. 섹스를 한 후 시간이 흐르고 아이가 태어난다. 아이의 탄생과 성별은 아이와 부모의 삶에 많은 영향을 미친다. 가령, 아이의 성별은 아이의 이름에 직접 영향을 미친다. 남자들 중 조앤[Joan]이나 밋지^{Midge} 같은 여성적인 이름을 가진 사람이 얼마나 되는가? 또한 아이의 성별은 부모가 사주는 옷과 아이가 좋아하게 될 옷 스타일에 영향을 미친다. 아이의 성별은 부모가 강조하는 매너, 부모가 무시하거나 중요시하지 않는 일, 부모가 가르치는 사회적 행동 규범, 사람과 사귈 때 부모가 허용하는 태도 등을 결정한다. 성별은 통계학적 의미에서 정상인뿐 아니라 동성애자, 성전환자, 그리고 의도적으로 금욕적인 삶을 사는 사제, 수녀, 승려들에게도 다양한 의미를 갖고 다양한 양상을 보인다.

이런 각각의 일과 결정에는 성별에 따른 다양한 측면이 관련된다. 그리고 모든 부모와 교회 당국이 알고 있는 것처럼, 특히 젊은 이들의 성적 행동을 관리, 통제하려는 노력은 어느 정도만 성공할 뿐이다.

왜 그럴까? 그 답은 생물학에 있다. 물론 부모, 학교 교육, 교회의 영향도 있다. 그러나 섹스는 자체적인 생물학적 시간표(즉, 섹스 주기)가 있다. 섹스에 대해 알게 되고 어떤 형태로든 섹스를 시도하는 일은 보통 십대 초반에 시작되며 이런저런 형태로 평생 지속된다. 성적 충동은 자발적으로 생길 수도 있고 유혹적인 성적 자극에 대한 반응으로 생길 수도 있다(이는 할리우드, 잡지사, 광고인들이 잘 알고 있는 사실이다). 더욱이 이런 행동이 전적으로 제한될 가능성은 매우 희박하다. 대체적으로 섹스는 재미있고, 개인적으로 매우 만족스러우며, 자아를 확인할 수도 있고, 종종 신기하며, (섹스 행위 그 자체에는) 그리 큰 비용이 드는 일도 아니다. 성적 충동을 충족시키려는 욕구가 격렬해지면 위험을 무릅쓰고 대담한 행동을 하기도 한다. 이런 경우, 예기치 않은, 혹은 원치 않거나 원했던 임신을 하거나 성병에 걸리기도 하는데, 그러면 신중함과 자기관리 측면에서 개인적 명성에 영향을 받을 수도 있다.

이런 논점을 다르게 말할 수도 있다. 지각 있는 성직자들은 그들이 조언하는 행동규범이 항상 지켜질 거라고는 기대하지 않는다. 섹스에 대한 규범도 마찬가지다. 남성과 여성은 섬세한 성적 메시지에 민감하고 종종은 이에 쉽게 굴복한다. 또한 남성과 여성은 스스로가 어디에나 존재하는 무수하고 끝없는 성적 메시지의 원천이기도 하다. 금욕과 절제를 가르치는 교육이 효과적이라는 증거는 아직 확실치 않다. 산업사회의 (대부분이라고는 할 수 없지만) 많은 십대 청소년은 18세에 처음 순결을 잃는다. 초경 연령이 낮아지면서 여성이 섹스를 하거나 섹스에 노출된 시간도 늘었다. 고등학생과 대학생의 청소년 집단에서 오럴섹스가 만연하고 있다. 이들 사이에서는 "hooking up(연인이 아닌 이성을 유혹해 즐기는 것)"이나 "friends with benefits(연인이 아닌 섹스 파트너)" 같은 말이, 낭만적 연인이나 부부관계가 아닌 단순한 성관계를 의미하는 말, 즉 완전한 성교는 아니라 해도 오럴섹스 정도는 하는 관계를 의미하는 말로 은밀히 사용되고 있다.

또 다른 매우 새로운 현상도 발생하고 있다. 이는 정확한 DNA 검사가 가능해진 데서 비롯되었다. 정확한 DNA 검사가 가능해지면서 자녀 양육과 복지 혜택을 원하는 미혼모가 DNA 검사를 통해 아이의 아버지를 정확히 찾을 수 있게 되었다. 미국 주정부는 남성이나 소년에게 20년간 자신의 아이에 대한 양육을 책임지게 하는 불리한 판결을 관철해내려고 한다. 또 미국 연방정부는 남성으로부터 쾌락의 대가를 받아내거나 책임지우는 데 성공한 주정부에

장려금을 지급하기도 한다. 이런 제도는 실제 성교가 아닌 오럴섹스의 실용적인 매력을 어느 정도 증가시켰다. 그렇다고 해도 이런 제도가 혼외정사나 원나잇스탠드(하룻밤 정사) 같은 부주의한 섹스를 사라지게 한 것은 물론 아니다.

피임약은 섹스의 문턱을 낮추는 기능만 해왔을 뿐이다. 미국가족계획협회 및 이와 유사한 각국 정부기관의 노력으로 멕시코와 같이 한때 다산 통제가 불가능한 것처럼 보였던 지역의 출생률이 상당히 낮아졌다(현재 멕시코는 두 자녀가 일상화되고 있다). 또 현재 많은 나라들에서는 인구 감소가 과거의 인구 과잉만큼이나 긴급한 사회 정치적 현안이 되었다. 가톨릭 여성 신도 중에도 특히 아이를 여럿 둔 후에는 피임약을 사용하는 사람이 늘어나고 있다. 다른 종교 신도들도 임신 가능성을 현저히 줄이는 조치들을 취한다. 미혼 여성보다 기혼 여성들의 낙태 사례가 더 많다. 놀랍게도 미국 서부 해안 지역에서는 불임수술이 가장 일반적인 피임 형태가 되었다. 이로 인해 이혼했다가 다시 재혼한 후 새 배우자와 함께 자식을 갖길 원하는 사람들의 상황이 복잡해졌다.

섹스는 공상과 흥분 속에서 매월, 매일, 매 순간 끊임없이 반복된다. 섹스 문제는 계속 발생하고 또 발생하며, 나타나고 또 나타난다. 섹스 문제에 대해 갈수록 솔직해지는 공개적, 사적 토론이 진행되고 있다. 과거에는 대도시의 일부 홍등가에서나 볼 수 있었던 야한 성적 이미지를 이제는 인터넷을 통해 세계 모든 가정에서 쉽게 접할 수 있다. 섹스를 원하는 사람들은 (결혼식 날 밤에나 볼 수 있었던) 자극적인 이미지와 달콤한 문구로 인터넷에서 파트너를 찾을 수 있게 되었다.

시간이 감에 따라 섹스는 (그 표현 방법이나 정도는 변해도) 결혼생활이나 오랜 연인관계의 필수 요소가 되었다.

섹스 주기는 '출산' '양육' '자녀의 성적 성장'과 '성적 행동에 대한 관리'로 이루어진다.

때로 규범을 거부하고 반기를 들기도 하지만 모든 사람은 저마다 규범의 영향을 받는다. 지배적인 규범을 거부하는 것은 역설적으로 그런 규범을 극복하는 것이 실제로 얼마나 힘든지 보여준다. 섹스, 그리고 섹스에 대한 규범은 피할 수 없다.

섹스 주기의 각 단계(출산, 양육, 자녀의 성적 성장 및 성적 행동에 대한 관리)는 종교와 독립적으로 행해질 수 있고, 섹스에 대한 방대한 신학적 교리를 참고하지 않아도 이루어진다. 공식 종교가 발생하기 전에도 어떤 도덕률에 대한 믿음은 항상 존재했지만, 종교 발생 이전 수천 년 동안에도 섹스 주기의 각 단계는 진행되고 있었다. 한때 종교 이전의 도덕률이 만연했다는 사실과, 지금도 그것이 일부 오지에 존재하고 있다는 사실이, 공식 종교를 갖지 않은 집단에 대한 인류학적 조사에서 밝혀졌다. 우리는 여기서 종교 없이 도덕률에 대한 믿음만 존재하는 상태를 '인간보다 높은 어떤 힘이나 영향력(신과 종교)에 대한 믿음이 부재한 상태' 그리고 '문서화된 행동규범이 부재한 상태'로 정의한다.

신이나 종교에 대한 믿음이나 문서화된 행동규범이 없었다 해도 종교 발생 이전의 사람들은 가슴 깊은 곳에서 분명한 섹스 규범을 갖고 있었다. 예로, 이들은 공개된 장소에서 성교를 금했고, 집단 내 간음을 처벌했으며, 부모와 자식의 관계와 책임을 규정했고, 섹스를 허용하는 최소 연령을 정하기도 했다. 섹스 주기의 관리란 측면에서 규범 문서를 가진 종교는 그후에 등장했다.

종교가 섹스에 개입하는 이유

많은 종교들이 섹스의 여러 측면에 많은 관심을 보이고, 또 섹스 문제에 적극적으로 개입하는 이유로 돌아가보자.

섹스에 대한 종교의 오랜 관심은 종교가 누리고 있는 지위의 원천이라 할 수 있다. 다소 이상하게 들리겠지만, 미래에 천국을 약속하는 것만큼이나 섹스를 관리하는 것이 종교에 중요한 일일까? 달콤한 불멸을 약속하는 것은 종교의 매우 매력적인 상품(종교의 최고 상품, 특매품)임에 틀림없다. 그러나 종종 놀랄 만한 결과를 초래함에도 섹스를 관리하는 것 또한 종교가 신도들에게 베푸는 중요한 역할에 속한다.

신도들에게 오늘 밤 섹스를 참는 것이 천국의 화려한 오후를 꿈꾸는 것처럼 기분 좋은 일은 아니라 해도, 종교는 신도들의 섹스를 관리하려고 한다.

왜 그런지에 대해서는 여러 대답이 가능하다.

그중 하나는 간단하다. 사람들은 중요하거나 혼란스러운 경우에 조언자를 필요로 하는 경우가 많다. 종교는 정확히 그런 조언을 합리적인 비용, 혹은 무비용으로 제공하기 위해 만들어진 것이다. 종교는 종종 너무 열심히 조언을 한다. 인생이 바뀔 때나 인생의 교차점에서 조언이 필요하다는 것은 놀랄 일도 아니다. 종교는 사람들이 필요로 할 때, 혹은 최소한 필요하다고 생각할 때 그 힘을 보여주고 사람들의 뇌를 위안한다.

그리고 종교는 아주 정확히 이런 인생사에 맞춰 종교의식을 만들어낸다. 종교의식은 섹스로 인해 실제 발생한 사회적 결과를 기념하고, 그 결과에 따른 감정적 동요를 해소해준다. 따라서 종교는 (섹스의 결과인) 자녀의 탄생과 (섹스 관계를 인정하는) 결혼 같은 인생사에 개입한다. 물론 의무적으로 개입하는 추세는 많이 사라졌지만, 최근까지도 프랑스에서 아이의 유일한 법적 이름은 성인saint의 이름이었고, 결혼식을 올리기 위해서는 많은 지역에서 종교적 허가가 필요했으며, 지금도 허가가 필요한 곳이 있다. 물론 현세에서 섹스의 종말을 알리는 것 외에 섹스와 별 관계 없는 죽음 같은 인생사에도 종교가 개입한다. 그러나 종교가 제공하는 뇌의 위안은 아이의 탄생이나 결혼같이 심리적인 동요가 발생하는 순간에 더 확실히 필요하다. 섹스 주기의 각 단계에서 종교가 이와 유사한 역할을 한다는 것을 다시 강조할 필요는 없을 것이다.

종교의 한 특징은, 섹스라는 측면에서 가족과 개인에게 평생 영향을 미친다는 것이다. 이는 정치, 도시설계, 경제계획, 의학 등 다른 분야와 대비되는 종교만의 특징이다. 종교는 일반적으로 자신의 신도와 그 자녀들의 삶을 통제하고 관리하는 경향을 보여왔다. 사실상, 종교는 신도 가족의 삶에 개입하고, 그들의 삶을 후원, 보호하는 일을 전문으로 한다. 우리가 이미 살펴본 것처럼, 종교를 바꾸기란 어려운 경우가 많다. 대부분의 지역에서 종교를 바꾸는 일은 일상적인 것이 아니다. 그리고 대부분의 부모는 자녀를 일정한 종교체계 안에서 키우는 경향이 있다.

물론 그렇지 않은 부모들도 많다. 최근 연구에 따르면, 특히 미국 같은 유동 사회에서는 약 40퍼센트의 미국인이 애초의 종교를 버리고 다른 종교로 바꾸거나 비신앙인이 되었다. 약 16퍼센트의 미국인은 종교가 전혀 없었다. 비신앙인 비율은 남성이 여성보다 높은 편이다. 그리고 결혼한 부부 중 약 37퍼센트는 배우자의 종교 성향이 서로 달랐다.[3]

폭넓은 사회 종교적 양식이 존재하지만, 이슬람교의 부모는 자녀에게 엄격한 이슬람 환경을 제공할 의무가 있다. 가톨릭교의 부모는 자녀에게도 세례를 받게 해야 한다는 가르침을 받는다. 유대인 소년은 할례를 받아야 하며, 유대인 소년과 소녀는 모두 성인식을 치러야 한다. 배우자의 선택은 종교적 혈통에 관심을 갖는 부모들에게 큰 근심거리이기도 하다. 종교와 배우자 선택에 관한 가장 극적인 뉴스는 '명예살인'의 전통을 가진 이슬람교와 힌두교 같은 엄격한 사회에서 나오겠지만, 다른 사회에서도 배우자 선택과 종교가 전혀 관계없이 이루어지는 경우는 극히 드물다. 매우 유동적인 지역이나 일부 지역의 경우는 좀 다르겠지만, 가족들은 소속된 지역의 관습과 법에 따라 자녀를 종교 학교에 보내야 할 필요가 있고, 세금도 그런 영향을 받을 수 있다. 사우디아라비아 정부 등 일부 조직은 정치적, 종교적 이유로 외국인 거주 지역에 전통 이슬람 학교를 세울 수 있다. 많은 종교는 언제, 무엇을, 어디에서 먹을 것인지, 그리고 언제, 무엇을, 어디에서 먹어서는 안 되는지에 관한 엄격한 규범을 갖고 있다. 사회적 관계에 대한 규범도 있다. 가령, 앞 사례에 등장한 로버트의 교회가 개최하는 독신자의 밤에서는 이성과 손을 잡는 것만 허용된다. 엘바의 경우, 그녀가 동의하지 않으면 남성은 그녀와 섹스를 할 수 없다. 노출, 특히 여성의 노출과 공개된 장소에서의 노출에 관한 규범도 모든 곳의 의복 규정에 큰 영향을 미쳤다.

그렇다면 여기서 새로운 것은 무엇인가? 이 모든 것이 당연한 것 아닌가?

그렇다. 이 모든 것이 너무나 당연해서 우리는 종교와 개인의 성생활, 그리고 그들이 살고 있는 지역 간의 연계가 매우 광범위한 힘을 발휘한다는 점을 인정하지 않을 수 없다. 인류학 교수가 학생들에게 말하는 것처럼 "한 지역에 대해 알아야 할 가장 중요한 사실은 그 지역에서 당연시되고 있는 것"이다. 가족, 섹스, 종교 사이에 광범위하고 강력한 삼위일체가 존재한다는 것은 우리가 여기서 살펴보고 있는 이 세 요인 간의 연계가 얼마나 중요한지 보여준다.

그리고 종교는 섹스의 자유를 구속할 뿐만 아니라 그것을 조장하기도 하다. 심지어 엄격한 이슬람 사회에서도 여성의 오르가슴뿐 아니라 일반적인 오럴섹스나 신체 접촉을 허용하는 코란 해석이 존재한다. 가령, 전통 이슬람 복장을 한 두바이의 한 섹스치료사는 오럴섹스를 허용하는 코란의 주문을 외우기도 했다. 또 이란의 시골 지역 관습에 대한 한 연구에 따르면, 이란 시골 가정의 경우 공공 규범이 적용되는 장소는 공개된 방에 국한되었으며, 위층의 어른 침실에는 미국 성인잡지 〈플레이보이〉나 그와 유사한 가벼운 섹스물들이 허용되었고 또 상당히 많이 있었다.[4]

그렇다면 이런 사실은 종교 당국이 섹스에 대해 특별히 어떤 구체적인 생각이 있는 것은 아니며, 섹스는 지도가 필요한 여러 행동 중 하나에 불과하다는 것을 의미하는가? 이렇게 빨리 결론지을 수는 없다. 가족과 관계된 일에 있어서 대부분의 종교는 상대적으로,

그리고 종종은 의식적으로 보수적인 사고와 행동을 보인다. 러브 호텔 침대에서의 부적절한 섹스뿐만 아니라 섹스 주기의 모든 국면(결혼, 출산, 자녀 양육, 자녀의 성적 성장 및 행동에 대한 관리)에 개입하는 것은 종교의 가장 중요한 관심사라 할 수 있다.

죄의식 주입을 통한 섹스 억제

종교가 섹스에 관심을 기울이고 섹스 문제에 적극 나서는 이유가 섹스 주기의 모든 국면에 조언과 뇌의 위안을 제공하기 위해서라는 해석은 부분적인 설명에 불과하다. 성적 쾌락뿐만 아니라 이후의 결과를 통제해야 한다는 문제가 있다. 친부 확인 DNA 검사 기술이 나오기 전에는 자신이 친부임을 확신하는 것이 매우 중요했다. "아버지가 누구인가?" 하는 질문은 뮤지컬 〈맘마미아〉에 출연한 배우가 던지는 질문이면서도 끝없는 드라마, 불확실성, 맞고소, 부부 간 갈등의 핵심이기도 하다. 오늘날 유전학자들은 남자가 자기 자식이라 여기는 자녀의 10~15퍼센트는 사실 친자가 아니라고 추산하고 있다.

종교가 섹스를 억제하는 것은 원하지 않은 임신을 줄이는 방법이었다. 또한 원치 않는 임신으로 해당 부모와 자녀에게 좋지 않은 영향을 미치는 달갑지 않고, 때론 위협적이기까지 한 사회적 결과를 줄이는 방법이기도 했다. 많은 종교가 결혼 당시 여성의 순결을 강조하는 이유 중 하나는 바로 이 때문이다. 종교가 남성의 순결에 덜 관심을 기울이는 것은 섹스에 대한 억제가 쾌락의 억제나 도덕에 관련된 문제라기보다, 사회적 그리고 보통은 종교적 목적을 위한 번식의 관리와 관련된 문제라는 것을 의미한다.

번식 관리는 "신의 말씀"을 전하고 신도 수를 늘리는 종교의 일상적인 목적을 위한 것이다.[5] 번식은 신도 수를 늘리는 수단이다. 이는, 가령, 신약성경에 나와 있는, 예수와 신에 봉사할 '자손의 출산과 훈육'에 관한 몇 가지의 구절을 인식하고 있는 가톨릭교도들에게 적용될 수 있다. 특히 이스라엘, 이라크, 터키, 그리고 캐나다의 프랑스어 사용 지역처럼 신도 수가 정치에 직접적인 영향을 미치는 곳에서는, 인구학적 요인이 (사회에 영향을 미치는) 종교의 힘을 좌우한다. "가서 번식하라"는 신의 명령을 따르는 집단에도 흥미로운 예외가 있다. 예컨대, 기이하고 비현실적인 독신의 삶을 사는 셰이커교도들Shakers, 영적 순수성을 높이고 신에 가까이 가기 위해 섹스를 거부하는 수녀, 승려, 사제 같은 종교인들이 이에 해당한다.

금욕이 신앙심에 도움이 되는 이유가 뭔지는 그리 명확치 않다. 사실, 죄의식을 관리하는 것이 종교의 중요한 자산important coin of the religious realm이라고 가정하지 않는 한, 금욕이 신앙심에 도움이 되는 이유를 도통 알 수 없다.

종교 당국이 섹스에 관심을 갖는 이유는 성적 행동이 먹고, 숨쉬고, 배설하는 것 다음으로 가장 통제하기 어려운 인간 행동이라는 단순한 사실과 관련되어 있다. 오랫동안 매춘이 번성하고 최근에 인터넷 포르노가 폭발적으로 늘어난 것도 성적 행동을 통제하기 어렵다는 점을 잘 보여준다

관리하지 않으면 성적 행동은 종교의 권위를 위협한다. 그래서

가톨릭 사제와 수녀, 불교 승려는 독신 서약을 한다. 질병의 확산을 통제하려는 의도도 있었을 것이다. 그러나 상당한 의료체계를 갖춘 지역에서조차 에이즈는 여전히 골칫거리로 남아 있다. 사람들은 섹스를 통해 죽을 수 있다는 분명한 증거가 있어도 섹스를 할 것이다.

죄의식과 종교의 관계는 산소와 공기의 관계와 같다. 신 앞에 자신이 죄인임을 인정하는 인간의 나약함을 관리하는 일은 종교가 끊임없이 해야 할 일이다. 우리는 원죄의 본질과 근원에 대한 신학적 논의, 그리고 내생적 죄의식은 끊임없이 요동치는 인간 감정의 불가피한 특징이라는 정신분석학적 주장을 파고들고 싶지는 않다. 이는 우리가 할 일도 아니다.

그러나 죄의식이 만연해 있는 것은 분명하다. 종교는 신도들에게 죄를 지었으며, 죄를 짓고 있고, 앞으로도 죄를 질 것이라는 점을 능숙하게 주입시킨다. 그런 후 종교는 뇌를 괴롭히는 죄의식과 그 사촌뻘쯤 되는 감정들을 없애버리고 '뇌를 편안하게 하는' 메커니즘을 제공한다.

이렇게 뇌를 편안하게 해주는 가장 드라마틱한 종교적 메커니즘 중 하나는 가톨릭의 고해성사다. 고해성사를 통해 신도는 자신이 범한 죄와 죄스러운 생각들을 밝힌다. 그러면 사제는 그에 대한 벌로써, 혹은 죄를 씻는 대가로써 적절한 보속 행위를 지시한다. 고해성사 후 신도는 보속 행위를 통해 자신의 죄를 씻는다. 이는 로마가톨릭교만의 매우 독특한 제도이다. 고해성사 제도를 가진 로마가톨릭교가 도처에 존재하고 있다는 것은, 사람들 사이에 만연해 있고, 실제적이며 감정적으로 확인할 수 있는 일(죄의식)을 관리하는 데 가톨릭이 관여하고 있음을 보여준다.

복음주의 교회의 경우에는 '거듭남born again'의 의식儀式이 있다. 이는 훨씬 복잡한 의식인데, 간단히 정리하면 다음과 같다. 의식에 참석한 사람은 지금까지 살아온 자신의 삶을 돌아보고, 자신의 삶이 파괴적이며 참을 수 없는 죄악으로 점철되어 있음을 깨닫는다. 그러면 그는 전면적인 갱생이 필요하다는 결론에 이르고, 이를 위해 종교와 신을 받아들이게 된다. 그리고 갱생을 위해 종교와 신을 받아들여 새롭게 정화된 자신을 맞아들이는 의식 절차를 행한다. 이를 통해 그는 섹스 없이 다시 태어나게 된다. 놀라운 퍼포먼스다. 이렇게 거듭난 것은 무릎이나 팔꿈치나 신장이 아니라 '뇌'가 한 일이다.

신의 진리가 어떤 영향력을 행사하기 위해서는 행동규범이 있어야 하고, 그런 규범을 잘 수행하면 그에 따른 보상이 있어야 한다. 또 규범을 잘 수행하지 않으면 응분의 대가를 치르도록 해야 한다. 고해성사와 재세례는 인간이 죄악으로 점철된 일상의 삶에서 벗어나 궁극적으로 새롭고 경이로운 존재가 될 수 있다는 것을 보여주는 의식이라는 점에서 의미심장하다.

이런 의식들은 또한 많은 신도들을 관리하는 효과적인 방법이기도 하다. 우선 인간의 생물학적 성향을 이용해 규범을 만들고 규범에 따라 행동하게 한 후, 규범을 지키지 않는 사람에게는 죄의식을 갖게 한다.

매우 훌륭하고 효과적인 영혼 관리법이 아닐 수 없다. 종교는 모든 사람이 주기적으로 욕정을 느끼는 섹스에 대한 규범을 뇌에 주입한 후, 신도들에게 스스로 그 규범에 따라 행동하게 하고, 규범을 어기는 자는 죄의식으로 고통받고 회개를 갈구하게 만듦으로써 이들이 뇌의 위안을 찾아 매주 자발적으로 성당이나 교회에 나오게 만든다.

정말 놀라운 방법이 아닌가? 우리는 아주 사교적이고 욕정에 넘치는 영장류의 가장 관능적인 충동을 관리하는 종교의 이런 훌륭하고 효과적인 방법에 경외감을 느끼지 않을 수 없다.[6]

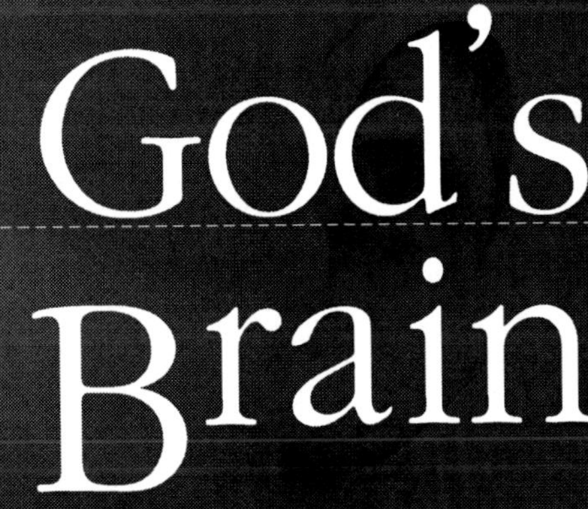

God's Brain

chapter 5

종교, 왜 과학을 부정할까?

종교는 생물학적 사실을 부정한다

역사는 단순한 과거가 아니라 지금도 살아 숨쉬고 있는 힘이다. 역사의 힘이 하룻밤 사이에 사라지는 일은 거의 없으며, 역사는 종종 집요하게 현재에 개입한다. 모든 공동체는 종교적 권위가 아닌 세속적 권위에 의거해 사회적 행동을 관리하는 것을 매우 경계한다. 이는 모든 곳에서 사람들의 행동이 극히 동일하다는 사실 즉, 사람들의 행동 중 많은 부분이 생물학적이라는 사실에도 불구하고 그렇다.

이와 관련된 드라마틱하고 상징적인 사례는 모스크바 붉은 광장의 성 바실 성당 이야기다. 성 바실 성당은 러시아 사회의 의식儀式 및 역사의 심장이다. 수세기 동안 성 바실 성당 첨탑에는 십자가가 있었다. 그런데 러시아혁명—과거에 대한 도전을 두려워하지 않은, 비종교적이었던 혁명—후에 어땠나? 십자가가 세속적인 붉은 별로 바뀌는 데는 한 세대에 가까운 20년이란 세월이 걸렸다. 1937년에 와서야 세속적이고 정치적인 권위에 대한 신뢰가 충분히 생겼고, 그제야 중대한 변화가 이루어졌던 것이다.

그런데 정말 세속적인 권위에 대한 신뢰가 충분히 생긴 것일까? 오직 소수에게만 그랬던 것 같다. 냉전이 끝나자 오랫동안 공식적으로 억압되었던 러시아 정교회와 다양한 형태의 신앙이 급속도로 부활하기 시작했던 것이다.

종교 신봉자들은 신과 종교에 복종하는 것이 사회질서와 일반 도덕률을 지키는 데 필수적이라고 생각한다. 종교가 존재하지 않고 종교의 영향력이 없으면 일상적인 행동에 질서와 의미가 없어진다는 것이다. 또한 오직 종교만이 적절하고 철저하게 일상적 행동에 질서와 의미를 부여할 수 있다고 생각한다.

이런 견해에 다양한 반대 의견이 있을 수 있다.[1] 그러나 종교가 도처에서 개인의 행동과 태도에 영향을 미치고 있다는 점을 감안하면, 종교 신봉자들의 견해는 사뭇 그럴듯하고 설득력이 있다.

생각해보자. 세계 성인 인구의 80퍼센트가 인간 행동에 영향을 미치는 인간 외적 요인extrahuman sources이 있다고 믿는다면, 그런데 이런 믿음을 뒷받침하는 설득력 있는 과학적인 증거가 없다면, 그런데 종교적 믿음, 종교적 느낌, 종교적 행동의 원천이 뇌이고, 그런 종교적 믿음과 행동들이 뇌에 위안을 주는 역할을 한다는 상당한 생물학적 증거가 있다면, 그런데도 다수의 신앙인이 그런 생물학적 증거를 거부하고 무시한다면, 거기에는 반드시 어떤 이유가 있을 것이다.

이번 장은 그 이유에 관한 것이다. 종교적 믿음과 느낌이 행동규범으로써 어떻게 기능하는지, 그리고 왜 많은 신앙인들이 이런 규범에 대해서 생물학적 설명이 아닌, 종교적 설명을 좋아하는지 살펴볼 것이다.

어디에서 시작하는 것이 좋을까? 다음 장에서 자세히 논의하겠지만, 우리와 가장 가까운 영장류 친척인 침팬지를 먼저 살펴보는 것이 좋을 것이다. 침팬지들이, 인간이 생각하는 일반 도덕률에 부합하는 사회적 질서와 행동양식을 갖고 있는지 확인해보고, 만약 갖고 있다면 그 사실을 논의의 출발점으로 삼을 수 있다.

지금은 많이 알려진 사실인데, 침팬지들은 (실제 있건 없건 간에) 마치 어떤 도덕체계가 있는 것처럼 행동한다. 침팬지들에게는 일정한 규범이 있다. 따라서 이들의 행동은 예측 가능하고, 규범을 어기거나 무시하면 그에 상응하는 징벌이 가해진다.[2] 물론 이런 점에서는 인간이 침팬지보다 훨씬 분명하고 철저하다. 인간의 경우 종교적 믿음이 사회구조를 유지하는 신뢰할 만하고 지속적인 토대로 작용한다면, 침팬지의 경우에는 (있다고 한다면) 과연 어떤 것이 그런 역할을 하는지 찾아내야 한다.

이는 새로운 것이 아니라 아주 오래된 관심사다. 과거에는, 공식적으로 법률화되지 않은 행동규범의 정당성과 권위가 어디에 있느냐 하는 것, 즉 사회생활의 세속적 기초를 찾는 것이 사회가 부딪히는 예상치 못한 부수적인 문제였다.[3] 법률화되지 않은 행동규범을 우리는 '비공식적 규범' 혹은 '관습'이라고 말할 수 있다. 이런 비공식적 규범에는 사회적 관습, 이웃과 관계하는 법, 친척과 자손을 대하는 법, 공식 행사와 사적 행사에서 처신하는 법, 그리고 공공선을 위해 얼마나 노력해야 하는지, 도서관에서 얼마나 조용해야 하는지, 도시 남성은 언제 반바지를 입어야 하는지 등이 포함된다. 그런데 이런 문제는 아직까지 해결되지 않은 일이다.

1800년대와 1900년대의 프랑스와 영국, 그리고 1780년과 1860년 사이 미국의 경우, 의회에서 공식적인 입법을 책임진 입법자들은 비공식적 규범의 기원과 정당성은 종교에 있어야 하며, 또 그렇다고 생각했다(단, 특정 지역에만 해당되는 규범은 예외다. 예로 "장작더미 안에 방울뱀이 살고 있음"이란 경고문은 캘리포니아 해변 지역이 아니라 산악 지역에 해당되는 것이고, "이안류 주의"란 경고문은 가는 물줄기의 산 속 시냇물이 아니라 해변 지역인 경우에 해당된다). 이들의 생각은 대체로 옳았다. 종교는 오랫동안 비공식적 규범들을 지탱해왔으며, 그런 비공식적 규범들이 법적 가치에 도전하지 않는 한 그것을 수용해왔다.

인간 행동 중 꽤 많은 부분, 예컨대 20퍼센트 정도가 법에 따라 합법이나 불법으로 규정된 행동이라고 해보자. 운전, 절도, 결혼, 이혼, 재산, 세금, 투자, 강간, 아동 학대를 다루는 법들은 우리에게 익숙하다. 이런 법들은 (극히 구체적인 경우만 예외로 하고) 사회 구성원 모두에게 일반적으로 적용해야 한다는 사회 관리자들의 믿음을 반영한 것이다.

이런 법들 중 대다수는 그 기원을 종교와 종교의 경전에 두고 있다. 코란과 구약성경 모두 절도, 결혼, 재산, 그리고 무엇을 언제 어떻게 먹어야 할지에 관해 많은 것을 말하고 있다. 그러나 다른 동물사회를 관찰한 결과 확인된 매우 분명한 사실은 신학, 성궤, 경전의 제단, 혹은 종교적 가르침 없이도 행동규범을 발전시킨 동물 종들이 있다는 것이다. 인간이든 동물이든 사회를 이루면 규범이 생긴다는 것은 예외적 현상이 아니라 하나의 일반적인 규칙이다. 서로 멀리 떨어져 살면서도 아프리카 침팬지 무리들은 많은 공통된 행동을 보인다. 그러나 이들은 어느 범위 내에서는 지역별로 분명 다른 생활양식을 보이기도 한다.[4] 이것은 침팬지들이 그들의 행동 일부를 지역 상황과 자신들만의 생활 전통에 맞춘다는 것을 의미한다. 사실, 이런 논지는 그동안 많이 연구된 모든 동물 종에도 적용된다. 조류, 육식동물, 어류, 파충류는 모두 일정한 행동규범을 갖고 있다. 동굴 속의 박쥐조차 동족을 알아보고 우호적으로 대한다.

이것이 의미하는 바는 분명하다. 요컨대, 이들의 행동규범 중 많은 것은 그 근원을 (종교가 아니라) 생물학에 두고 있다는 것이다. 인간이라고 해서 다를까?

앞서 가정한 대로 20퍼센트의 인간 행동이 법에 따라 합법이나 불법 행동으로 규정된 것이라면, 나머지 80퍼센트는 법에 규정되지 않은 인간 행동이다. 그러나 이런 행동도 매우 엄격할 수 있다. 국기에 경례하고 국가를 부를 때는 일어서는 것이 좋고, 목사가 장례식에서 기도할 때는 함께 머리를 숙이는 것이 좋다. 노인의 짐을 들어주는 것은 이보다 훨씬 덜 의무적인 일일 것이다. 그러나 한 특정 사회 안에서 규범이나 관습은 거의 다르지 않다. 네바다 주에서 자란 사람이 메인 주로 이주해 적응하는 데는 그리 큰 어려움이 없다. 미국인들이 주에서 주로, 그리고 이 종교에서 저 종교로 매우 빠른 속도로 이동하고 있다는 것은, 미국이라는 사회의 규범이나 관습이 암묵적인 경우가 많긴 하지만, 쉽게 알 수 있고 빨리 이해할 수 있을 정도로 큰 차이가 없다는 것을 말한다.[5]

이런 규범들은 종교와 경전에서 유래한 경우가 많다. 그러나 교회 신도석에 들어가기 전에 무릎을 굽혀야 한다거나 기도 중에 머리를 숙이라는 규범은 성경에는 없다. 신도들이 그저 그런 행동을 할 뿐이다. 기존의 종교적 관행이 인간 규범에 근원이 되는 경우도 있지만, 분명한 것은 침팬지와 사람 모두 규범을 발전시키는 데 있어 경전이 필요한 것은 아니다.

그런데도 세속사회의 여러 지지자, 비판자, 옹호자, 적들은 법률에 규정되지 않은 80퍼센트의 인간 행동 중 많은 부분을 생물학으로 설명할 수 있다는 주장을 거의 전적으로 외면해왔다. 물론 한 세기 이전에 규칙과 규범을 설명하기 위해 생물학에 주목했던 그레이엄 월러스Graham Wallas와 윌리엄 제임스William James 같은 예외적인 인물도 있다.[6] 그리고 최근 출간된 많은 책들은 생물학적 의문을 진지하게 다루고 있다.[7] 반면, 칼 마르크스는 자신의 이론에 생물학을 포함시키지 않았으면서도 자신의 이론이 찰스 다윈Charles Darwin의 동물진화론처럼 하나의 확고한 경제학 법칙이 되기를 희망한 것으로 알려진다. 심지어 마르크스는 《자본론Das Kapital》 한 권을 다윈에게 보내기까지 했는데, (다윈은 결코 그 책을 읽지는 않았겠지만) 예의상 공손하게 감사를 표했다. 마르크스의 학설이 인기를 잃고 실패한 것이 생물학을 무시했기 때문일까? 공산주의자들이 인간의 본성을 잘못 이해한 것일까? 여러 비세속적인 신정사회神政社會에서 나오는 저작, 언명, 그리고 팸플릿들은 인간 행동이 생물학적 기초를 따른다는 생각을 부적절한 것으로 취급하고 있다. 행동이 생물학적 기초를 가진다는 생각은, 계시에 따른 완벽하고 신성한 신의 체계에는 적용할 수 없을 뿐만 아니라 그에 대한 큰 위협으로 간주되고 있다.

그러나 조류, 어류, 파충류, 비인간 영장류, 그리고 인간이 모두 비공식적 규범을 갖고 있다면, 그 규범의 근원을 생물학에서 찾는 것이 최선의 방법이 아닐까?

두 가지 사건을 통해 우리는 이 질문에 대한 답에 조금 다가갈 수 있을 것이다.

종교와 생물학의 충돌

프레드 추장의 이야기

이 책의 공저자 맥과이어는 다음과 같은 경험을 한 적이 있다.

나(맥과이어)는 어떤 원숭이 종을 찾기 위해 서아프리카로 갔다. 길이 끊기면 물길을 따라 이동하기로 했는데, 물로 이동하는 것이 정글을 헤치고 나가는 것보다 빠른 방법이었다. 나는 두 명의 가이드를 고용했고 카누 한 척을 빌렸다. 길이 끊긴 곳에서 우리는 강을 거슬러 올라가기 시작했다. 첫째 날과 둘째 날에는 아무 일도 없었고 성과도 없었다. 우리 주위에서는 비인간 영장류를 찾아볼 수 없었다. 여행 사흘째 되던 날 우리 일행은 작은 마을에 도착했다.

마을 사람들은(몇몇 아이들은 지금까지 피부가 하얀 백인을 한 번도 본 적이 없었다) 친절했지만 우리를 경계했다. 우리가 카누에서 내리자 마을 사람들은 우리를 오두막집이 모여 있는 마을 공터로 데려갔다. 그곳에서 마을 추장은(나는 그를 내가 들은 발음과 가장 유사

한 '프레드'라고 부르겠다) 내게 벌레와 이상한 곤충이 들어 있는 수
프 한 그릇을 건넸다.

가이드 한 명이 "추장은 당신이 그 수프를 마시길 원해요"라고 알
려주었다. 나는 마을 사람들이 보는 앞에서 수프를 마셨다. 다행히
가방에 위장약이 있어서 세 알을 꺼내 재빨리 먹었다. 내가 수프를
다 마시자 마을 사람들은 나와 가이드들을 손님으로 받아들였다.

시간이 지나고 해가 저물자 마을 사람들은 우리를 숙소로 안내했
다. 저녁식사를 하면서(물론 위장약도 함께 먹으면서) 대화와 잡담을
나눴다.

가이드 한 명은 타고난 언어 감각을 가진 사람으로 그 지역 방언
과 영어에 능숙해 우리의 대화를 통역했다. 나는 추장에게 어떻게
해서 마을 방문자에게 수프를 제공하는 관습이 생겼는지 물었다.

추장은 말했다.

"그 수프를 마시는 사람들은 우리를 해치지 않기 때문이오."

식사와 대화가 계속되면서 우리는 마을 사람들이 음식을 나누는
시간과 이유, 그리고 아이들을 돌보는 일을 맡은 사람 등에 관련된
행동규범의 근원과, 그 규범을 위반했을 경우 어떻게 다스리는지에
관해 대화하게 되었다.

"몇 년 전 한 선교사가 이곳에 왔소. 그는 우리가 어떻게 행동해야
하는지, 신을 어떻게 공경하고 숭배해야 하는지 알려줬소. 또 그는
우리가 그의 신이 원하는 대로 행동을 하면 현세와 내세에 모두 보
상을 받을 것이라고 약속했어요. 자손은 번성하고, 음식은 풍성해지
며, 우리도 마음의 평화를 얻을 거라고 말했죠. 그래서 우리는 그의
가르침을 믿고 기독교인이 되었다오. 세례까지 받았어요."

내가 물었다.

"선교사 말대로 되었나요?"

"전혀 아니라오. 우리는 곧 몇 년 동안 기아를 겪었지. 또 어떤 해에는 마을 사람 3분의 1이 병으로 죽기도 했어요. 그래서 선교사를 내쫓았지."

"그후엔 어땠나요?"

"우리만의 규범을 만들었소. 아이, 엄마, 노인 순으로 음식을 먹게 했지요. 부모들은 자녀를 책임지게 했고, 새 오두막을 지어야 할 때는 모든 사람이 힘을 보태도록 했소. 협력하지 않는 사람은 내쫓았지요. 그래서 지금 우리는 더 건강해졌고, 더 잘 먹고 있소. 병도 거의 없어요."

"그 선교사의 신에게는 무슨 일이 벌어졌나요?"

"어떤 노인은 아직도 그 신을 믿고 있어요. 선교사는 여기에 15년 동안 있었어요."

"선교사의 신 말고 다른 신이 있나요?"

"아니요…… 아니, 있을 수도 있지요. 우리가 건강하게 살아남을 수 있는 능력, 그것이 우리의 신이오. 우리는 이 문제를 우리 힘으로 해결했어요. 그 선교사의 신은 우리에게 해준 게 없지요."[8]

세 명의 소녀들 이야기

맥과이어는 시에라네바다 산맥 서쪽, 나무가 울창한 언덕 근처의 한 목장에서 일한 적이 있었다. 대부분의 목장 지역은 목장 관리소에서 보이지 않았고, 소들은 목장 곳곳에 퍼져 있었다. 따라서 목장 직원들은 매일 아침 말을 타고 울타리와 소의 건강을 확인하기 위해 목장 울타리 주변을 순찰했다. 다음은 그가 목장을 순찰하던 중 겪은 일이다.

나는 말을 타고 목장을 둘러보고 있었다. 추운 겨울날이었다. 한 시간 동안 둘러봤지만 울타리에는 아무 문제가 없었다. 소들은 건강하고 활기찼다. 그런데 목장 관리소로 돌아오던 중 목장 저편에서 가늘게 피어오르는 한 줄기 연기를 발견했다. 무슨 일인지 살펴보기 위해 그곳으로 말을 달렸다. 현장에 도착한 나는 그곳에서 텐트를 치고 겨우 소시지 한 개만 간신히 데울 정도의 약한 불로 죽은 칠면조(밀렵자가 사냥하고 잃어버린 것이 분명한)를 요리하는 십대 후반에서 이십대 초반으로 보이는 세 명의 소녀를 만났다. 나는 말에서 내렸고 소녀들과 대화를 나눴다.

"안녕. 나는 마이클 맥과이어야. 여기 살고 있지……. 여기가 사유지인 것은 알고 있니?"

소녀들은 그 사실을 잘 알고 있었다.

"그런데 왜 여기에 있니?"

"우리 목사님이 우리더러 구원을 찾으라고 했어요."

세 소녀는 모두 파란만장한 삶과 전과를 갖고 있었다. 소녀들은 가족의 골칫덩어리였고 친구들로부터도 외면받았다. 그러자 자신들의 삶을 바꾸기로 하고 "황야에 가서…… 홀로 지내며…… 자신들의 죄를 속죄하고…… 앞으로 어떻게 살지 결정"하기로 했다.

소녀들의 이야기는 진실해 보였다. 거짓말을 하는 것 같지 않았고 농담도 없었다. 나의 도움이나 자신들의 행동에 대한 평가를 구하지도 않았다. 그러나 때는 1월이었다. 밤에는 기온이 영하 32도 밑으로 떨어지는 경우도 많았다. 소녀들의 텐트는 매우 허술했으며, 그 중 한 명은 의사인 내가 보기에 폐렴에 걸린 듯했고, 다른 한 명은 심각한 영양실조로 보였다.

나는 목장 관리소로 돌아와 따뜻한 음식과 담요를 챙긴 후 소녀들의 캠프로 갔다. 음식을 건네자 소녀들은 며칠 동안 아무것도 못 먹은 듯 허겁지겁 먹어 치우고는 내게 감사를 표했다.

나는 "아침에 다시 올 테니 어떻게 할지 의논해보자"고 했다.

그녀들은 다음날까지 무척이나 나를 기다렸다. 사실 내가 가져올 아침식사를 더 기다렸을 것이다. 우리는 또 이야기를 나눴다.

"그래 속죄는 좀 했니?" 하고 물었다.

"앞으로 어떻게 살아야 할지 아직 결정 못 내렸어요."

잠시 동안 우리는 죄를 속죄하기 위해서는 무엇이 필요한지에 대해 이야기를 나눴다. 똑똑하고 사리분별이 있는 소녀들임에 분명했다. 그녀들의 행동에서 정신적으로 이상하다거나 마약을 하는 징후는 없었다. 분명한 것은 그녀들이 신앙인이라는 것이었다. 소녀들은 신이 자신들을 완전한 속죄의 길로 이끌 거라고 믿고 있었다.

이윽고 우리의 대화는 사유지 침범 문제로 돌아왔다.

"너희들이 하고 있는 일은 위법이고, 사유지인 이곳을 바로 떠나야 한다는 것을 잘 알고 있지?"

그러자 셋 중 가장 어린 소녀가 "당신의 법은 우리가 인정하는 법이 아니에요"라고 말했다. "우리가 인정하는 것은 신과 교회의 법이에요. 당신의 법은 우리 신을 인정하지 않지만, 우리는 신을 인정하고 있어요. 완전히 속죄할 때까지 여기에 있을 거예요."

나는 소녀들의 목사를 찾아갔다. 목사가 목장에 왔고, 세 소녀와 대화를 나눴다. 그리고 소녀들은 목사와 함께 목장을 떠났다. 몇 달 후 나는 그 목사에게 세 소녀의 안부를 물었다. 목사는 말했다. "소녀들은 지금 모두 정상적으로 잘 지내고 있어요. 당신의 도움이 컸어요. 감사합니다. 신도 고마워할 겁니다."

질병과 죽음 앞에서 신을 찾는 사람들

어떤 의미에서 프레드 추장은 일종의 생물학자였다. 그가 생존, 건강, 그리고 마을의 복지에 가치를 두었다는 사실에서 그렇다. 그런 가치에 기초해 그와 마을 사람들은 공식적, 비공식적 규범을 발전시켰다. 그들의 규범집에 새로운 신을 추가하는 것에는 어떤 이득도 없었다. 이는 그들이 선교사의 신에 대해 만족스럽지 않은 경험을 했다는 점에서 특히 그러했다. 그들의 규범은 그들의 환경과 그들의 생물학적 현실(먹고, 생존하고, 서로 나누고 돕는 것)에 기초한 것이다. 이들이 먹고사는 문제를 해결하는 데 있어 신이나 보다 높은 권위에 대한 복종, 경전, 혹은 경전에 대한 해석이 필요한 것은 아니었다.

세 소녀의 경우, 이들의 규범은 하늘에서 내려온 것이었다. 소녀들이 믿는 신의 규범은 법 같은 세속사회의 공식 규범을 대신했을 뿐만 아니라, 세속사회의 비공식적 규범들이 생물학적 기초를 가졌을 가능성도 무시했다. 세속사회의 공식적인 규범과 비공식적인 규범은 소녀들의 가치 그리고 소녀들이 삶을 살아가는 방법과는 동떨어진 것이었다. 그러나 그녀들은 자신들의 규범에 따라 살아온 결과 생물학적 필요를 거부하는 위험한 선택을 했다. 세 소녀 중 둘이 병에 걸렸다. 한 소녀는 심각한 영양실조에 빠졌고, 또 한 소녀는 폐렴에 걸렸다. 목장을 떠난 후 소녀들은 모두 치료가 필요했다. 빈약한 텐트는 추위와 바람으로부터 소녀들을 보호하기 어려웠다. 그녀들이 피운 불로는 칠면조 한 마리를 요리하는 데 일주일은 걸렸을 것이다. 속죄 여행을 할 때 실질적으로 필요한 생활 도구나 방법은 전혀 준비되지 않았다. 그 모든 것은 의미가 없었고 "신이 우리를 완전한 속죄로 이끌 것"이라는 믿음만이 의미 있는 유일한 진리였다.

인간의 본질은 생물학이다

이야기를 계속 진행해보자. 리처드 경과 버튼 양은 함께 탐험을 하고 있었다. 새로운 문화를 접할 때마다 리처드 경은 각 문화의 차이점을 먼저 발견한 반면, 버튼 양은 유사점을 발견했다. 물론 각 문화 간에 차이는 있다. 남아프리카 부시맨의 일상을 놓고, 그와 나이 및 성별이 같은 이들, 즉 월스트리트의 증권 브로커나 러시아 위에 교통정리를 하는 싱가포르 경찰관과 비교해보자. 이들의 옷차림은 서로 다르다. 말도 다르고 행동도 다르다. 먹는 것도 다르다. 이들은 비슷한 점보다 다른 점이 더 많아 보인다. 텍사스 파리(미국 텍사스 주 댈러스의 북동부에 위치한 도시—옮긴이)의 행동, 옷차림, 음식, 언어는 프랑스 파리의 그것과 다르다.

그러나 다른 집단과 문화를 좀더 자세히 살펴보면 다른 대답도

가능하다. 요컨대, 문화들 사이에는 차이점이 있지만 유사점도 있다는 것이다. 리처드 경도 버튼 양도 옳다. 모든 문화의 사람들은 실로 많은 기초적 행동을 공유한다. 언어, 음식, 옷차림, 외모의 차이점 이면을 보면, 모든 곳에서 사람들은 아주 똑같은 행동을 한다. 이들은 결혼을 하고, 자녀를 낳고 보살피며, 친족과 타인은 서로 다르게 대하고, 집단을 이루며, 규칙을 만들거나 채택한다. 프레드 추장과 마을 사람들뿐 아니라 세 명의 소녀들도 그러했다. 그리고 리처드 경처럼 이들은 다른 집단을 자신과 다르다고 보는 경향이 있었다.

닮은 점이 불규칙하게 발생하는 것도 아니며, 모든 사람이 똑같이 행동하도록 만든 세계적인 음모가 있다는 증거도 없다. 부부는 서로 사랑하는 법이나 자녀를 보살피는 법을 배울 필요가 없다. 어린 시절에 종종 다투긴 하지만, 형제들은 서로에 대해 어떤 책임이 있다는 것을 따로 배울 필요가 없다. 십대 아이들도 이성에게 성적 자극을 받는 방법을 굳이 배울 필요가 없다. 성인 남성은 자신의 몫이 필요할 때 시장에서 자원을 두고 경쟁해야 한다는 것을 굳이 배우지 않아도 된다. 성인 여성은 어떤 남성의 아이를 갖는 것이 아이의 삶과 미래를 위해 더 나은 선택인지 배우지 않아도 안다.

문화를 초월해, 인간 행동에 유사점이 존재하는 이유를 살펴보기 위해 어디서든 쉽게 발견되는 호혜적인 행동을 살펴보자. A는 사냥 기술이 형편없지만 B는 매우 뛰어난 사냥꾼이라고 할 때, 이들은 서로에게 호혜적인 행동을 할 수 있다. B가 사냥으로 잡은 짐승을 가져오면 A는 그 짐승의 껍질을 벗기고 깨끗이 씻어 음식을 준비한다. 이것이 프레드 추장과 마을 사람들의 규칙이었다. A와

B는 모두 그들이 원하는 고기를 얻고 모두 시간을 절약한다. 이런 일은 도시에서도 발생한다. A는 훌륭한 자동차 수리공으로 B의 자동차 수리를 돕는다. B는 상당한 실력을 가진 목수로 A의 집수리를 돕는다. 물론 B가 A의 도움에 보상하지 않으면 B는 비협력자로 낙인찍히고 그런 낙인에 따른 응분의 사회적 결과를 겪게 된다. 여기서 A와 B의 행동을 이끌어내고 관리하는 것이 바로 비공식적 규범이다. 비공식적 규범에 따른 행동은 매일 수없이 발생한다. 상호 이익이 되는 호혜주의는 사회와 집단에 활기를 불어넣고 사회의 생존에 핵심 역할을 한다.

한 집단이 미래에도 계속 존재하려면 이런 비공식적 규범이 공식적인 규범처럼 기능해야 한다. 그리고 보통은 그렇게 된다. 대부분의 호의는 보상을 받는다. 규범을 따르느냐 무시하느냐에 따라 명성을 얻거나 잃는다. 규범을 어기면 기본적으로 생물학적 행동이 억제당하는 실질적인 벌을 받는다.[9] 만약 한 사람이 비공식적 규범대로 친족을 대하지 않으면, 친족은 보통 그를 무시하게 되고, 그의 사회적 명성은 해를 입는다. 만약 어미가 자녀를 제대로 돌보지 않으면, 그녀는 사회적으로 추방될 수 있다. 또한 비공식적 규범을 어겼을 경우 치러야 할 대가는 공식적 규범을 어겼을 때보다 더 클 수도 있다. 친구 집단이나 가까운 가족 내에서 저지른 사소한 절도 행위에 대한 사회적 배척 같은 비공식적 징벌은, 공식적인 사회체계가 가하는 벌, 즉 벌금이나 몇 개월의 보호관찰보다 훨씬 더 가혹하고 오래 지속되는 것이 보통이다. 이런 것이 세속적 규범과 다른 사회적 행동의 생물학적 규범이다.

그러나 놀랍게도, 각각의 집단은 이런 인간 행동의 기초와 유사점을 아주 다르게 해석한다. 생물학적으로 설명하는 문헌(행동체계가 만들어지고, 거기에 우선순위가 매겨져 질서가 형성되는 이유를 밝힌 문헌)이 대단히 방대하고 확고한데도 그렇다. 이렇게 다른 해석이 존재하는 이유는 유전자, 생리체계, 그리고 사회구조의 본질을 다르게 보기 때문이다. 생물학 이론과 설명은 이기심과 이기심에서 비롯된 여러 행동 등 일련의 심오한 문제를 다룬다. 우리는 집단이 구성되는 이유와 집단 구성원들이 이기심을 억누르는 이유(규범을 준수해야 다른 혜택이나 이익을 얻을 수 있기 때문)에 대해 많은 것을 알고 있다.[10]

사람들이 타인보다 친족에게 더 호의적인 이유, 자신이 속한 집단과 자신이 자원을 바친 집단에 헌신하게 되는 이유에 대해서도 많은 지식이 알려져 있다. 상호작용에 있어서 속임수(심지어 도둑들 사이에서의 규칙 위반 같은 속임수)의 역할과, 사람들이 타인과 자신의 관계를 어떻게 평가하는지 등과 같은 자기기만에 관한 훌륭한 저작물이 존재한다. 이런 저작물은 사람들이 친구, 친족, 그리고 친구나 친족에게 해를 끼치거나 그럴 가능성이 있는 사람들을 어떻게 대하는지 잘 설명해준다. 또한 극히 다른 문화에서 공히 나타나는 이런 행동의 유사점도 잘 설명해주고 있다. 혼돈은 인간 사회의 기본적인 양상이 아니다.

이는 다른 종에서도 우리가 매일 보고 발견하는 사실이다. 침팬지의 경우, 친족에 속하는 침팬지와의 관계는 친족이 아닌 침팬지와의 관계와 다르다. 동물들은 집단 유대감을 즐긴다. 이 집단 유대감은 자신의 직접적 이익을 어느 정도 희생하더라도 구성원의 생존과 복지라는 보다 큰 차원에서 이익을 얻을 수 있기 때문에 발전한 것이다. 혼자일 때보다 집단에 소속되었을 때 생존 확률이 훨씬 높다는 것은 부정할 수 없는 사실이다.

이런 사실을 놓고 볼 때, 서로 다르며 충돌하는 종교적, 이데올로기적 유대감을 가진 사람들(기독교 복음주의자들과 무신론자, 힌두교도와 이슬람교도들)이 자신의 친족, 친구, 이웃, 적들을 대하는 방식이 서로 유사하다는 것은 사뭇 의미심장하다. 이런 유사한 기본적인 행동들이 그 사회의 고유한 성격에 기초한 사회적 규범이 된다는 것 또한 의미심장하다. 이것이 현실이다. 이런 의미심장한 사실은 도덕, 공식적인 법, 비공식적 규범의 기원과 신학적인 지위에 관해 결정적인 답을 제공해줄 수도 있다. 수많은 문명과 종교를 망라해 유사한 행동이 나타난다는 사실은, 외형상 어떤 차이(인류학자 로빈 폭스Robin Fox가 '민속지학적 현혹'이라고 말한 차이)가 있다 해도 생물학이 그런 유사 행동의 기초와 구조가 된다는 생각을 불러일으킨다.

*민속지학적 현혹ethnographic dazzle: 다른 문화, 다른 민족의 외형적 차이에 현혹되어 폭넓은 문화와 민족에 공통적으로 숨어 있는 유사성을 보지 못하는 현상.

인간 질서를 만드는 초월적 규범, 종교

신앙인의 핵심 과제(확고한 의무)는 비공식적 규범을 수립하고, 가능하면 종교적 믿음과 양립하는 공식 규범을 확립하는 일이다.

이런 의무는 한 유형의 분석과 다른 유형의 분석 간에 극명한 시각차를 만들어낸다. 우리가 두 쪽 난 뇌에 대해 논하는 것이 아닌

데도 말이다. 우리는 구석구석 퍼져 있는 '믿음의 힘'과, 사실상 모든 생각과 행동에 영향을 미치는 '믿음의 능력'에 대해 이야기하고 있는 것이다. 이런 점에서 볼 때, 종교는 거의 모든 일상사와 상호관계에서 (대다수 사람들이) 합리적인 비공식적 생활규범을 발전시키고 실천하는 일에 최고의 영향력을 행사한다. 그리고 대다수 사람들은 이런 비공식적 생활규범이 아담과 이브의 이야기, 원죄의식, 알라가 원하는 것, 혹은 (각자가 믿는) 신이 인정하거나 바라는 것과 일치한다고 생각한다.

예외가 있다. 생물학을 극도로 거부하는 사람들도 다리가 부러지거나, 몸에 옻이 오르거나, 살을 파고드는 발톱 때문에 극심한 고통을 느끼면 생물학에 매달리게 된다. 이들에게도 그들의 조물주가 통제 못 하는 것이 있다. 4장에서 의사의 치료가 필요한 세 소녀의 이야기가 그랬다. 그러나 세 소녀는 자신들의 조물주가 통제하지 않는 것이 거의 없다고 생각했다.

이런 차이가 바로 '법으로서의 종교'가 '생물학을 거부'하는 문제의 핵심이다. 모든 종교, 특히 근본주의 종교는 비종교적인 개인이나 집단보다 훨씬 많은 종교적인 비공식 규범을 갖고 있다. 이런 경우 종교, 종교의 구성원, 성직자로부터 지도와 판단을 받는 일상생활이 비종교적 개인이나 집단보다 훨씬 많다. 따라서 종교규범에 의해 통제되는 행동이 80~90퍼센트에 이를 수도 있다.

왜 그럴까? 몇 가지 답변이 있다.

역사상 기존 종교와 관계없는 비공식 규범을 만들려는 시도가 많이 있었다. 공산주의, 실존주의, 그리고 일부 세속주의자(비종교 도덕론자)들의 시도가 그것이다. 이들의 시도는 처음의 희망과 달리 별로 성공적이지 못했다. 이들은 합의에 의해 타당성을 인정받는 비공식 규범을 발전시키지 못했다. 왜 그랬을까?

종교에 근원을 두고 있지 않은 비공식 규범도 적지 않다. 결과적으로, 세속사회에서는 의도치 않게 구성원들 간의 분쟁이 증가한다. 미국 공공 장소에 설치된 종교 상징물을 없애기 위한 공개적 비난과 법적 행동이 대표적인 사례다. 그러나 이는 이야기의 한 면에 불과하다. 교육(무엇을 가르쳐야 하는가의 문제)은 또 다른 사례다. 공립학교의 커리큘럼은 학생들에게 비공식 규범을 가르치는 기능을 한다. 사회적 관습은 또 다른 사례다. 한 지역의 알코올 소비와 업무 시간은 종교규범과 세속규범 사이의 불일치를 보여주는 사례다(가령, 한국은 필리핀을 제외하고 아시아 최대의 기독교 국가지만 업무 시간과 알코올 소비량은 아시아 최고 수준이다―옮긴이). 개인적 선호도 예외는 아니다. 예로, 고등학교에 비키니를 입고 가서는 안된다는 것은 누가 언제 결정한 것인가? 그리고 낙태, 줄기세포 연구, 동성애자의 권리, 여성의 권리, 노인의 권리 등과 관련해서는 아직도 해결되지 않은 갈등이 존재한다.

세속주의는 모든 사람이 자신만의 비공식 규범을 만들어내고 그에 따라 살 권리가(그리고 책임까지) 있다는 사상을 사회에 끌어들인 것 같다. 이런 인식은 깊은 산골 오두막에서 혼자 사는 데는 도움이 된다. 그러나 무엇이 옳고 좋은지에 대해 매우 다른 생각을 하는 이웃들과 함께 살아야 할 때는 그리 도움이 되지 않는다.

더욱이 세속주의가 초래한 비용은 그리 만만치 않다. 세속주의가 초래한 갈등과 인식적, 감정적 불화는 생리학적으로 많은 비용이 든다. 이런 논지는 이 책에서 반복될 핵심 논지 중 하나다. 갈등은 생리학적으로 많은 비용이 들며 개인적, 사회적으로 불편한 것이다. 갈등으로 발생한 결과에는 여러 가지가 있지만, 그중 가장 대표적인 것이 '스트레스'라는 것이다. 적대자의 동기를 직관적으로 알아내려 하고 분쟁으로부터 자신을 지키기 위해 시간을 쓰는 것은 생리적으로 많은 비용이 든다. 적대자가 당신의 믿음을 전적으로 거부할 때 타협하려고 하는 것, 잠재적으로 적대적인 세상을 매일 살아가는 것, 계속해서 좌절과 실망에 고통받는 일은 참으로 많은 비용이 드는 일이다. 이러니 덜 복잡하고 보다 예측 가능한 체계를 받아들이는 것은 당연한 일이다.

그러나 대부분의 종교인들은 보다 높은 힘을 가진 종교와 신의 존재를 믿는다. 그리고 종교와 신은 이들의 생각, 감정, 행동을 놀라울 정도로 강력하게 지배한다. 많은 종교는 이러한 보다 높은 권위를 인정하고, 애초부터 이 권위만이 비공식 규범의 발전, 해석, 집행을 책임진다는 입장을 견지해왔다.

여러 면에서 종교는 이런 비공식 규범의 정당한 근원이자 조정자로서 세속사회 안에서 효과적으로 자리매김해왔다. 이는 놀라운 일이 아니다. 일반적으로 종교적 규범은 쉽게 이해할 수 있고 실천하기 쉽다. 십계명은 쉽게 이해할 수 있고 합리적인 규범이며, 이웃 또한 그 규범에 따라 살 것이라고 쉽게 예상할 수 있다. 코란의 규범들도 마찬가지로 이해하기 쉽고 합리적이다.

이런 규범은 기존에 존재하기 때문에 새로운 세대는 이를 수용해 활용할 수 있다. 이런 규범의 근원에 대해 크게 반대하지 않는 사람들은 새로운 규범을 만들 필요가 없다. 그리고 다른 사람들이 이미 그 규범을 따르고 있고 그 규범을 따르지 않은 것에 응분의 대가가 부과된다면, 사회적 상호작용에 예측가능성(이는 사람들이 얻으려는 것이자 사회질서의 핵심이다)이 수립된다.

생물학이 종교보다 훨씬 큰 권위를 제공한다는 주장이 실제적, 학문적으로는 가능하다. 인간은 결국 자신의 생물학적 결과물이라는 것이 분명해 보인다. 그리고 보다 높은 힘에 대한 믿음과 충돌하지 않는 생물학이라면 수용하겠다고 주장하는 사람들의 경우에는, 생물학이나 생물학의 한 산물인 뇌에 권위를 부여하는 것을 상당 부분 수용할 수 있을 것이다. 이는 논리적, 실증적 차원에서 수용하는 것이지, 적극적, 영감적으로 수용하는 것은 물론 아닐 것이다.

이 모든 것의 이면에는 무엇이 있을까? 대다수 사람들은 종교가 제공하는 특징feature과 비교했을 때, 생물학에는 결정적이고 매력적인 특징이 부족하다고 보는 것 같다. 생물학에는 변덕스러운 자연선택에 따른 유전자 복제를 제외하고 사후의 삶이나 내세라는 것이 없다. 또 생물학에는 그 규범을 준수했을 때 사회적으로 인정받고 자존감을 세울 수 있는 규범이 없으며, 의학적으로 사망한 후에도 내세를 보장해주는 행동과 감정에 관한 규범이 없다. 대신 생물학은 종교가 제공하는 특징들을 까발리고, 행동에 미치는 유전자의 영향력과 뇌의 화학작용에 관한 구체적인 내용을 설명하면서, 종교활동(종교적 행동과 생각)을 하는 순간 뇌의 어떤 영역이 활성화되는지 등을 밝혀내는 일을 한다.

이런 생물학과 비교했을 때, 종교가 매력적인 것은 그리 이상한 일이 아니다.

God's Brain

chapter 6

종교는 뇌의 발명품

종교의 기원 추적: 인간과 침팬지 사회

우리가 조용히 침팬지 무리를 지켜보고 있다고 해보자. 침팬지들이 아침 식량을 구해 와서는 조용히 모여 있다. 무리의 우두머리도 있지만, 우두머리는 으레 하는 활발한 무리 통제 활동을 안 하고 있다. 그는 전체적인 사회적 맥락에서 침팬지들을 하나하나 안심시키고 이들을 포용하는 데 만족하는 듯하다. 무리가 어슬렁거리고 있는 숲속의 공터는 그늘졌고 이들을 보호하는 덤불로 둘러싸여 있다. 각 침팬지들은 무리에 매우 잘 속해서 이들이 인간이었다면 단체 티셔츠를 입거나 단체 휘장이라도 달았음 직한 모습이다.

이들은 자신들의 사회적 연대감을 그리 뽐내진 않지만 확신하는 듯했다. 사회적 연대감을 보여주는 물리적 테스트를 할 수 있다면, 아마도 두꺼운 진홍색 직물 리본(주변의 덤불)이 이들을 한데 묶어주고 있는 것처럼 보였을 것이다. 이들이 사람이었다면 조용한 파이프 오르간 소리나 부드러운 성가가 울려 퍼지는 성당에 한마음으로 모여 있는 것 같았다. 하지만 어떤 분명한 상징적 믿음 체계도 이들 무리를 지탱하고 있지는 않았다. 지금 살고 있는 삶이 그들의 유일한 삶이고, 그들이 살아가고 있는 유일한 집단이 그들이라는 것 말고는 다른 어떤 믿음도 없었다. 이들에게는 사회적 진실이 매우 굳건해서 상징적인 믿음 체계가 필요 없는지도 모른다.

종교, 신, 내세, 혹은 우주의 기원에 관한 견해가 어떻든 간에, 인간이 특별한 종이라는 것이 분명해 보이는 경우가 많다.[1] 잔디를 미끄러져 가는 뱀, 중력을 거부하고 공중에 떠 있는 벌새, 물 위로 8피트나 솟구치는 돌고래들에게서는 전혀 인간적인 것을 찾아볼 수 없다. 그러나 침팬지와 구대륙의 원숭이들에게서는 인간세계의 가족, 친구, 지인과 비슷한 것을 발견하기가 (언제나 그런 것은 아니지만) 그리 어렵지 않다. 인간과 이들은 매우 비슷해서 유사점을 쉽게 찾을 수 있다.

이번 장에서 우리의 질문은 '인간의 종교적 행동은 침팬지와 공유하고 있는 기본적인 뇌-신체구조^{scaffolding. 비계, 즉 골격을 말한다. 인간과 침팬지가 공유한 기본적인 뇌와 신체구조를 의미한다 —옮긴이}위에 형성된 것인가?'이다. 즉, 인간과 침팬지는 행동의 공통 기원과 공통 기능을 명확히 추론할 수 있을 정도로 '비슷한 유전적, 생리적, 행동적 특징을 공유하는가?' 하는 것이다. 만약 우리의 생각처럼 이것이 사실이라면, 종교의 기원, 독특성, 의미, 기능을 엄격하게 재평가할 수 있을 것이다. 우리는 침팬지에게서 일종의 휴식, 연대감, 즐거움, 목적이라고 할 수 있는, 이들의 주요 삶의 특징들을 탐구할 것이다. 이런 침팬지의 삶의 특징들이, 종교와 영성이 인간사회에 미친 효과와 비슷하지 않은가?

이런 식의 질문은 이 책이 처음은 아니다. 많은 과학자들은 침팬지가 무엇이 옳고 그른지에 대한 규범을 이해하고 이에 따라 행동한다고 주장한 바 있다.[2] 예로, 침팬지들은 자신과 가까웠던 침팬지의 죽음을 때로 아주 오랫동안 몹시 슬퍼한다. 그리고 이들은 신체적 장애가 있는 동료 침팬지는 부려먹지 않고 도와주기도 한다.[3] 또 흰개미를 쓰러진 나무에서 잡는다거나 모래가 묻은 음식은 물로 씻어낸다거나 하는 등 음식을 구하고 준비하는 법을 서로에게 가르쳐준다.[4] '침팬지의 어머니'라 불리는 제인 구달 Jane Goodall 의 기록 필름을 보면, 한 침팬지 무리는 그녀가 일정 기간 그들 주위를 호의적으로 맴돌자, 그녀와 그녀의 아이를 자신의 무리에 받아들이기도 했다.

아무리 꼼꼼한 영화감독이나 연극 프로듀서라 해도 그녀가 침팬지 무리의 영역을 돌아다니며 침팬지들과 손을 잡고 교감을 나누는 감동적인 장면을 연출해내지는 못했을 것이다. 지금 그녀는 무리 속에 있다. 그러나 명백히, 그녀는 한때 침팬지 무리 밖에 있었고 다시 그렇게 될 수 있다는 점을 먼저 인정해야만 했다.

침팬지는 이주에 관한 규범을 갖고 있었고, 그와 다른 규범도 갖고 있는 것 같다. 옳고 그름에 관한 규범, 그리고 누가 무리에 속하며 누가 속하지 않는지에 관한 규범은 종교가 떠받치고 있는 두 가지 기본적인 기둥이다. 인간과 가장 유사한 종을 면밀히 관찰함으로써 인간이 가진 종교의 기원과 기능에 대한 통찰력을 얻어야 한다. 그런데 적어도 침팬지가, 우리가 말하는 '도덕'이라는 문제를 다루는 방식을 보면 큰 충격을 받지 않을 수 없다.

진화로 본 종교의 기원

처음에는 부지불식간에 그러나 마침내는 분명한 방법으로, 내적 환경보호론Inner Environmentalism, 동물의 내적 측면, 즉 뇌를 포함한 정신, 마음을 소중히 다루자는 주의—옮긴이은 (외부의 자연과 자연보호에 더 많은 관심을 갖는) 환경운동의 한 특징이 되어야 한다. 자연은 우리를 둘러싸고 있다. 그러나 자연은 우리 안에도 있다. 인간의 환경을 파괴하는 것이 침팬지와 다른 동물들의 복지에도 영향을 미치는 것처럼, 보호되거나 폐기되어야 할 내적 환경도 존재한다. 그리고 침팬지의 행동을 조사하는 데서 우리 자신의 내적 환경을 어떻게 보호해야 하는지에 대한 실마리도 찾을 수 있다. 침팬지가 도덕 문제에 접근하고 이를 해결하는 방식을 살펴보는 것은 내적 환경보호론 측면에서 매우 중요하다.

침팬지들은 탄광의 카나리아가 아니다. 이들은 우리의 이웃사촌이다.

품위 있는 과학자들은 인간과 다른 동물을 비교하는 것, 심지어 인간과 침팬지를 비교하는 것에도 무척 신중했다. 이들의 계획은 기다려보자는 것이다. 이런 유보적 태도는 인간과 침팬지를 비교하는 것이 너무 큰 논쟁거리일 뿐만 아니라 분석과 해석의 어려움 때문에 문제가 있다는 사실에서 기인한다.

예를 들어, 인간과 침팬지를 비교해 이 둘의 뇌-신체적 비계가 같은 것은 인간과 침팬지의 조상이 같기 때문이라고 말할 수 있다. 이렇게 말한다면, 이는 인간과 침팬지의 공통 조상을 가정한 것으로 매우 추론적일 뿐 아니라, 적어도 600만 년에서 1,100만 년 전에 살았을 것으로 생각되지만 이미 오래전에 멸종한 종(인간과 침팬지의 공통 조상)에 의존한 설명이 된다.

이런 설명은 불안해 보인다. 그러나 오늘날의 침팬지와 인간에 대해 알고 있는 사실을 가지고 이보다 더 나은 설명을 할 수 있을까?

물론, 이미 죽고 사라져 그 유적만 드문드문 남아 있는 태곳적 조상보다, 지금 살아 있는 침팬지와 인간에 대해 훨씬 많은 것을 알고 있기는 하다. 그런데 놓치기 쉽지만, 이런 연구가 살아 있는 종에 기초한 것이라면, 7만 년밖에 안 돼 보이는 종교의 나이에 대해 특별한 설명이 더 필요하다. 종교의 나이를 7만 년으로 추정한 이유는, 종교적 행위를 묘사한 암각화나 신에 대한 감사 및 경외를 드러낸 많은 돌 조각의 연대측정에 근거한 것이다.[5]

과거 사건을 추정할 때는 여유를 두는 것이 좋다. 가령, 지금까지 발견된 가장 오래된 호모 사피엔스 사피엔스^{Homo Sapiens Sapiens,} 호모 사피엔스 이후 출현한 현생 인류의 직접적인 조상—옮긴이의 두개골은 약 16만 년 전의 것이지만,[6] 이보다 더 오래된 호모 사피엔스 사피엔스의 두개골이 발견될 가능성은 여전히 존재한다. 따라서 증거로 확인된 종교가 7만 년 전의 것이라면 실제 종교는 그보다 더 오래되었을 (말하자면, 14만 년 정도) 가능성이 높다.

만약 이런 연대가 대체로 정확하다면, 여기에는 최소한 두 개의 강력한 함의가 있다. 첫째, 지난 14만 년에서 7만 년 사이의 어느 시점에 진화론적 사건과 환경이 결합해 종교가 발생했다는 것이다. 둘째, 이 기간 동안 침팬지가 인간보다 덜 진화하고 변화했다면(이는 학자들의 통설이다), 인간과 침팬지의 차이를 뺀 나머지에서 이 둘이 공유한 비계의 특징들을 발견할 수 있다는 것이다. 나아가

지난 1천 년 동안 인간에게 생겨난 인간 고유의, 그리고 인간에게 만 전형적인 그런 인간적인 요소는 무엇인가 하는 의문도 탐구할 수 있다.

과학적 개념은 새로운 발견에 따라 계속 수정된다. 이번 장에서 논의되는 모든 주제가 특히 그렇다. 이번 장에서 다루는 주제는 열 띤 연구가 진행되는 분야인데, 그것은 이 주제가 아직 상당히 불확 실하고 추론적이라는 것을 의미한다. 따라서 여기서 말하는 내용 중 일부는 수정될 것이고, 또 반드시 수정되어야 한다. 그럼에도 인간과 침팬지가 공통 조상을 가지고 있다는 생각, 이들이 아주 오 래전에 이 공통 조상에서 분리되었다는 생각, 그러나 이들이 여전 히 많은 공통점을 가지고 있다는 생각은 지난 50년 동안 굳건한 과 학적 지지를 받았다. 따라서 이 둘이 가진 공통점을 조사하는 것은 극히 유익한 시도라 할 것이다.

인간과 침팬지의 행동 유사성

침팬지와 인간의 유사성과 차이점을 살펴보자. 일단 일반적인 논 의를 하겠지만, 곧 종교(그리고 종교 같은 행동)와 관련된 유사점에 초점을 맞출 것이다.

침팬지와 인간은 서로 닮았고 서로를 구경하는 것을 좋아한다. 침팬지가 동물원을 짓는다면 아마도 인간이 가장 인기 있는 동물 이 될 것이다. 인간과 침팬지는 모두 노련한 손을 갖고 있다. 그리 고 침팬지와 마찬가지로 인간도 과일을 따거나, 머리를 만지거나,

신호를 보내거나, 돌로 호두를 깨는 일을 하기 위해 한 손, 또는 양 손을 모두 사용한다.

두 종의 신체 내부를 보면 훨씬 더 비슷하다. 침팬지를 이용하여 의과대학에서 인간 해부학을 가르치거나(침팬지의 췌장, 신장, 무릎 뼈, 심장, 폐는 인간과 거의 비슷하다) 뇌수술을 가르치는 것은 꽤 가 능한 일이다.

그러나 둘의 뇌에는 차이가 있다. 발성을 위한 근육 및 해부학적 기관도 다르다. 침팬지는 인간처럼 소리를 내고 싶어도 그렇게 할 수 없다.[7]

침팬지도 굴복, 호감, 위협 같은 메시지를 전달하기 위해 보디랭 귀지를 사용한다.[8] 침팬지의 풍부한 표정은 공감과 애정, 증오와 분노에 이르는 다양한 감정을 보여주고 전달하기 때문에 할리우드 는 이런 침팬지의 특징을 영화에 많이 활용한다.[9] 그리고 인간과 침팬지는 모두 자신이 누구인지 안다. 우리 인간은 삶이라는 가구 에 수많은 거울을 매달아놓은 자기성찰적 종이지만, 침팬지도 매 직글라스magic glass, 한쪽은 유리처럼 투명하나 반대쪽에서 보면 거울로 되어 있는 특수 유리— 옮긴이에 비친 자신을 알아본다.

그리고 아주 유사한 삶의 패턴도 있다. 두 종의 부모는 모두 자 신의 아이를 돌보고 가르치려고 한다. 자녀들은 부모로부터 배우 려는 성향을 갖고 태어난다. 인간의 아이와 같이, 침팬지 새끼들도 공동체의 행동규범을 신속하게 흡수한다. 이들이 흡수하는 공동체 의 행동규범에는 정교한 행동규칙과 쌍방 이타주의를 넘어선, 공 동체 전체를 위한 포괄적인 협력이 포함된다.[10] 즉, 이들은 이기적 인 차원에서 볼 때 아무런 보상이 없는 일에도 서로 협력하는 모습을 보인다.

두 종은 언제 어떤 행동을 선택하는 것이 현명한지 이해하고 있다. 침팬지의 경우, 같은 문제를 푸는 여러 개의 방법이 있을 때, 일반적으로 무리의 수컷 우두머리가 좋아하는 방법을 선택한다.[11]

이들은 모방이 존경을 표현하는 것일 뿐 아니라 절대적으로 필요하다는 것을 이해하고 있는 것일까? 그리고 두 종은 장차 식량 채집이나 사냥을 위해 도구를 모아둔다. 고릴라뿐 아니라 여러 원숭이 종들도 이와 유사한 행동을 한다.[12]

또 인간과 침팬지는 모두 의사소통을 위해 소리를 낸다. 침팬지의 어휘는 아직 완전히 그 특징을 설명할 순 없지만, 침팬지가 감정을 표현할 때와 놀이를 할 때 내는 소리는 인간의 발성과 유사한 점이 있다. 이런 침팬지의 소리는 인간의 웃음소리의 원형일 수도 있다. 인간과 침팬지는 자신의 종 안에서, 그리고 상대방과 서로 몸짓을 사용해 의사소통을 할 수 있다.

그러나 언어 사용 능력에 있어서 명확한 차이가 존재한다. 대부분의 인간은 거의 무한대로 의미 있는 언어 표현을 할 수 있지만, 침팬지를 포함한 비인간 영장류들은 그렇지 못하다. 그러나 인간과 침팬지는 모두 복잡한 정신 과제를 수행할 수 있다. 가령, 침팬지 무리는 다른 무리를 습격하거나 다른 무리의 습격을 막을 때 사전에 행동을 조율한다(작전을 짠다!).

때로 침팬지는 다른 침팬지가 곤경에 처하면 민감한 반응을 보이기도 한다. 자기 무리에 속한 침팬지를 구하려다가 동물원 배수로에 빠져 죽은 침팬지에 관한 보도도 있다. 그러나 침팬지들은 친족에 속하지 않은 침팬지의 곤경에 대해서는 무관심한 반응을 보이기도 한다.[13] 인간과 침팬지는 조롱, 왕따, 추방을 통해 다른 구성원에게 고통을 주는데, 일부 저자는 이런 행동을 종교의 파문 같은 것으로 파악한다. 그리고 갈등이 생기면, 문제를 해결하거나 화해하려는 노력이 뒤따르는데, 침팬지의 경우 기본적으로 서로 몸을 다듬어주는 행동을 보인다. 이런 행동은 분명 관계 맺은 동물에게 사회적 편안함을 안겨준다.[14]

인간과 침팬지 사회의 위계구조의 유사성

인간과 침팬지는 모두 위계구조를 보이며, 자발적으로 위계구조를 발전시킨다. 예로, 여름방학 캠프에서 함께 생활하게 된 초면의 십대 남녀가 처음 하는 일은 위계구조를 만드는 것이다.[15] 서로 모르는 침팬지들도 제일 먼저 위계구조를 만든다. 아마도 인간 이상으로 침팬지들은 분할 통치를 한다. 많은 경우 우두머리 수컷이 동맹자의 도움을 받아 무리 전체를 지배하는 것이 보통이다. 그러나 침팬지 무리에는, 인간과 아주 유사하게, 수컷과 암컷에 따라 그리고 친족과 가족에 따라 별도의 위계구조가 존재한다. 이런 위계구조는 공식적인 정치적 위계구조와는 다르며, 정치적 위계구조의 기초를 흔들 수도 있는 것이다.

문화는 사회적 학습, 전통의 전승, 사회적 복잡성을 다루는 능력을 발전시키는 것을 의미한다. 다른 무리에서 이주해온 침팬지들(보통 암컷)은 새 무리의 어른 침팬지들로부터 무리의 규칙을 배운다. 그리고 다른 환경에 사는 인간이 서로 다르게 행동하는 것처럼 침팬지 사회에도 동조 편향conformity bias이라는 것이 있어서, 서로 다른 침팬지 무리는 서로 다르게 행동한다. 로마에는 로마식 행동이 있고, 곰베 야생동물 보호구역Gombe Game Reserve에는 곰베식 행동이 있는 법이다.

또 인간과 침팬지는 모두 호전적이 될 수 있고 종종 그러하다. 이는 많은 영장류의 특징이기도 하다. 어떤 연구자들은 인간과 침팬지가 호전성 유전자 혹은 호전성 유전자 배열을 공유하고 있다고 주장한다. 두 종은 모두 다른 종을 잡아먹고 자신의 종을 살해하기도 한다. 나치의 강제수용소 경비병이 그랬고 오늘날의 갱들이 그러고 있는 것처럼, 침팬지 수컷은 희생된 침팬지 수컷의 고환을 찢어발기기도 한다.

이런 침팬지들의 행동은 보노보(호전성이 없고 성적이며 정치적인 암컷 지도자가 존재하는 것으로 주목받았던, 침팬지와 매우 가까운 종)의 행동과 종종 비교되었다. 보노보는 사회적 긴장을 줄이고 폭넓은 관계를 유지하기 위한 수단으로 활기찬 성생활을 하는 것으로 알려져 있다.[16] 이런 행동 때문에 많은 연구자와 관찰자들은 보노보를 좋아했다. 그러나 침팬지에 비해 야생에 살아 있는 보노보는 그 수가 극히 적다. 이런 사실 때문에 보노보가 아무리 정력적인 성생활을 한다고 해도 기민하고 호전적인 행동이 부족해서 포식자의 공격에 취약하다는 슬픈 결론이 나왔다. 더욱이 야생 보노보 연구에 따르면, 보노보도 수컷과 암컷 모두 사냥을 하며, 싸움도 잦고, 이들이 야생에서 하는 섹스는 보호소나 동물원에서 하는 섹스와 다르다는 것이 밝혀졌다.[17] 뒤에서 보겠지만, 주요 종교 조직에서 일하는 막강한 영향력의 도덕 관리자들은 보노보의 섹스 스타

일을 허용하지 않을 것이다.

이런 많은 유사점들이 침팬지나 인간에게만 특별히 있는 것은 아니다. 다람쥐는 물론이고, 많은 종의 새들은 음식을 숨겨둔 장소를 잘 기억하고 있으며(이는 일종의 미래를 위한 계획이다) 다소 지능적인 행태를 보인다.[18] 새들의 경우도 서로 협력해 새끼를 양육하는 것 말고도 다른 협력 행동을 한다고 알려져 있다.[19] 그리고 거미는 비인간 영장류는 절대 풀지 못하고 일부 인간도 풀지 못하는 미로 탈출 같은 복잡한 문제를 풀어내기도 한다.[20]

바티칸 광장과 아프리카 밀림의 차이점은?

인간과 침팬지가 이렇게 비슷하다면, 과거에 이 둘을 비슷하게 만든 어떤 사건이 있었을까?

먼 옛날 우리의 공통 조상이 살던 시대, 죽는 조상보다 새로 태어난 자녀가 더 많았을 경우를 생각해보자. 탄생한 자녀 수가 죽는 조상의 수를 초월하자 집단이 성장하고, 분열했으며, 다시 결합되고, 새로운 집단(인간 집단과 침팬지 집단 등)이 출현했다.[21] 그러면서 점차 우리 조상들은 분산되어 갔다. 서로 분리된 집단들은 각자 직면한 경제적, 군사적 생존과 종족의 번영을 위해 형성된 후, 각자 과제를 독자적으로 해결해가면서 독립적으로 발전했을 가능성이 크다. 이런 시나리오는 우리가 확인한 인간과 침팬지의 몇 가지 차이점을 설명해줄 수 있다. 그러나 인간과 침팬지에게는 개인적인 생존, 성공적인 번식(종족 보존), 자녀의 양육, 포식자로부터의 안전, 적절한 음식의 확보, 건강 유지, 그리고 사회적 경쟁과 갈등 관리 같은 유사한 과제들도 많이 있었을 것이다. 이런 유사한 과제들에서 (아주 똑같지는 않지만) 유사한 진화론적 해결책이 나왔을 것이다.[22] 그리고 과제와 해결책이 유사하다는 공통점만이 인간과 침팬지의 행동과 유전적 특징에 공통점이 많은 이유를 비교적 쉽게 설명해줄 수 있을 것이다.

그렇다면 이런 유사점(공통의 물리적 특징, 비슷하게 삶을 꾸리고 유지하는 방식, 공통 행동, 공통 감정)에서 어떤 결과가 나올 수 있을까? 이런 질문은 우리가 반복해서 강조했던 비계 즉, 인간과 침팬지가 기본적인 뇌-신체구조를 공유했을 가능성에 관심을 갖게 한다. 더욱이 침팬지에서 발견된 인간과 유사한 행동은 대부분의 종교가 훌륭하게 여기는 행동(종교적 교류, 의식儀式, 행동규범, 위계구조, 보다 높은 권위나 관념에 대한 존경)과도 일맥상통한다. 침팬지는 서로의 몸을 다듬어주고 소리를 낸다. 인간은 포옹하고 말한다. 침팬지들도 권위에 경의를 표하고 무리 내의 아이들을 해치지 않는다. 이들은 또한 규범을 따른다.

인간도 같은 행동을 한다. 침팬지들은 동료에게 인사하고(인간은 악수를 하고, 침팬지 수컷들은 서로의 음낭을 툭툭 치고 만진다), 권위에 존경을 표하며, 서로의 몸을 만지고(인간은 "옷이 멋진데" 하며 칭찬한다), 서식처를 보살핀다(인간은 보일러를 켜는 등의 행동을 한다). 인간은 기도하고, 주문을 외우며, 집을 청소하고, 자신의 몸을 씻고, 이웃을 돕는다. 인간과 침팬지는 모두 자신의 종 내부에 존재하는 각각의 권위에 반응해 행동한다. 침팬지는 피할 수 없다면 반복적으로 커다란 소리를 내며 인간의 권위에 복종하고, 대부분의 인간은 신이나 신적 존재나 사물에 경의를 표한다. 인간과 침팬지는 모두 그러는 것을 좋아하는 것 같다.

그럼에도 둘 사이에는 분명한 차이가 있다. 그런 차이가 의미하는 것은 무엇일까? 아직 밝혀지지 않은 불확실한 점들은 또 어떤 의미가 있는가? 눈부신 부활절의 바티칸과 아프리카의 그늘진 숲 속 빈터 사이의 차이점은 무엇을 의미하는가? 이런 차이가 있다고 해서 인간과 침팬지가 뇌-신체적 비계를 공유한다는 생각을 버릴 수 있을까?

계속 살펴보자.

인간과 침팬지의 DNA와 행동 특성에서 종교의 기원을 찾다

인간과 침팬지의 조상이 같다는 주장에 가장 완강히 반대하는 회의론자라 해도, 인간과 침팬지의 DNA를 비교한 최초의 보고서를 본다면 눈이 번쩍 뜨일 것이다. 이 보고서에 의하면, 인간과 침팬지의 DNA는 98퍼센트나 같다. 이런 사실에는 회의론자들이 보지 못했고 볼 수 없었던 뭔가가 존재한다.

그러나 회의론자들의 의심이 비합리적인 것은 아니다. 600만 년, 혹은 1,100만 년 동안 인간과 침팬지가 서로 분리된 종으로 살아왔다는 것은 이 두 종에 어떤 공통 조상이 있을지는 몰라도, 이 둘 사이에 (아마도 커다란) 유전적 차이가 있을 거라고 추측하게 만든다. 결국, 오늘날의 인간은 600만, 혹은 1,100만 년 동안 공통 조상으로부터 상당한 변화를 겪어왔던 것이다.

또한 DNA 드라마의 마지막 장이 아직 완성되지 않았다는 회의론자들의 생각도 옳다. 이를테면, 유전자와 DNA에 관한 논의는 아직도 진행 중이다. DNA가 무엇이고, 어떤 일을 하고, 그것을 어떻게 정의하는 것이 가장 좋은지 등의 문제는 아직도 논쟁거리이다. 기술적으로 유전자는 단백질 같은 기능적 산물을 만드는 염색체 조각이다. 또한 보다 일반적으로 말할 때, 게놈genome, 한 생물체가 지닌 모든 유전 정보의 집합체—옮긴이은 DNA에 저장되어 있으며, 게놈이 표현된 유전물질이 바로 단백질의 기초인 RNA이다.

현재 분명해지고 있는 유일한 사실은 게놈과 게놈의 변화가 처음 생각했던 것보다 훨씬 복잡하다는 것이다.[23] 정의定義와 분석 기법이 보다 정교해졌기 때문에 처음에 98퍼센트로 나왔던 인간과 침팬지의 DNA 동일성은 94~96퍼센트 정도로 떨어졌는데, 4~6퍼센트라는 DNA의 차이는 인간과 침팬지라는 두 종이 하나였던 때 이후 게놈이 약 1,500만 번 변화했음을 의미한다.[24] 인간과 침팬지의 DNA 동일성 비율이 98퍼센트에서 94~96퍼센트로 변한 것은 부분적으로 RNA 때문인데, RNA의 중요성은 처음 DNA가 발견될 당시에는 파악되지 않았다. 또한 유전자의 위치, 유전자 생성률, 유전자 구조의 차이, 그리고 각 유전자의 중요성에 대해서는 지금도 열띤 연구가 진행 중이다. 이 연구들에 따르면, 인간과 침팬지의 유전적 차이 일부는 어떤 단백질이 생성되는가가 아니라 그 단백질이 생성되는 장소, 방법, 양, 그리고 특히 그 이유를 통제하는 일부 게놈과 관계있다. 그리고 인간과 마찬가지로, 이런 과정은 어느 두 침팬지 간에도 정확히 동일한 것은 아닌데, 바로 이 때문에 침팬지들 사이에도 서로 다른 개성이 존재한다.

그렇다 해도 인간과 침팬지의 DNA가 94~96퍼센트 동일하다는 것은 무시할 수 없는 중요한 사실로 많은 것을 의미한다.

문제를 더 복잡하게 하는 것은, DNA와 관련된 또 다른 이야기가 지금 막 나오고 있다는 것이다. 인간의 DNA가 지난 15,000년에서 5,000년 사이에 상당히 변했을 뿐만 아니라 침팬지의 뇌를 담당하는 유전자에 비해 인간의 뇌를 담당하는 유전자가 훨씬 더 많이 변한 것으로 보인다.[25] 진화는 그야말로 세계 기록을 달성하려는 듯 매우 신속히 진행되고 있다. 이는 아마도 인간이 인간사회 내부의 경쟁자와 인간 외부의 여러 포식자들을 이기기 위해 필사적으로 노력한 결과일 것이다.

DNA와 관련된 이런 논의는 무엇을 의미할까? 한 가지 가능성은 과거와 현재의 유전자 변화는 침팬지와 인간의 행동보다 그들의 뇌에 더 많은 영향을 미쳤다는 것이다. 만약 그렇다면, 인간과 침팬지의 기본적인 뇌-신체구조가 같다는 생각은, 유전자 변화로 더 많이 달라진 그들의 뇌보다 덜 달라진 이들의 공통된 행동에서 확인할 수 있다. 그러나 그 반대 주장도 있다.

인간과 침팬지의 뇌

우리는 뇌의 해부학적 구조, 뇌의 기능, 뇌의 화학작용에 대해서도 고려해야 한다. 이것들은 뇌의 능력과 작용에 중대한 영향을 미친다. 우리는 뇌의 해부학적 구조에 대해 두 가지 사실을 알고 있다.

어른 침팬지의 뇌 크기는 인간 성인의 약 4분의 1이고, 뇌의 일부 기능 영역의 위치가 서로 다르다는 것이다. 불행히도 이것이 믿을 만한 연구결과의 전부다. 뇌에 대한 연구의 신뢰성이 부족한 이유는 부분적으로 연구자들이 관심을 갖는 과학적 질문이 변하기 때문이다. 이렇게 변하는 과학적 질문이 연구의 종류를 결정하고, 이 때문에 연구 방향은 수시로 변한다.

가령 두개골 분석 분야에서 최근 이룬 성과는, 인류 진화의 역사를 다시 써서, 과거의 많은 '진화의 막다른 골목evolutionary blind alleys, 진화가 중단되고 멸종에 이르게 된 경로—옮긴이'과 네안데르탈인같이 생존에 실패한 후손들을 다시 조사하도록 한 것이다. 뇌 전체나 뇌의 기능 영역 대신 뇌조직과 개별 뇌세포들을 비교하는 것도 갈수록 큰 관심을 받고 있다.[26] 이러한 연구들은 침팬지와 인간의 뇌조직 방식, 뇌세포 수, 뇌세포 구조에 분명한 차이가 있음을 지적하고 있다.

우리는 여기에 인간과 침팬지가 공통 조상에서 분리되어 나오는 과정에 있었는지도 모를 근친교배의 가능성을 추가해야 한다. 이는 불가피하게 추론할 수밖에 없다. 가령, 공통 조상은 하나가 아니라 여러 종일 수 있으며, 이들이 서로 교배한 결과 대부분은 적응 실패로 단종되었지만 인간과 침팬지를 포함해 적응에 성공한 소수 종이 살아남아 지금까지 진화해왔을 수도 있다.

뇌 기능에 대한 연구도 뇌 구조에 대한 연구와 마찬가지로 불안정하다. 이를테면, 뇌 구조는 모듈 방식(여러 부분이 조립된 방식)이고, 뇌의 최초 구조는 DNA의 산물이며, DNA는 진화에 의해 형성되어 왔기 때문에 인간과 침팬지의 뇌는 지금처럼 기능하게 되었다는 가설이 있다. 이런 논리는 인간과 침팬지가 아주 유사하게 진화해왔다면 말이 된다. 그러나 이를 뒷받침하는 증거를 찾는 것은 또 다른 문제다. 뇌가 기능적으로 전문화된 영역들을 갖고는 있지만, 그리고 뇌가 모듈 방식이란 생각이 사뭇 흥미로운 것이긴 하지만 인간의 언어를 제외하고 뇌에 모듈이 존재한다는 확실한 증거는 없다.

이런 여러 불확실성을 인정하더라도, 인간과 침팬지의 뇌가 매우 유사하다고 추정할 이유는 여전히 존재한다. 예컨대, 인간의 언어체계는 내용지정 기억장치content-addressable memory, 연상기억장치에 의존하는 것으로 보인다. 이런 형태의 기억장치는 척추동물 사이에 광범위하게 존재한다. 그리고 이런 내용지정 기억장치는 뇌에서 차지하는 위치가 아니라 기억 내용에 기초하여 언어 이외의 다양한 기능들을 위한 정보를 상기해낸다. 연구결과는 이와 일치한다. 예로, 어떤 능력에서는 침팬지가 인간보다 우수하다. 일부 침팬지들은 인간보다 우수한 단기 기억력을 보이기도 한다. 침팬지는 200~600개의 식물을 먹고 이용하는데, 생존을 위해 침팬지는 이 식물들을 그 계절과 함께 기억해야만 한다. 반면 인간은 평균적으로 이보다 훨씬 적은 식물만을 구별해내며 훨씬 적은 식물만 이용한다.[27] 그러나 침팬지들은 습득한 기술을 인간보다 훨씬 빨리 잊어버리기도 한다.

그리고 다음 장들에서 살펴볼 편도amygdala, 전두엽prefrontal lobe, 해마hippocampus같이 뇌에서 어려운 단어를 담당하는 영역은 어떠한가? 인간과 침팬지에서 이들은 얼마나 유사한가? 인간과 침팬지에서 이들 영역은 유사한 기능을 하는가? 이에 관한 연구는 아직 초기 단계에 머물러 있다. 이는 침팬지의 경우 (인간에겐 없는) 단순하면서도 당혹스러운 기술적 어려움이 있기 때문이다. 뇌 기능 연구는 연구대상이 특정 과제를 수행할 때 어떤 뇌 영역이 활성화되는지를 보기 위해 기능성 자기공명영상 fMRI, functional Magnetic Resonance Imaging 기술을 사용하는데, 이 기술을 사용하기 위해서는 쿵쿵거리는 소음이 발생하는 연구를 진행하는 동안 연구대상이 머리를 고정하고 있어야 한다. 영리하게도 침팬지는 이런 귀찮은 절차를 거부하며, 따라서 아무리 똑똑한 연구자라도 침팬지의 뇌를 촬영하지 못한다.

침팬지 뇌의 화학적 구성과 기능에 관한 연구도 아직 확실히 알려진 것이 없다. 이를테면, 모든 영장류의 뇌는 이전에 상상했던 것보다 훨씬 더 복잡한 것 같다.[28] 한때 뉴런은 그 말단에서만 중요한 화학물질을 방출하고, 그 화학물질은 연쇄적으로 그와 연결된 뉴런에서 화학물질을 방출시킨다고—이는 매우 질서 있고 방향성도 일정한 과정이다—생각되었다. 그러나 어떤 뉴런은 정원의 물호스처럼 말단뿐만이 아니라 축 axis에서도 화학물질을 방출한다는 사실이 밝혀졌다. 축에서 방출된 화학물질은 주변의 뉴런들을 활성화시켜 화학물질을 방출시키는데, 이는 기존에 생각했던 과정보다 질서도 없고 방향성도 다양하다.

그러나 일부 알려진 사실도 있다. 이를테면, 특별한 형태의 D2 도파민 수용체의 경우, 인간은 침팬지보다 유전자 변이 genetic variation가 적은 것으로 보인다.[29] 반면, D4 도파민 수용체의 경우 인간은 중복된 유전자 구조를 가진 것으로 보인다.[30] 또 여러 연구에 의하면, 인간과 침팬지는 뇌 화학물질인 세로토닌 serotonin의 경우, 유사한 수용체 결합 특징을 갖고 있다.[31] 이런 연구결과들은

특별한 흥미를 *끄*는데, 그것은 도파민dopamine과 세로토닌 그리고
이들과 여러 종교적 특징 간의 상호작용이 다음 장들의 중심 주제
가 될 뿐만 아니라, 도파민과 세로토닌의 화학작용과 기능은 침팬
지보다 인간의 경우에 훨씬 더 많이 알려졌기 때문이다.

침팬지도 종교적 평화를 즐긴다

침팬지는 스트레스나 불쾌한 경험을 피하기 위해 어떤 시도를 할
까? 이에 대한 답은 분명한 것 같다. 요컨대, 침팬지들은 스트레스
를 줄이기 위해 인간과 똑같은 행동을 많이 한다.

여기서 세 가지 중요한 메시지가 있다. 산다는 것은 스트레스를
받는 일이다. 인간의 뇌는 여러 가능성들을 상상하고 확인할 수 없
는 질문들을 하는데, 이 또한 스트레스를 받는 일이다. 그런데 뇌
는 해답을 좋아한다. 그리고 사람들은 스트레스를 상쇄하고 피하
는 여러 방법들을 개발했다. 침팬지는 어떨까?

침팬지의 삶 역시 많은 스트레스를 받으며, 때로 매우 극심한 스
트레스를 받기도 한다. 무리의 위계적 역학구조에서 이런 상황이
가장 잘 드러난다. 가령, 무리의 우두머리 수컷으로 산다는 것은
부하 수컷들의 끊임없는 도전을 받는 일이다. 무리의 수컷들은 항
상 선거에 출마한 상태와 같다. 부하가 된다는 것은 스트레스를 주
는 규범에 따라 살아야 한다는 것을 의미한다. 우두머리가 원하면
좋은 음식과 암컷을 우두머리에게 양보해야 하고, 암컷과 교미를
시도하다가는 우두머리의 분노를 살 수도 있다.

우두머리와 그 똘마니들 앞에서는 굴복하는 태도를 보여야 한다. 그렇지 않으면 신체적, 정신적 피해가 뒤따를 수 있다. 이 모든 것을 고려해볼 때, 집단생활이 그렇게 스트레스를 준다면 혼자 지내는 편이 나을 수도 있다. 그러나 인간의 경우와 마찬가지로 혼자 지내는 침팬지는 극소수다. 다른 약탈적 침팬지 무리, 혹은 사자나 호랑이 같은 대형 육식동물의 위협이 도사리고 있기 때문이다. 침팬지 무리는 종종 다른 무리를 공격해 수컷과 그 자식들을 죽이고 암컷을 빼앗기도 한다. 기실, 이들은 굴복시킨 무리의 삶을 끝장내 버린다.

집단생활을 하기 위해서는 스트레스를 줄이는 방법이 필요하다. 그 하나로 갈등 후의 해결책에 대해 언급한 바 있는데, 얼마 전에 적대시하던 침팬지들이 갈등을 잊은 듯 서로 다정하게 지내는 모습이 그것이다. 친구는 친구 옆에 함께하는 법이다. 하루 중 한때는 서로 경쟁하던 침팬지들 무리가 서로 협력해 음식을 구하거나 서로의 잠자리를 돌봐주는 경우가 많다.[32]

또 이들 무리는 일종의 종교적 휴일 같은 것을 즐기기도 한다. 그런 날 이들의 행동은 평소보다 느리고 평화롭다. 소리도 시끄럽게 내지 않고 적당한 톤을 유지하며, 사뭇 흥겨운 분위기를 낸다. 이들은 외부로부터 보호되고 조용한 숲속 한 곳을 택해 서식한다. 이곳의 대기는 빛과 침묵의 힘을 널리 펼치려는 듯 마치 장엄한 대성당이 풍기는 분위기와 유사한 광채를 품고 있다. 인위적으로 건설한 것은 아무것도 없지만 침팬지들에게 이 자연의 공간은 그들의 안식처인 셈이다. 이 순간 끊임없이 일상을 돌봐야 할 고난은 잠시 사라진다. 침팬지들이 이런 식으로 어울리고 잠들 때는 도전,

위협, 사냥, 싸움 같은 것들은 그 순간과 관계없는 다른 순간의 일
이 된다.

인간의 정교한 뇌가 만들어낸 믿음

이런 사실들을 통해 우리는 기본적으로 매우 단순한 은유적 표현
인 '비계'를 보다 자세히 볼 수 있다. 멀리서 볼 때, 인간과 침팬지
는 두 개의 건물과 비슷하다. 각 건물은 비슷한 내부 구조—I빔, 파
이프, 전선 등—를 갖고 있다. 그러나 자세히 보면 외관은 서로 다
르다. 한 건물은 안을 들여다볼 수 없는 불투명한 창으로 되어 있
고, 다른 건물은 투명한 유리창이다. 더 자세히 보면 또 다른 차이
를 발견할 수 있다. 한 건물에는 열 개의 엘리베이터가 있고 3층에
카페테리아가 있는 반면, 다른 건물에는 여덟 개의 엘리베이터가
있고 1층에 카페테리아가 있다. 이런 차이가 있긴 하지만, 이 두 건
물은 공히 창문, 엘리베이터, 식당을 갖고 있다. 건물 내부 기능도
다소 혹은 매우 다를 수 있다. 즉, 한 건물에는 증권사가 입주해 있
는 반면, 다른 건물에는 초콜릿 공장이 입주해 있을 수 있다. 그러
나 자세히 본다고 해서 반드시 두 건물의 차이가 더 커지는 것은
아니다.

우리는 구대륙, 신대륙의 비인간 영장류와 인간이 복잡한 고유
행동hardwired behaviors, 원초적 행동을 갖고 있고, 서로 아주 유사하다는
것을 알고 있다. 공격할 때의 얼굴 표정, 방어할 때의 앞발(팔) 동
작, 음식을 먹을 때 손을 조절해 입으로 가져가는 행동, 뭔가를 잡

을 때 손을 뻗치는 행동들이 이런 고유 행동에 속한다. 인간과 침팬지 사이에도 굉장히 유사한데, 이는 인간과 침팬지 사이의 유전적 변화가 미미했음을 의미한다.

또한 우리는 DNA에서 단백질이 나오는 방식이 두 종 사이에, 특히, 가장 극적으로는 뇌에서 아주 유사하다는 사실을 알았다. 비교연구에 의하면, 침팬지들은 높은 수준의 의사결정을 하는데, 그 과정에서 통제된 인식 작용이 필요한 판단 기준을 사용한다.[33]

그렇다면 이런 논의의 요점은 무엇인가?

침팬지와 인간의 외모, 해부학적 구조, 행동, DNA, 그리고 이들의 스트레스 해소 전략의 유사성으로 보건대, 우리의 견해는 이들이 기본적으로 동일한 뇌-신체-행동구조(비계)를 공유하고 있을 확률이 매우 높다는 것이다. 인간의 종교적 행동은 이런 기본 구조에 기초한 것이다. 다른 관점에서 말하면, 종교의 복잡하고 정교한 요소들(즉, 성경 속에 내포된 관념, 순례의 개념)을 제외하고, 기본적으로 모든 종교에 나타나는 고유한 행동(종교적 교류, 의식儀式, 규범, 권위에 대한 경의, 위계구조) 측면에서 볼 때 인간과 침팬지는 가장 유사하다. 이 두 종이 공유하고 있는 기본 구조는 그들의 유사점과 차이점을 모두 보여주는 행동 유형을 지배하고 구속한다. 이에 관해 보다 자세히 설명하기 위해서는 두 종의 해부학적 뇌 구조, 뇌의 화학작용, 뇌 기능에 관한 구체적인 연구결과가 더 축적되어야 한다.

또한 인간은 침팬지와 공유하고 있는 이런 기본 구조에 기초해 그들이 매일 접하는 인간적 권위보다 높은 권위(예컨대, 신)나 내세 같이 직접 경험할 수 없는 것을 상상해내고, 종종은 매우 복잡한 종교적 믿음을 만들고 정교화했다는 것이 우리의 견해다.

이러한 영장류 동물학적인^{primatological} 기본 구조가 없었다면, 종교가 생겨날 가능성은 훨씬 줄어들었을 것이다.

여기서 '침팬지도 상상을 하고 믿음이 있는가?' 하는 보다 난처한 문제로 관심을 돌려보자. '그렇다'는 답을 기대하는 사람들에게 침팬지를 대상으로 한 연구결과는 그리 고무적이지 않다. 인간의 감시하에 실험실에서 지내고 있는 침팬지들은 200개까지 단어를 배울 수 있고, 간단한 단어 문제를 풀 수 있다. 새로운 단어 조합을 만들어낼 수도 있고, 단어 명령을 내리거나 따를 수도 있다. 이런 수준까지 끌어올리기 위해서는 상당한 노력이 필요하지만 어쨌든 가능하다. 그러나 실험실이 아닌 야생에서 침팬지들은 이런 능력을 스스로 개발하지 못한다. 따라서 인간의 종교에 필수불가결한 요소인 '언어'가 침팬지들에게는 대체로 존재하지 않는다. 그럼에도 침팬지들이 상상하고 믿는다고 가정할 수 있는 이유가 있다. 침팬지들은 문화를 갖고 있다. 이들은 무리의 규범에 따라 자신의 행동을 바꾼다. 더욱이 비인간 영장류들에게는 상상과 믿음에 필수적인 뇌 과정이 존재한다는 다수의 연구결과도 있다.

여러 연구에 따르면, 인간은 말을 배우기 전에 먼저 생각하고 관념을 발전시킨다. 즉 사고思考가 언어 습득에 선행한다는 것이다.[34] 비슷한 주장이 비인간 영장류에게도 적용된다. 예로, 두정피질^{parietal cortex, 정수리 부분의 대뇌피질}의 뉴런들은 어떤 행동을 하기 전에 가능한 여러 행동들의 상대적 가치를 미리 떠올리고 분석한다는 연구결과가 있다.[35] 배후전운동피질^{dorsal premotor cortex}의 뉴런들은 적합한 행동을 하기 전에 어떤 행동을 할지 미리 리허설을 한다.[36]

다른 사람의 행동을 보면 (아무런 행동을 하지 않더라도) 전두엽은 그 행동을 떠올린다. 따라서 침팬지가 말을 잘 못하고 정식으로 신학을 배우지는 않았다 해도, 생각하고 믿음을 가지는 것은 상당히 가능한 일이다. 이런 논의를 바탕으로 도덕에 관해 살펴보자.

종교는 인간의 원초적 도덕성과 상상력이 빚어낸 발명품

도덕과 종교^{Moraligion}는 개념상 분리될 수 있다. 그러나 둘은 실제로 상당히 중복된다. 무엇보다 종교는 개인적, 사회적인 두 영역에서 좋은 행동과 나쁜 행동에 관한 것이다.

서던캘리포니아 대학교 구달센터^{Goodall Center, 제인 구달의 이름을 딴 연구소}의 크리스토퍼 보엠^{Christopher Boehm}은 침팬지의 많은 특징을 파악했다.

> 명백한 것은…… 사로잡힌 침팬지는 주인인 인간이 허락하는 행동과 허락하지 않는 행동의 차이를 이해할 수 있다는 것이다. 따라서 침팬지들은 그들 식으로 우리의 규범(우리의 도덕의 기초이며 매우 중요한 부분인 규범)을 이해한다. 야생에서 침팬지들은 어떤 행동이 지배자의 심기를 건드릴지 알게 된다는 점에서 규범을 배운다. 이들은 또한 복종의 표시로 숨을 헐떡이며 지배자에게 인사하는 법, 한 마리분의 과일만 있을 때 이것을 지배자에게 양보하는 법 등을 배운다.[37]

이 관찰 결과는 침팬지가 (자기 스스로 개발한 규범이 아닌) 다른 규범체계를 이해하고 자신의 것으로 편입시키는 과정을 통해, 마치 훈련받은 것처럼 여러 규범을 배우고 그 규범에 따라 행동한다는 것이다. 가령 '행동 X는 결과 Y를 초래할 것이다'라는 식의 믿음을 갖는 것이 확실하다.

침팬지에게 '도덕'이라는 관념은 과학자들이 표현한 많은 관념과 일치한다. 예컨대, 진화생물학자들 간에는 인간의 도덕과 도덕적 관행에는 생물학적 기초가 있다는 견해가 확산되고 있다. 즉, 인간의 도덕은 영장류라는 생물학적 기초에 그 기원을 두고 있다는 것이다. 에머리 대학교의 프란츠 드 발^{Franz de Waal}은 인간 도덕성의 동물적 근원에 대해 논의하면서, 동물들은 태어날 때부터 페어플레이^{fair play}에 대한 의식을 갖고 있으며, 무리의 다른 구성원에 대해 연민을 보인다고 주장한다. 드 발에 따르면, 동물들은 이른바 '도덕적 행동의 전신^{前身}'이라고 할 수 있는 행동을 한다. 이런 관찰들을 통해 볼 때, 비록 침팬지가 신 같은 높은 권위에 대한 관념은 갖고 있지 않다고 해도, 그들만의 일종의 종교를 가졌다고 보는 것도 그리 큰 비약은 아니다. 불교에는 상상으로 만들어낸 보다 높은 권위도, 신도 없다는 점을 기억하자.

물론 도덕에는 여러 유형이 있다. 여기서는 특히 세 가지가 중요하다. 첫째는 한 사람의 행동이 다른 사람에게 미치는 영향이라는 측면에서의 도덕이고, 둘째는 다른 사람이 알고 판단할 수 있는 한 사람의 행동이라는 측면에서의 도덕이며, 셋째는 다른 사람이 모르는 한 사람의 행동이라는 측면에서의 도덕이다. 일반적으로 종교는 이 세 가지 측면의 도덕을 모두 강조한다. 침실 문 뒤로 도망

간다고 도덕에서 벗어날 수는 없다. 프랑스의 농담처럼 "(바람을 피우기 위해) 저 문을 닫으면 고해실 문을 열게 된다".

인간과 비인간 영장류는 모두 이중적인 행동을 하는 경우가 많다. 예로, 원숭이들이 서로 볼 수 있는 상황을 만들고 같은 과제를 준 후, 똑같이 성공을 해도 다르게 보상을 주는 실험을 하면, 적은 보상을 받은 원숭이들은 더 이상 과제에 참가하지 않기도 한다. 인간의 경우 공적으로는 성인聖人이지만 사적으로는 죄인인 사람도 있는데, 비인간 영장류도 다른 구성원의 것을 몰래 훔치는 경우가 있다. 다시 말하지만, 인간과 비인간 영장류의 행동은 정말 놀랄 만큼 비슷하다. 이런 행동 중 많은 것이 뇌에 기초해 있다. 이는 복내측전전두피질ventral medial prefrontal cortex이 손상된 사람은 손상 전에 했던 도덕적 판단과 다른 도덕적 판단을 한다는 연구들을 통해 확인할 수 있다. 뇌의 일부가 손상되었다는 것은 도덕성을 관리하는 기계의 일부가 고장 났다는 것을 의미한다.[38]

로빈 던바Robin Dunbar 같은 사람은 태초에 종교(그리고 신)가 존재했던 것이 아니라 집단의 결속에 도움이 되기 때문에 인간이 종교를 발명했다고 주장하기도 했다.[39] 종교가 발명되었다는 생각은 집단선택의 결과 종교적 특성이 진화하게 되었다는 데이비드 윌슨David S. Wilson의 생각과는 다른 것이다.[40]

이런 차이가 있긴 하지만 본질적으로 던바와 윌슨의 질문은 '종교적 특성이 종교를 유지하는 개인의 진화적 성공에 도움이 되었느냐' 혹은 '그 개인이 속한 집단의 진화적 번영에 도움이 되었느냐?' 하는 것이다. 전체적으로 볼 때, 둘의 해석 사이에는 분명한 연관이 있지만, 던바의 해석이 더 근거 있어 보인다. 앞서 말한 비

계(인간과 침팬지가 공유한 기본적인 뇌-신체구조) 개념은 윌슨의 견해보다 던바의 견해에 더 가깝다.[41]

그러나 비계 개념과 던바의 견해에는 중요한 차이가 있다. 우리가 주장하는 핵심은 침팬지와 인간은 매우 유사한 뇌-신체적 기본 구조를 공유하고 있다는 것이다. 이 두 종은 모두 상상하고 믿도록 진화했다. 물론, 인간의 진화가 침팬지보다 현격히 앞선 것이긴 하다. 인간은 자신이 상상하고 믿는 것을 명확히 표현하도록 진화했지만, 침팬지는 그렇게는 못 한다. 인간의 상상과 믿음은 침팬지보다 훨씬 많은 (현실세계에 대한) 지식과 다양한 개인적 경험을 반영한 것이다. 또한 침팬지의 그것보다 훨씬 앞서서 알 수 없는 상상의 세계를 창조하기도 한다.

무엇보다 인간이 가진 어떤 상상력과 믿음은 끌어당기는 힘이 있어 집단의 결속을 촉진한다. 그러나 어떤 상상력과 믿음은 반대 작용을 하기도 한다. 이런 인간의 상상력과 믿음의 일부가 종교의 기초가 되었을 수 있다. 만약 그렇다면, 종교가 드러내는 형태는 인간이 침팬지와 공유한 뇌-신체적 기본 구조에 의해 통제되고 구속되는 것이다.

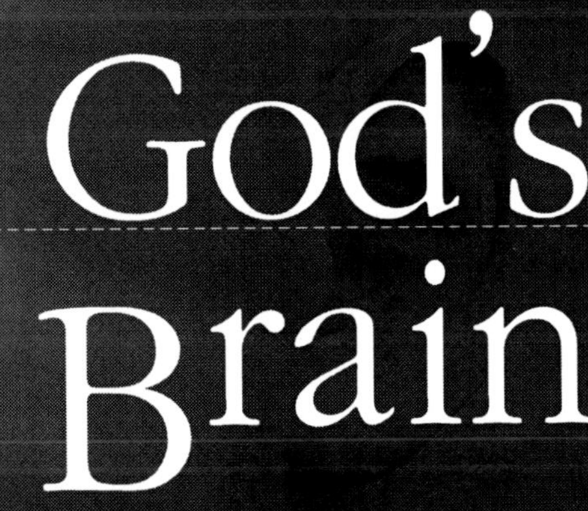

God's Brain

chapter 7

스트레스, 뇌, 그리고 종교

스트레스와 종교

스트레스는 실제로 존재한다. 그것은 현실 세계에서 타인들과 함께 살아가면서 겪을 수밖에 없는 일이다. 화, 걱정, 근심, 집중하고 기억해야 할 문제, 혼란, 귀찮음, 피로, 기쁜 순간과 불안한 순간의 불균형, 신경과민, 불면증, 미래에 대한 불안, 이 모든 것들은 스트레스의 신호이자 징후다.

이런 스트레스 징후는 모든 사람에게 익숙하며, 그 누구도 피할 수 없다.

많은 스트레스는 사소한 일에서 비롯되지만, 스트레스의 근원이 사소하다고 해도 스트레스가 줄어드는 것은 아니다. 많은 스트레스는 일상의 소소한 일에서 발생한다. 부채 상환과 내세의 가능성 등 미래에 대한 불확실성과 의심에 따른 스트레스도 있다. 뇌 주인이 전혀 통제할 수 없거나 스스로 스트레스를 발생시키는 뇌 활동도 있다. 심지어 유전자 수준에서 발생하는 스트레스의 신호와 징후를 감당하고, 스트레스로 인한 신체적 결과를 떠안은 뇌와 몸은 화학적, 기능적 변화를 겪게 된다.[1] 스트레스를 피하거나 최소화하기 위해 사람들은 스트레스 해소법에 대한 강연을 듣거나, 집단 요법을 하거나, 스포츠 게임을 보거나, 하이킹을 하는 등의 다양한 전략을 구사한다. 그리고 그 가운데 종교가 있다.

이번 장에서는 많은 사람이 닫혀 있기를 바라는 교회와 사원의 비밀스러운 벽장문을 열고 구석구석 파헤쳐볼 것이다.

삶의 스트레스를 달래주는 종교,
불확실한 미래의 답을 주는 종교

놀랍게도 가장 빈번한 스트레스의 원인은 아이의 탄생, 대학 졸업, 결혼, 29번째 생일 같은 중대한 인생사가 아니다. 일반적으로 이런 일은 몇 년에 한 번씩 일어나며, 미리 예측할 수 있다. 따라서 사전에 계획하고 준비할 수 있다. 또 이런 일에 어떻게 대처할지에 관한 교훈이나 가르침도 많다. 이런 인생사에서 생기는 스트레스는 대비하는 과정에서 발생하며, 일을 치른 후에는 보상으로 성취감을 느낄 수 있다.

사실 가장 빈번한 스트레스는 일상적 목표와 그 목표를 달성하기 위해 노력하는 과정에서 생긴다. 사람들은 가족을 위한 쇼핑, 농사, 마감 시간 맞추기, 차고 청소, 삶에 항상 동반되는 불확실성의 제거, 심각한 사고와 질병 피하기 등 구체적 목표를 이루기 위해 삶과 행동을 꾸려나간다. 목표 달성에 방해가 되는 환경은 원치 않는다. 방해가 되는 환경은 사람들을 화나게 하고 좌절시키며, 뇌와 신체의 변화를 초래한다. 심해지면 화는 병이 되기도 한다.

파우와우 씨의 일상을 예로 들어보자. 그는 아침에 일어나 여느 때처럼 커피를 한잔 마신다. 그리고 삶은 계란 두 알을 먹거나, 치즈와 후추를 넣어 독창적으로 요리한 계란 스크램블을 먹기도 한다. 그후 샤워를 하고, 옷을 입고, 차를 타고 직장으로 향한다. 그런데 교통사고로 길이 막혀 지각을 했다. 오전 회의에서 복잡한 회사 업무 절차를 바꾸자는 그의 제안이 거절당했고, 오히려 이해할 수 없이 까다로운 관료적 절차만 더 강화되었다. 점심때 파우와우 씨는 아들의 고등학교 양호 선생으로부터 아들이 야구공에 맞아 앰뷸런스에 실려 병원에 가는 중이라는 전화를 받았다. 병원에 갔다 오니 다시 일하기엔 늦은 시간이었다. 집에 온 파우와우 씨는 의자에 앉아 휴식을 취하며 그날 온 우편물들을 읽기 시작했다. 그 중에는 시 당국의 허락 없이 정원의 죽은 나무를 잘랐다는 이유로 1천 달러의 벌금이 부과되었다는 변호사의 편지가 있었다.

이번에는 잔지바크 양의 일상을 살펴보자. 그녀는 아침에 일어나 스코틀랜드 홍차 한잔을 마시고, 딸의 아침으로 시리얼, 주스, 토스트를 준비한다. 샤워를 하고 옷을 갈아입은 후 차를 타고는 자신이 3학년 담임을 맡고 있는 근처의 초등학교로 향한다. 오전은 별일 없이 지나갔다. 학생들은 말을 잘 들었고 열심히 공부했다. 점심때 그녀는 친구와 식사를 하기 위해 차를 몰고 근처 레스토랑으로 갔다. 점심을 먹고 친구와 헤어질 때, 그녀는 자신의 차 후미 왼쪽 범퍼가 크게 찌그러진 것을 발견했다. 학교로 돌아온 후 그녀는 교장의 호출을 받았다. 교장은 잔지바크 양에게 근본주의 종교를 믿는 한 여성 직원의 말을 전했다. 잔지바크 양이 그 직원의 종교를 폄훼했다는 불평의 말이었다. 잔지바크 양이 "종교적 믿음을 뒷받침하는 확실한 증거는 거의 없어요"라고 말한 것을 그 직원이 우연히 들었다는 것이다. 이 문제 때문에 다음 주에 공식 청문회를 열기로 했으며, 잔지바크 양에게는 변호사를 데려올 수 있는 선택권이 주어졌다. 변호사를 부르면 자동차 범퍼를 수리하는 비용보다 더 많은 돈이 들 것이었다.

실제로 모든 날이 파우와우 씨와 잔지바크 양이 겪은 날과 같지는 않을 것이다. 어떤 날은 그보다 스트레스가 적기도 하고, 또 어떤 날은 더 많기도 하다. 태어나서 죽을 때까지 똑같은 날은 하루도 없다. 여행 계획을 방해하는 날씨, 고장 난 기계, 꼭 가야 할 고속도로에서 만난 예상치 못한 도로공사, 손님, 이웃, 병, 자녀, 배우자, 친척, 신용카드 회사, 국가 비상사태 등 때와 상황에 따라 스트레스의 요인은 다양하다. 이런 요인들을 목록으로 작성하면 달력처럼 끝이 없을 것이다. 많은 복권 당첨자가 겪은 것처럼 행운은 불운이 될 수도 있다. 그리고 때로 예기치 않은 사건들이 돌연 발생하는 경우도 있다. 이런 일로 스트레스를 받아도 뇌와 신체는 어느 정도까지는 회복력이 있고 잘 극복해낸다. 그러나 한도를 넘어서면 뇌와 신체 조직(실제 조직과 은유적인 의미의 조직 모두)이 파괴되기 시작한다.

오늘과 내일, 모레의 일에 대해 예측할 수 있는 한 가지는, 일이 계획한 만큼 완벽하게 진행되진 않을 거란 것이다. 전날 밤, 혹은 아침에 일어나서 그날 할 일을 A, B, C 순으로 작성했다고 해보자.

우리는 일이 시계처럼 착착 진행되기를 바란다. 누가 타이어 펑크, 예기치 않은 법적 소송, 강도 등의 일을 매일 계획하겠는가? 그러나 할 일과 목표는 변하고, 수완은 정교해지며, 동기도 달라지고, 환경과 환경이 제공하는 선택의 기회도 항상 변한다. 작년의 목표가 반드시 이번 주의 목표가 되는 것은 아니다. 작년엔 가능했던 것이 오늘은 더 쉽거나 어려울 수 있다. "똑같은 발을 똑같은 강물에 두 번 담글 수 없다"는 인도와 그리스의 속담은 매일 벌어지는 일의 속성을 잘 파악한 것이다.

여기서 해결책은 비상 계획이다. 어떤 사람은 그날의 계획이 어긋날 경우를 대비해 비상 계획을 세운다. 지갑에 비상금을 챙긴다거나, 주유하고 나서 스페어 타이어를 확인한다거나, 비상시에 도와줄 친구와 미리 친하게 지내는 등등의 일이다. 비상 계획을 세우는 것은 당연히 현명한 일이다. 그러나 이런 계획도 어긋날 수 있다. 더욱이 원치 않은 일과 환경을 다루는 방식에 있어서도 개인마다 큰 차이가 있다. 요컨대 성별, 감성지능^{emotional intelligence, 타인과 상}호작용하는 능력—옮긴이, 성격, 일을 다루는 수완 등이 저마다 다르기 때문에, 사람들은 사회적 환경을 살아가는 능력과 자신의 생각, 감정, 동기를 정리하고 관리하는 능력이 모두 다르다. 뇌와 신체를 변화시키는 일에 얼마나 취약한지의 여부도 각기 다르다. 이런 차이로 인해 사람들이 받는 스트레스도 저마다 다르다.

스트레스를 피하는 확실하고 분명한 방법이나 전략은 없다. 피부색, 신조, 국적, 은행 잔고, 과거의 경험, 혹은 사회적 지위가 어떻든 간에 스트레스를 받지 않는 사람은 없다. 사회적 지위를 놓고 볼 때, 지위가 낮을수록 스트레스감이 커지고 지위가 높을수록 스트레스감이 다소 완화될 수 있지만, 스트레스를 받는 것은 마찬가지다.

삶을 살아가는 데는 불가피한 비용과 상처가 있기 마련이다. 원하는 이상과 닥쳐오는 현실 사이를 살다 보면 스트레스는 피할 수 없다.

이 책은 그런 현실에 관한 것이다. 그리고 불확실한 미지의 것에 대한 상상, 믿음, 의심이 있는데, 미지의 것 또한 스트레스의 근원이다. 어떤 사람은 이런 스트레스를 시간으로 해결하려고 한다. 예를 들어, 갓 결혼한 신혼부부는 장차 그들의 결혼생활이 행복할지 알고 싶어 한다. 새로운 교구에 임명된 목사는 신도들이 자기를 받아줄지 궁금해한다. 주식을 팔고 부동산을 산 투자자는 주택시장이 붕괴될지 아닐지 궁금해한다. 그리고 부모는 자녀를 잘 키울 수 있을지 알고 싶어 한다. 시간은 보통 뭔가를 말해주기도 하지만 분명히 말해주지 않기도 한다.

그러나 위의 사례 같은 불확실성은 이 책의 핵심 주제가 아니다. 우리가 초점을 두는 불확실성은 종교와 관련된 불확실성, 가령 '나는 누구일까?' '인생의 의미는 무엇일까?' '내가 죽으면 무슨 일이 생길까?' '영혼과 천국은 있을까?' '예수는 정말 부활했을까?' '지옥은 있을까?' '사람들은 어떻게 생겨난 것일까?' '살아서 내가 한 행동이 죽은 후 나의 내세에 영향을 미칠까?' '신의 뜻에 따라 살면 정말 축복을 받을까?'와 같은 생각과 질문들이다. 교회에 머리가 희끗희끗한 분들이 많이 나오는 이유는 이들이 이런 생각과 질문들을 많이 하기 때문일 것이다.

위의 질문들은 모두 알 수 없는 것에 대한 물음들이다. 개인적으로 확신하는 경우를 제외하고 분명한 답을 낼 수 없다. 또 확실한 증거를 갖고 답할 수도 없다. 그러나 이런 질문에 대한 답을 얻지 못하면 뇌는 위안을 받지 못하고 스트레스는 지속된다. 파스칼은 이런 상황을 다음과 같이 정리했다.

나는 내가 전혀 알지 못하고 나에 대해 전혀 모르는 무한한 공간 속에 빠져 있는 것 같다. 정말 불안하다…… 나를 둘러싼 이런 무한한 공간의 침묵이 나를 놀라게 한다.

어렸을 때는 이런 질문을 좀 덜하게 되고(이런 문제 말고 다른 일에 몰두하는 것이 젊음의 특권이다) 나이가 들면 더 자주 한다. 이런 질문은 삶과 사후세계에 대한 강렬한 호기심과 막연한 불안감을 반영한다. 그리고 막연한 불안감은 만성적인 스트레스를 준다.

그런데 이런 질문들은 어디에서 온 것일까?

우리는 앞서 뇌는 자연스럽게 그런 질문을 하도록 진화했다는 자연주의적 관념에서부터 신이 그런 질문과 답을 인간의 뇌 속에 심어놓았다는 신학적 주장에 이르기까지 가능한 모든 질문의 근원들에 대해 언급한 바 있다. 아니면 이런 질문은 매일매일의 경험 속에 그 기원을 두고 있는지도 모른다. 예로, 아이들은 자기가 기르는 개와 고양이를 좋아하는데, 보통은 아이들이 이런 애완동물보다 더 오래 산다. 그리고 도마뱀, 벌레, 파리와 달리 아이들의 개와 고양이는 이름, 성격, 버릇, 좋아하는 잠자리까지 있다. 이런 개와 고양이의 주인들은 기르던 개와 고양이가 죽으면 이들에게 무슨 일이 생길지 궁금해하는 경우가 많다. 도마뱀이나 파리를 위한 묘지는 없어도 죽은 개와 고양이를 위한 묘지는 있다. 이들이 땅에 묻힌 후 몇 년 동안 사람들은 이들을 기억하고 이들의 귀여운 행동에 대해 이야기하며, 가장 중요하게는 이들을 그리워한다. 기실, 이 동물들은 일종의 사후세계를 즐기는 셈이다. 인간의 경우에도 이에 해당하는 사후세계가 있을까?

인간에게도 양육 과정이 있다. 부모와 어른들은 아이들이 존경해줄 것을 원하며, 행복한 삶과 내세를 보장받으려면 이러저러한 행동을 하라고 지시하는 신이나 정령 혹은 토템이 있다고 아이들을 가르친다. 할머니는 손자를 훈계할 때, 부모 말을 듣고 이를 닦고 집안일을 도와야 천국에 갈 수 있다고 수없이 말한다.

이런 가르침을 받다 보면 행동 측면에서 맥베스 효과Macbeth effect, 마음의 죄를 씻기 위해 몸을 씻는 행위—옮긴이 같은 것이 발생한다.[2] 그래서 자신의 도덕적 순결에 위협을 느끼거나 도덕성을 떨어뜨리는 행동을 하게 되면, 사람들은 육체적으로 몸을 깨끗이 하려 하고(손을 자주 씻는 행위 등) 몸을 씻음으로써 자신을 정신적, 육체적으로 치료한다. 알 수 없는 것에 대한 걱정과 공포가 어린 시절의 가르침과 결합되면, 사람은 쉽게 빠져나올 수 없는 믿음과 의심에 사로잡히게 된다. 한 젊은이가 신앙인에서 자신만의 감각과 도덕 세계를 구축한 예술가로 변하는 과정을 묘사한 제임스 조이스의 《젊은 예술가의 초상》에서 자신이 받은 종교적 교육을 거부했을 때 한 인간이 겪는 고뇌를 목격할 수 있다.[3] 윌리엄 블레이크William Blake가 말한 것처럼 "나는 나의 체계를 창조하거나 다른 사람의 체계에 속박되어야 한다".[4]

왜 수많은 사람들이 삶의 많은 부분을 그러한 질문과 의심에 빠져 사는 것일까? 왜 사람들은 알 수 없는 것에 직면했을 때 부모나 선생이 가르쳐준 답을 믿는 것일까? 결국 보통 사람들은 20세 무렵이 되면 그때까지 부모와 선생이 가르쳐준 많은 것을 버리고 자신만의 믿음, 가치, 인생 계획을 만들기 시작한다.

이런 질문들에 대한 답은 뇌가 좋아하는 것(뇌의 구미에 맞고 뇌를 자극하는 것)에서 발견된다. 종교는 뇌를 만족시킨다. 약간의 예외인 스포츠 경기를 제외하고(마음 졸이며 불확실성을 즐기는 것이 스포츠의 매력이다) 뇌는 불확실성보다 확실성을, 막연한 것보다 분명한 것을, 불균형과 비대칭보다 균형과 대칭을 아주 좋아한다. 컵과 접시는 찬장에 가지런히 쌓아두고, 공구들은 작업실 내 각 위치에 배치하며, 세탁한 바지는 정원에 아무렇게나 널지 않고, 예산도 균형을 맞추려 한다. 피라미드는 신성한 곳이기 때문에 대칭으로 만들어졌다. 또 뇌는 좋은 친구와 나쁜 친구에 관한 암묵적인 리스트를 갖고 있다.

질문과 의심까지도 대칭을 이루길 원한다. 그래서 질문엔 답이 있어야 하고 의심은 해결되어야 한다. 또 스토리는 결말이 있어야 한다. 질서, 균형, 대칭은 뇌를 편안하게 해준다. 인간은 질서와 균형과 대칭을 얻기 위해 노력한다. 그리고 대부분의 사람들은 의심이 들고, 알고 싶지만 확실히 알지 못하는 것보다는 이야기에 결말을 맺고, 의심을 풀며, 불확실한 것에 질서를 부여하는 것을 더 좋아한다. 해답 없는 의문, 풀리지 않은 의심, 과도한 불확실성은 모두 스트레스—때로는 정말로 가혹하고 건강까지 해치는 스트레스—를 유발한다.

이와 관련된 논점 하나를 더 살펴보자. 모든 사람은 특히 불확실성과 의심을 푸는 방식(즉 종교적 가르침, 교리)이 조금씩 다르다고 믿는다. 이는 성직자의 경우도 마찬가지다. 교리에 대한 믿음의 차이 때문에 성직자들은 종종 수십 년에 걸쳐 매우 격렬한 교리 논쟁을 벌이기도 한다. 그런데 이런 믿음의 차이가 의미하는 것은 무엇일까? 그런 차이는 단지 사람들이 저마다 다르기 때문에 생각, 느낌, 믿음도 다르다고 말하는 것 이상의 어떤 의미를 갖는가? 대답은 '그렇다'이다. 어떤 종교적 가르침에 대한 개인의 믿음의 차이는 삶과 스트레스에 중요한 의미를 갖는다. 예를 들어, 인사불성이 될 정도로 과음을 하는 죄를 지으면 천국에 갈 수 없다고 믿는 사람과, 이런 죄를 우연히 저지른 일상적인 행동으로 보는 사람은, 똑같이 그 죄를 지어도 너무나 다른 스트레스 반응을 보일 것이다. 전자의 경우 걱정, 죄의식, 그리고 자신의 개인적, 종교적 자질과 자신의 미래에 대해 오랫동안 깊은 상념에 빠질 것이다. 그러나 후자의 경우 그 죄는 기껏해야 다시는 그러지 말자고 다짐하게 만드는 작은 사건에 불과하다.

종교적 메시지는 뇌를 편안하게 한다

일상의 일들과 미지의 것에 대한 우리의 상상과 믿음이 스트레스를 유발할 정도가 아니라면, 뇌는 자신만의 고유한 작용 즉, 때로 스트레스를 늘리는 일을 하기도 한다. 예로, 뇌에는 편도라는 영역이 있다. 편도는 감정이 실린 타인의 메시지를 처리하고, 메시지를 받는 사람의 감정 상태와 반응을 유발한다.[5] 편도는 특히 분노나 공포의 메시지를 전하는 타인의 시선 방향에 반응한다.[6] 이상하게도 같은 메시지라 해도 정면에서 받은 메시지보다 비스듬한 시선으로 받은 메시지였을 때 편도가 더 많이 활성화되고 감정적 반응도 크다. 노출된 흰자위의 정도(눈을 가늘게 뜨느냐, 크게 뜨느냐)에 따라서도 편도의 반응은 다르다.[7] 눈을 크게 뜰수록 편도의 활성화 정도와 상대방의 감정적 반응은 작아진다. 편도가 왜 이렇게 반응하는지는 아직도 미스터리로 남아 있다. 그러고 보니 "적의 흰자위를 보기 전에는 총을 쏘지 마라"는 오래된 군대 격언이 떠오른다.

또 다른 연구들에 의하면, 다른 사람이 육체적 고통에 시달리는 모습을 보면 그것을 본 사람이 실제 육체적 고통을 겪을 때 활성화되는 뇌 영역(전두대상피질anterior cingulate cortex, 뇌섬엽insula, 소뇌cerebellum)이 활성화된다.[8] 이는 일종의 뇌들의 대화다.[9] 타인에게 거부당할 때도 마찬가지다.[10] 타인에게 거부당하면 육체적인 고통을 겪을 때 활성화되는 뇌 영역과 동일한 뇌 영역이 활성화되기 시작한다. 영화와 게임은 이런 식으로, 그리고 이 때문에 사람들에게 영향을 미친다. 실제로 뇌는 타인들의 의사소통을 처리하는 자신만의 고유한 방법을 갖고 있다. 이는 뇌 주인이 인식하고, 느끼고, 생각하고, 반응하는 방식에 큰 영향을 미친다. 그리고 뇌 주인이 뇌를 훈련시키려고 하는 만큼 뇌는 훈련에 저항한다.

여기서 말하고 있는 중요한 논지는 인간의 뇌는 '사회적'이라는 것이다. 뇌는 완전히 독립된 사고를 하는 것이 아니다. 뇌는 타인의 영향으로부터 결코 자유롭지 못하다. 또 사람들은 타인을 무시한 채로 타인의 행동과 의사소통 방식을 완전히 통제할 수 없다.

인간의 뇌가 사회적이라는 것은, 뇌에 대한 일반적인 생각(내 머리에 있는 것은 나의 뇌고, 네 머리에 있는 것은 너의 뇌라는 생각)이 해부학적으로만 옳다는 것을 의미한다. 뇌의 작용은 그 사람의 두개골 안에서만 이루어지는 것이 아니다. 배우자의 요청, 동료의 불쾌한 말, 목사의 훈계, 거액의 수표를 은행에 예치하고 나온 후 만난 거지의 구걸 등을 무시하려고 해보라. 사실상 타인은 우리의 생각과 느낌에 매우 큰 영향을 미친다.

사람들이 신중하게 동료를 택하고 사회적 관계를 맺는 것은 바로 이런 타인의 영향, 특히 부정적인 영향을 통제하기 위해서이다. 다음 장들에서 구체적으로 논의하겠지만, 타인의 긍정적인 메시지와 칭찬은 단지 기분을 좋게 할 뿐만 아니라 뇌 건강에 좋은 영향을 미치고 뇌의 스트레스를 줄이는 효과가 있다. 타인의 긍정적인 메시지와 칭찬은 뇌에 위안을 주는 것이다. 이런 메시지는 뇌를 자극해 뇌의 화학적, 기능적 상태를 최적화시킨다. 부정적인 메시지를 받거나 타인의 관심을 추구했는데도 무시를 당하면 반대 현상이 벌어진다. 이런 논점은 종교 및 종교적 관행에도 적용된다. 랍비들, 사제, 목사, 이맘, 그리고 신도들 간의 대화는 '사회적 뇌'가 수행하는 대화다. 이들의 대화가 긍정적이면 좋은 것이다. 그러나 이들의 대화가 부정적이거나 자기중심적이면, 이야기는 달라진다. 그런 부정적인 대화가 초래하는 결과 중 하나가 스트레스다.

그러나 타인의 행동과 그 영향력에 관한 이야기는 아직 결코 완전하지 않다. 호혜, 기만, 위계구조, 그리고 믿음도 관련되어 있기 때문이다.

앞서 살펴보았듯이, 무관한 사람들 간의 사회관계는 호의와 도움의 교환, 즉 호혜를 기반으로 연결된다.[11] 일반적으로 보다 밀접하고 오래 지속될수록 관계 맺고 있는 사람들 간의 호혜적 행동은 더 많아지고 더 신뢰할 수 있게 된다. 도움을 주는 공정한 호혜적 행동을 하는 사람들은 믿을 만한 조력자이고 신뢰를 받는다. 그러나 그렇지 못한 사람들은 믿을 수 없는 조력자이고, 따라서 신뢰를 받지 못한다. 따라서 사람들은 가능하면 이들을 피한다. 극단적인 경우, 이들을 왕따시키기도 한다. 사실상, 사회적 교환의 규범(호혜의 원칙)을 따르지 않으면 그 사람은 친구가 아니다.

호혜는 두 사람의 관계에만 적용되는 것이 아니다. 사람들은 타인의 행동을 관찰하고 그들이 호혜적인 사람인지 아닌지 판단한다. 그 판단 결과는 뇌에 영향을 미친다. 예로, 자신이 감지한 타인

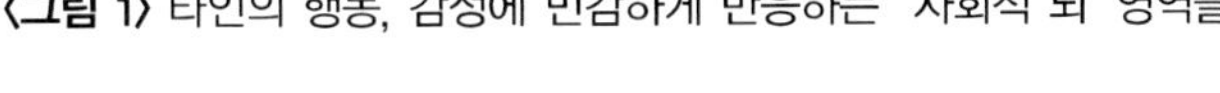

〈그림 1〉 타인의 행동, 감정에 민감하게 반응하는 '사회적 뇌' 영역들

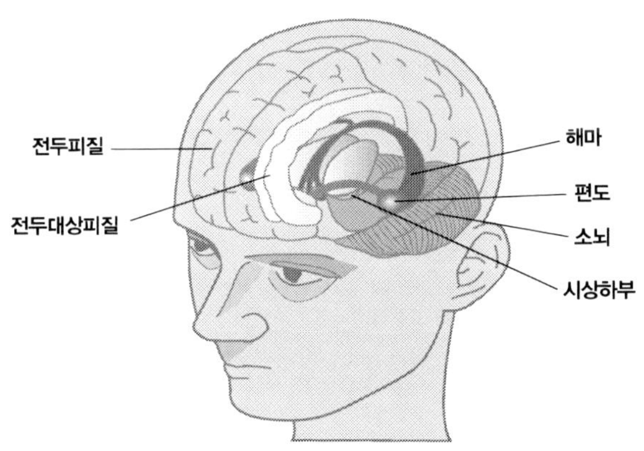

* 뇌는 타인의 생각과 감정으로부터 크게 영향받는다는 점에서 '사회적'이다. 따라서 목사나 사제, 교회 친구와 나누는 대화는 사회적 뇌가 수행하는 대화다. 강렬한 정서적 반응을 유발하는 종교 부흥회와 종교의식은 이러한 사회적 뇌 영역들을 활성화시켜 사람들의 감정과 기억을 지배하며 내세에 대한 믿음, 신에 대한 복종으로 이끈다. 교회에서 부흥회나 종교의식을 빈번하게 실시하는 이유는 사실상 신도들의 뇌를 달래고 지속적으로 만족시키기 위한 것이다.

의 호혜성 정도에 따라 감정이입을 하는 뉴런 반응의 정도가 달라
진다.[12] 여기서 사회적 뇌가 다시 작동하고, 판단이 뒤따른다. 이
런 판단은 관찰된 사람의 명성에 영향을 미치고, 그들이 친구를 얻
을지 아니면 외면당할지의 여부에도 영향력을 미친다.

　속임수도 있다. 사람들은 자신의 의도와 지식에 관한 거짓 메시
지를 보내기도 한다. 대부분의 솔직한 메시지는 일반적으로 정확
히 감지되기 때문에, 나쁜 메시지를 숨기지 않고 솔직히 보낼 경우
상대방으로부터 받을 부정적인 반응을 피하기 위해 속임수가 생겨
났다. 그래서 솔직을 잘 가장하면 속임수도 효과를 볼 수 있고, 종
종 그러기도 한다. 우리 모두는 그런 속임수에 넘어간 희생자다.
때로 가장 가까워 보였던 친구들도 서로를 배신한다. 배신이라는
확실한 주제가 없었다면 수많은 극작가와 소설가의 극적인 드라마
도 보지 못했을 것이다. 그렇지만 시간이 가면서 그리고 경험이 쌓
이면서 대부분의 사람들은 타인이 밝힌 의도와 그들의 행동에 대
해 어느 정도는 회의懷疑하게 된다. 그래서 사람들은 타인이 이렇게
말했지만 다른 의미가 있는 건 아닌지, 혹은 겉보기엔 돕는 행동이
지만 그 이면에 다른 의도가 있는 건 아닌지 자주 경계한다. 그렇
다 해도 사람들은 속임수를 그리 잘 피하지는 못한다.

　종교는 여러 측면에서 이런 논점들과 관련되어 있다. 그중 첫 번
째는 호혜와 위계질서에 관한 것이다. 종교 당국과 신도들의 관계
는 일종의 호혜 관계다. 가톨릭의 고해성사에 대해 생각해보자. 고
해를 하는 사람은 가족과 친구들에게 밝히지 않은 세세한 사생활
까지 사제에게 밝힌다. 그러면 사제는 고해자에게 판단의 자유와
지침과 용서, 그리고 안심을 준다. 비슷한 호혜 행위가 전 세계의

수많은 종교에서 매일 되풀이되고 있다. 자신에 대해 밝히고 그 대가로 받은 용서는 소중한 것이다.

목사의 말이 쉽게 믿어지는 이유

두 번째는 믿음, 기만, 위계질서에 관한 것이다. 무신론자는 종교 자체에 대해 회의하고 비판하며, 특정 종교의 신도들은 타 종교와 그 신도들의 관행과 믿음에 대해 매우 회의적이고 대놓고 비판한다. 하지만 자신의 종교에 대해서는 상당한 믿음을 보인다(이슬람교도는 순교를 하면 그 보상으로 일군의 처녀가 천국에서 자신을 기다린다고 믿지만, 이를 믿는 기독교도는 거의 없다). 신도들은 자기 종교의 위계구조에서 높은 지위를 가진 존재에 특별한 권위를 부여하고, 자기 종교의 교리를 기꺼이 받아들인다. 이들은 자기 종교의 위계구조에서 높은 지위를 가진 성직자나 신도들을 믿고, 따르며, 존경한다. 또 목사처럼 높은 지위에 임명된 종교인들이 자신을 속일 거라고는 전혀 생각지 않는다. 분명 어떤 내적 메커니즘이 이런 현상을 가능하게 한다. 신앙인들이 그렇게 기꺼이 종교 당국의 권위와 통찰력을 인정하는 이유는 무엇일까?

여기서 핵심 포인트는 기만과 기만이 발각되는 일은 모두 사회적 지위의 영향을 받는다는 것이다. 즉 한 사람의 사회적 지위가 높을수록 그의 기만이 들통 날 가능성은 줄어든다(물론, 기자나 세무조사원 같은 공식적인 추적자에게 걸리면 그렇지 못할 것이다). 반대로, 사회적 지위가 낮을수록 타인의 기만을 감지하지 못할 가능성은 커지고, 다른 사람을 기만하는 데 성공할 가능성은 작아진다. 이런 측면이 함축하고 있는 것은 종교적 권위가 높은 사람은 속이는 데 유리하다는 것이다. 특히나 권위자의 말이 누구에게나 똑같은 은혜를 베푸는 신에게서 왔다고 전하는 경우엔 더 그렇다. 반대로 위계구조에서 낮은 지위에 있는 사람은 믿기 쉬운 위치에 있다. 이들이 그렇게 기꺼이 믿는 것은 기만에 대한 경계를 일시 중지하기 때문인데, 여기에도 '사회적 뇌'가 작동한다.[13]

나아가, 신이나 다른 (보다 높은) 상상의 권위에 인격을 부여하면 호혜성은 또 다른 차원으로 전개된다. 특히 자신이 믿는 신을 즐겁게 하기 위해 어떤 행동을 해야 한다고 믿는 경우에 그렇다. 이 경우 호혜 관계의 범위가 급격히 변한다. 이제는 신도와 신 사이에 독특한 호혜 관계가 존재하게 된다. 일하고, 죄악과 싸우고, 전도하고, 종교규범에 따라 살아감으로써 신도는 자신의 신을 돕는다. 그러면 신은 그가 그 종교 무리에 속한다는 것을 보증함으로써 현세와, 아마도 내세에도 그에게 특별한 은혜를 베푼다. 가장 중요한 것은 신과 호혜 관계를 형성하면 기만에 대한 우려가 사라진다는 것이다. 설마 신이 속이기야 하겠는가?

그렇다면 이런 일련의 논의가 뇌-스트레스와 관련해 어떤 의미를 갖는 것일까?

스트레스는 뇌와 신체를 손상시킨다

스트레스를 받을 때 뇌는 어떻게 움직일까?

먼저 기본적인 내용을 확인한 후, 이를 바탕으로 더 상세한 내용을 살펴보자.

첫째, 뇌는 물리적 환경, 타인, 신체로부터 정보를 받아들인다. 그리고 뇌 자체, 즉 뇌 자신으로부터도 정보를 받아들인다. 이는 결국 기억과 관련된다. 기억은 뇌의 저장 장치다. 뇌 주인이 모르는 사이에도 뇌는 정보를 흡수해 기억한다. 타인의 시선이 편도의 활성화에 미친 영향을 상기해보자. 타인의 시선을 인식하는 사람은 타인의 시선 각도와 자기 자신의 반응만을 의식할 뿐, 뇌 안에서 무슨 일이 구체적으로 벌어지는지 의식하는 것은 아니다. 타인의 시선 각도와 이에 따른 뇌의 작용은 무의식중에 우리의 뇌가 어떻게 작동하는지 보여주는 수백 개의 사례 중 하나에 불과하다(뇌의 작용이 무의식적으로 일어난다는 것은 아마도 진화가 가져다준 선물일 것이다. 만약 우리가 의식적으로 뇌 활동을 시작하고, 느끼고, 분석해야 한다면 우리의 삶이 어떨지 상상해보라. 뇌가 어떻게 작동하는지 느끼고 분석하는 것은 지네에게 어떻게 기어가는지 묻는 것과 다를 바 없다).

둘째, 뇌는 받은 정보를 처리한다. 남성과 여성의 처리 방식이 다르긴 하지만, 기본적으로 뇌는 정보를 조직하고, 정리하며, 분류하고, 우선순위를 정하며, 연관시키고, 설명한다.[14] 예로, 정원에서 일하고 있는 사람이 갑자기 다리에 고통을 느끼면 벌에 쏘였다고 생각한다. 그러나 침대에 누워 있을 때 그런 고통을 느끼면 쥐가 났다고 생각한다. 사실상, 뇌는 스스로 새로운 정보를 만들어낸다. 감정, 신체적 느낌, 생각, 설명, 상상, 믿음이 이런 정보 처리 과정의 결과다.[15]

셋째, 뇌는 하루 일을 계획하는 등의 의사결정을 하고 행동을 지시한다. 그리고 보통은 이 과정에 계획이 등장한다. 예로, 갈퀴질하기 전에 먼저 잔디를 다듬고, 금요일 파티에 앞서 초대 손님을 결정하며, 집을 떠나기 전에 휴가 일정을 준비하는 등의 계획을 세우고, 그에 따라 행동을 한다.

넷째, 이 모든 것을 통해 뇌는 자신의 결정과 행동의 효과를 평가한다. 행동 계획에는 그 결과에 대한 기대가 따른다. 결과에 대한 기대 없이 사람들이 아무렇게나 행동하지는 않는다. 뇌의 결정과 행동은 그 결과가 기대에 부응할 때 효과적인 것이 되고, 결과가 기대와 다를 때는 비효과적인 것이 된다. 원하는 목표를 달성한 것과 같은 효과적인 결과는 보통 스트레스를 최소화한다. 그러나 비효과적인 결과는 상당한, 혹은 극심한 스트레스를 유발한다.

물론, 뇌에서는 지금 말한 것보다 훨씬 많은 일이 벌어진다. 더욱이 뇌에는 모순적 현상도 많다. 예로, 임종을 앞둔 친구를 찾아가는 것 같은 좋은 목적이 극심한 스트레스를 주기도 한다. 회사의 구조조정이나 집 대청소 같은 복잡한 일도 마찬가지다. 목표는 좋지만 매우 스트레스를 주는 일이다. 이런 상황은 무시할 수 없을 정도로 자주 발생한다. 우리 모두는 다양한 의무를 갖고 복잡한 사회관계 속에서 살아가고 있다. 그런 의무를 수행할 때, 그럴 만한 동기가 있다 해도, 의무는 또 다른 스트레스의 근원이 된다. 뇌는 이런 여러 스트레스를 받는 순간 적응을 한다. 그러나 적응을 하는 데도 한계가 있다.

뇌는 많은 일을 화학적으로 수행하는데, 이는 정말 놀라운 현상이다. 조그만 분자들이 한 신경세포에서 튀어나와 다음 신경세포로 가서 정보를 전달하거나 정보 전달에 영향을 미친다. 이런 화학적 사건은 뇌의 목표에 따라 각기 다른 정보 처리 과정과 각기 다른 과제를 수행하는, 서로 다른 뇌 기능 영역에서 발생한다. 문제를 복잡하게 하는 것은, 이런 많은 뇌 기능 영역들이 서로 연결되어 있다는 것이다. 예컨대, 이마 바로 뒤에는 주로 생각과 의사결정을 책임지는 전두엽이 있다.[16] 더 뒤쪽에는 기억의 저장과 재생을 책임지는 해마가 있다. 편도에 대해서는 이미 설명한 바 있는데, 그 핵심 기능은 감정적인 메시지를 해석하고 감정적인 반응을 하는 것이다.

다소 투박한 비교이긴 하지만, 뇌에서 일어나는 일은 주방에서 일어나는 일과 흡사하다. 주방에는 신선하게 보관해야 할 음식을 저장하는 냉장고가 있고, 음식 맛에 영향을 주는 양념과 허브로 가득 찬 찬장이 있으며, 음식을 요리할 오븐이 있고, 식사 준비에 필요한 도구를 넣은 서랍장이 있다. 그리고 메뉴는 바뀐다. 주방에서 만들어져 손님에게 제공되는 식사는 모두 다르지만, 동시에 모두 필수적인 이런 많은 요소들이 각자 제 역할을 한 결과다.

뇌에서 일어나는 일에는 비용도 발생한다. 꽃이 만발한 산등성을 거니는 것처럼 즐거운 일에도 불가피하게 비용이 발생하는 것처럼, 스트레스가 최소인 상황에서도 뇌가 그 과제를 수행하는 데는 불가피하게 비용이 발생한다. 조그만 분자들은 신진대사되어 재합성될 필요가 있다. 일부는 처음 합성된 곳에서 작업을 수행하는 곳으로 이동해야 한다. 이 과정에서 뇌 기능 영역들은 과로하게 되고 신경의 피로로 고통을 받을 수 있다. 한 시간 동안 장시 한 편을 외우려고 할 경우, 20분 정도 지나면 뇌의 효율성은 떨어진다. 근육이 피로해졌을 때나 파우와우 씨 혹은 잔지바르크 양 같은 하루를 보냈을 때, 뇌는 스트레스의 영향을 상쇄하고 일에서 회복할 시간과 화학적 변화를 필요로 한다. 이는 정말 대단한 현상이 아닐 수 없다. 뇌는 몹시도 에너지를 탐한다.

뇌가 스트레스를 받으면, 뇌와 신체에서는 일련의 화학적 변화와 기능적 활동이 발생한다. 가령, 무서운 상황에서는 급성 스트레스에 반응해 몸에서 아드레날린aderenaline 호르몬이 증가하고, 뇌에서는 고통을 억누르는 영역이 활성화된다.[17] 뇌와 신체가 이렇게 반응한다는 것은 뇌가 스트레스의 근원과 싸우거나 도피하는 데 많은 에너지가 필요하다는 것을 의미한다.

이와 별도로, 불안할 때 몸에서는 코르티솔cortisol, 스트레스에 반응해 분비되는 호르몬. 스트레스에 대항하기 위해 필요한 에너지를 공급한다—옮긴이이, 뇌에서는 부신피질자극호르몬코르티코트로핀. ACTH 방출인자가 증가한다.[18] 이 경우 극심한 스트레스로 인한 변화보다 느리게 일어난다. 호르몬의 증가와 분해에도 더 많은 시간이 걸린다. 이런 스트레스가 지속된다고 해보자. 그러면 내측전두피질medial frontal cortex에서 도파민dopamine과 노르에피네프린norepinephrine, 부신수질호르몬 같은 화학물질이 증가한다.[19] 내측전두피질은 생각은 물론, 의사결정 및 기억과도 관련된 부분이다. 결국, 뇌의 각 영역에서 이런 변화가 벌어지고 있다는 것은 뇌의 최적의 기능이 떨어지고 있음을 보여주는 것이다. 이런 변화와 함께 스트레스의 신호와 증상(걱정, 집중의 어려움, 타인에 대한 짜증, 사고, 피로 등)이 나타난다.

이런 일은 급성, 만성 스트레스가 발생했을 때 뇌와 몸에서 벌어지는 많은 일 중 일부에 불과하다. 아마도 스트레스는 100여 가지의 다른 화학적 변화를 발생시킨다. 그만큼 서로 다른 뇌 기능 영역과 연결 경로가 이 과정에 연루될 것이다. 붐비는 점심시간에 정신없이 혼잡한 주방에 오신 것을 환영하는 바이다.

스트레스가 장기간 계속되면, 심각하고, 종종은 심신을 약화시키는 신체적 무기력과 같은 신호, 증상, 신체 변화가 발생한다. 면역체계의 약화, 과민, 정상적인 신체 기능에 필요한 호르몬과 화학물질의 감소, 그리고 스트레스와 관련된 화학물질과 호르몬의 증가가 발생한다. 스탠퍼드 대학교의 로버트 새폴스키Robert Sapolsky는 인간과 다른 영장류를 대상으로 이런 현상을 조사했다.[20] 극단적인 스트레스의 경우, 뇌의 퇴화와 함께 세포의 죽음이 초래될 수 있다. 마법사의 저주를 받은 호주 원주민이 스트레스와 걱정으로 시름시름 앓다가 죽는 이른바 '부두 데스voodoo death'는 이런 극단적인 경우라 할 수 있다.[21]

그러나 인간의 모든 일에는 개인차가 있다. 스트레스도 마찬가지다. 그 차이 중 일부는 개인마다 다른 유전자 구성, 그리고 그것이 뇌의 화학물질 및 그 대상에 미치는 영향 때문으로 설명된다. 다음 장에서 자세히 살펴볼 세로토닌이란 화학물질이 그 예다. 개인별 유전적 차이가 세로토닌의 효능에 직접적인 영향을 미친다. 가벼운 스트레스로 어떤 사람은 활력을 받지만 활력을 잃는 사람도 있다. 사회적 요인도 중요하다. 가령, 스트레스를 받을 때 지위가 높은 남성은 일반 남성과 달리 코르티솔 지속 수준이 낮아 코르티솔 증가에 따른 부작용(혈압 증가, 불안, 초조, 면역 기능 약화 등)이 적다. 사회적 지위는 스트레스 및 그에 따르는 병과 관련된 부작용, 화학적, 기능적 변화로부터 일정한 보호 기능을 하는 것으로 보인다. 이는 국민건강 시스템을 통해 똑같은 건강 서비스를 받았는데도, 영국 정부의 고위 관료와 하급 관료가 서로 다른 건강 상태를 보인다는 마이클 마멋Michael Marmot의 연구에서 잘 드러난다. 마멋의 연구에 의하면, 지위가 높은 사람들이 훨씬 더 건강하게 잘 살았다.[22]

비비원숭이의 경우, 스트레스를 받으면 지위가 높은 수컷은 섹스 호르몬인 테스토스테론testosterone이 증가했지만, 지위가 낮은 수컷의 테스토스테론은 감소했다.[23] 테스토스테론은 인간 남성이 느끼는 고통을 줄이는 것으로 알려져 있다(이런 논의는 많은 의미를 내포하지만, 스트레스를 받았을 때 지위가 높은 인간 남성의 테스토스테론이 증가하는지에 관해서는 아직 확립된 이론이 없다).

또한 사람들은 뇌가 스트레스를 받는지, 인식하지 못할 수도 있다. 예로, 축구 경기를 보러 갔는데 경기가 끝났다고 해보자. 응원하는 데는 육체적 수고가 필요하고, 경기 결과를 예측하는 데는 긴장감과 불확실성이 있다. 그리고 자신이 응원한 팀의 승패에 따라 위안을 얻거나 고통을 받게 된다. 축구 경기는 흥미진진했다. 어떤 사람은 흥미진진한 게임에서 즐거움을 느꼈을 수도 있다. 그러나 경기가 끝난 후 녹초가 되어 쓰러져 자는 팬의 사례에서 볼 수 있듯이, 게임을 즐기는 과정에서 뇌는 아주 열심히 일을 하고 있었음에 틀림없다. 그리고 적어도 우리는 알고 있다. 남성의 경우, 승리자와 승리자 편에서 응원한 사람들은 기분 좋게 테스토스테론을 분비하지만, 패자의 경우엔 생리적으로 눈에 띄게 침울해한다는 사실을 말이다.[24]

신문의 스포츠 면은 뇌의 화학 작용을 유발한다. 그것은 매일 발행되고, 따라서 스트레스와 관련된 뇌의 화학 작용은 매일 발생하기 마련이다.

지금까지의 논의를 요약해보자. 스트레스를 일으키고 뇌와 몸의 변화를 유발하는 원인은 매일 벌어지는 사건, 알 수 없는 것에 대한 의심과 불확실성, 뇌 자체의 활동을 포함해 무수히 많다. 아무리 가벼운 스트레스를 받는다 해도 뇌는 이에 대응해 활동하기 시작한다. 즉, 에너지를 쓴다. 한 사람이 목표 달성에 실패했을 때, 개인적으로 걱정스러운 정보를 접할 때, 혹은 복잡한 의무에 얽매여 있을 때, 뇌는 상당한 비용과 변화를 통해서 정보를 처리하고, 상황을 관리하며, 만족스러운 방침을 정할 수 있게 된다. 바로 이 때문에 뇌는 최적의 상태를 유지하지 못하는 것이다.

요컨대, 스트레스를 받으면 뇌와 몸에는 화학적 변화와 호르몬 변화가 발생하며, 동시에 여러 스트레스 신호와 증상이 생기고, 뇌의 효율성은 점차 떨어진다.

우리는 어떻게 뇌를 편안하게 만드는가?

스트레스 신호와 증상은 불쾌하다. 사람들은 그 원인이 무엇이든, 다른 불쾌한 일과 마찬가지로 스트레스로 인한 불쾌함을 피하거나 줄이려고 한다. 그래서 사람들은 가려울 때는 긁고, 배고플 때는 먹으며, 목마를 때는 마신다.

스트레스가 보편적으로 만연해 있고 우리가 주장한 것처럼 불쾌한 것이라면, 사람들이 스트레스를 피하거나 줄이기 위해 많은 방법을 개발했을 거라고 보는 생각은 타당하다. 그리고 사실이 그렇다.

스트레스를 피하고 줄이려는 수백 개의 개인적인 방법이 있을 뿐만 아니라, 상업적으로 잘 팔리는 방법도 많다. 개인적으로 스트레스를 피하거나 푸는 방법 중 일부만 나열해보면 직장 바꾸기, 자녀를 기숙학교에 보내기, 산책, 낚시, 조깅, 휴가, 정원 관리, 독서, 수면, 친구 방문, 술집이나 영화관에 가기, 바람 피우기, 이혼하기, 쇼핑, 테니스, 흡연, 약을 하거나 와인 마시기, 파티 등 수없이 많다.

마사지, 온천(부동산 개발업자들은 온천 휴양지를 만드는 데 아주 열성적이다), 휴가 여행 상품, 경리 직원이나 비서 고용, 오페라, 콘서트, 게임, 브로드웨이 뮤지컬, 관광 목장, 익명의 알코올 중독자 재활 프로그램, 교육, 체육관 등 상업적으로 제공되는 방법도 상당히 많다.

많은 사람들에게 이런 해결책은 사뭇 효과적인 것으로 보인다. 그렇지 않았다면 이런 방법들은 나온 지 얼마 안 되어 사라져버렸을 것이다. 조깅 마니아가 많다는 사실은 조깅이 스트레스 해소에 도움이 된다는 것을 보여준다. 마사지의 역사는 적어도 6천 년에 이르며 지금도 번창하고 있다. 스포츠 경기나 오락물도 넘쳐난다. 스트레스를 줄여주는 이런 활동들에는 흥미롭고, 종종은 유사한 특징들이 있다. 이런 활동들은 조깅, 하이킹, 영화 보기처럼 단순하고 직접적인 특징을 가진 경우가 많다. 잠자기처럼 혼자 할 수 있는 것도 많고, 마사지와 온천, 혹은 해변에서 애인과 한적한 오후를 보내는 것처럼 위안을 주는 사람과 함께할 수 있는 것도 많다. 또 타인에게 방해를 받거나, 예기치 않은 사태로 중단될 가능성이 적다는 특징이 있다.

그렇지만 여기서 말하고자 하는 요점은 대다수의 사람들에게 이런 해결책의 효과는 단기적이라는 것이다. 조깅을 할 수 있는 것도 수년, 수십 년에 불과하고, 체육관 회원권은 취소할 수도 있으며, 온천은 즐기는 동안에만 좋은 것이다. 그러나 잔지바크 양은 여전히 다음 주에 청문회에 출석해야 하고, 파우와우 씨의 아들은 몇 주 후에나 건강을 되찾거나, 어쩌면 영영 정상으로 돌아오지 못할 수도 있다. 누구도 이런 상황을 피할 수 없다.

그래서 종교가 있다

이야기가 복잡해졌다. 여기서 종교는 당당하게 우리의 논의에 들어온다. 종교적 믿음은 해답을 주고, 완전한 스토리를 전해주며, 질서를 제공한다.

종교적 경험과 행동은 많은 스트레스를 줄여준다. 그리고 신도와 종교 당국 간의 우호적 분위기는 뇌를 편안하게 해준다. 이런 보편적인 현상을 다음 장에서 살펴보도록 하자.

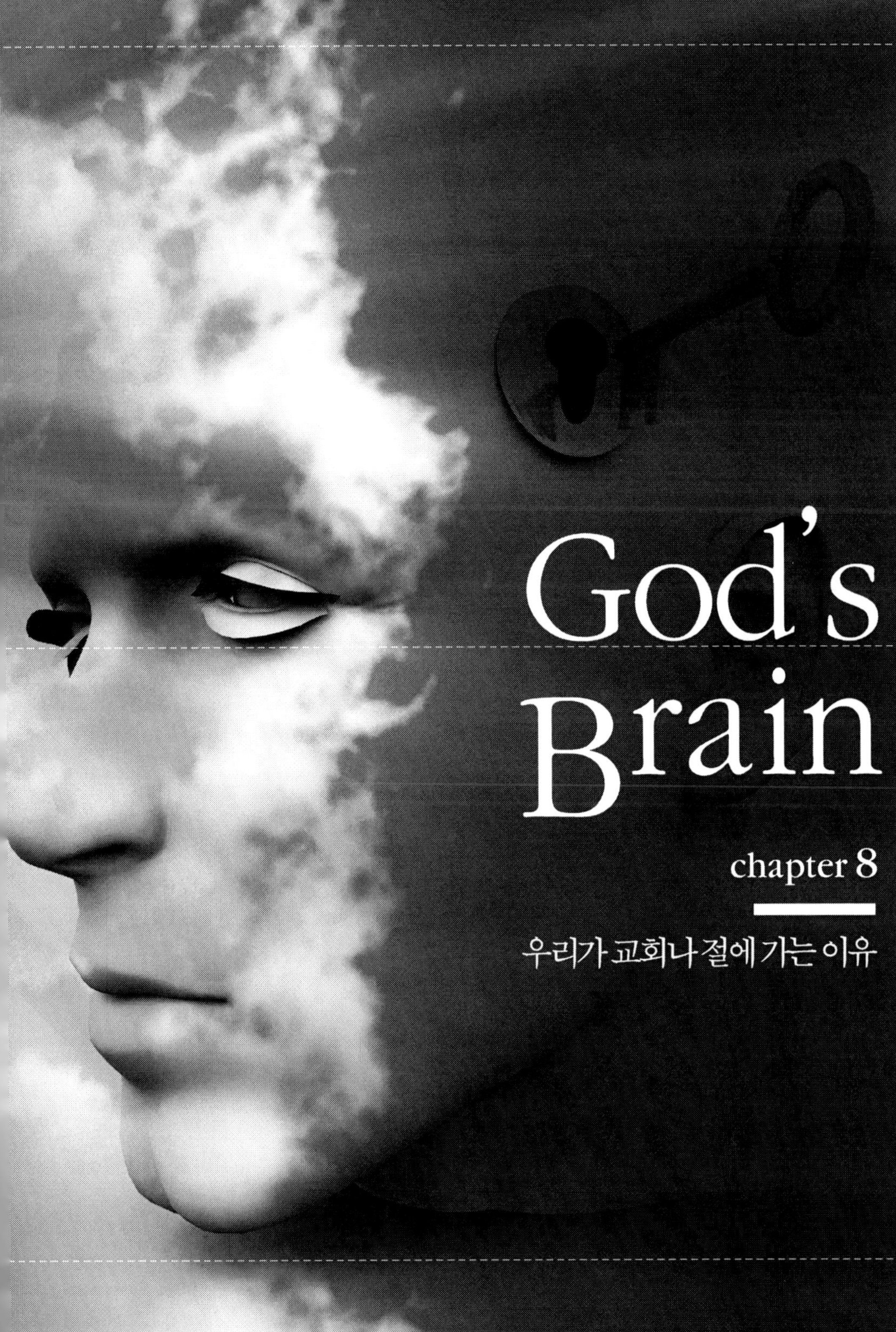
God's
Brain
chapter 8
우리가 교회나 절에 가는 이유

'종교의식' '교류' '믿음'이라는 삼총사

뇌가 싫어하는 상태란 뇌와 몸을 불편하게 만드는 일상의 정신적 상처다. 뇌가 싫어하는 상태에 대해 다시 한 번 살펴보자. '뇌의 위안brainsoothing'이란 개념을 다음 질문들과 함께 살펴보도록 하자. 즉, 뇌는 어떻게 스스로를 위로하는가? 다시 말해 뇌는 일상에서 발생한 문제들을 어떻게 처리하는가? 뇌는 사람이 의학적, 법적으로 죽은 후의 불확실성(사후세계의 불확실성)에 어떻게 대처하는가?

종교적 교류, 의식儀式, 그리고 믿음은 종교의 중요한 특징인데, 이것은 이번 장과 다음 장의 주제이다. 교류, 의식, 믿음이라는 삼총사는 (잘만 꾸려진다면) 신앙인들의 스트레스를 체계적으로, 그리고 확실하게 줄이는 일종의 클럽하우스 역할을 한다.

그러나 뇌의 위안을 얻기 위해서는 노력이 필요하며, 그 노력도 일시적이 아니라 지속적이어야 한다.

지금 어딘가에서, 그리고 여러 곳에서 사람들은 종교행사를 하러 모이고 있거나, 종교행사에 참석하고 있거나, 종교행사를 마치고 집으로 가는 중일 것이다. 아니면 개인적으로 명상을 하거나 기도를 하는 중일 수도 있고, 신의 이름으로 종교활동을 하고 있을 수도 있다. 그것도 아니면, 자신의 행동이 영원한 내세를 보장받기에 충분한지 고민하고 있을 수도 있다.

세상에는 이런 일들이 끝없이 벌어지고 있으며 빠르게 증가하고 있다. 어림잡아 계산해도 분명 그렇다. 전 세계 65억 인구 중 자신을 신앙인이라고 생각하는 80퍼센트의 사람이 기도를 하거나, 교회나 사원으로 이동 중이거나, 종교행사에 참석하거나, 종교가 권하는 행동을 하는 등 종교 관련 활동에 하루 두 시간(이 수치는 여러 측면에서 적게 추정한 것이다)을 사용한다면 '매일 104억 시간', 주週 단위로 환산하면 '매일 6,190만 주'의 시간이 종교활동에 사용되고 있는 셈이다.

물론 세계는 매우 다양한 곳이고, 사람들은 다른 나이대에 신앙인이 된다. 아직 신앙인이라고 밝히지 않은 젊은이들, 신이 없다는 데 배팅한 대담한 사람들을 고려하면, 위에서 말한 80퍼센트는 70퍼센트나 65퍼센트로 낮아질 것이고, 하루 두 시간의 종교활동도 하루 한 시간으로 줄어들 수 있다. 그런데도 이 세상에는 여전히 하루에도 수십억 시간이 종교활동에 사용되며, 이 시간은 세상을 살아가는 대다수 사람들에게 대단히 중요한 의미를 갖는다. 사람들은 종교활동에 쓰는 이 수십억 시간을 무척 가치 있게 여기며, 그 시간을 필요로 하고 원한다. 만약 신앙인 중 80퍼센트, 70퍼센트 혹은 65퍼센트가 바쁘고 혼잡한 환경에서도 매일 다섯 번 기도

하는 이슬람교도처럼 하루 네 시간을 종교활동에 사용한다면, 얼마나 많은 시간이 종교활동에 쓰이는 것인지 생각해보라. 조직화된 종교는 큰 사업, 아마도 인간이 만들어낸 사업 중 가장 거대하고 영속적인 사업일 것이다.

이제 '뇌의 위안'에 대해 살펴보자.

'종교는 어떻게 뇌를 위로하는가?' 하는 질문에 대해서는 간단하고 직접적으로 답할 수 있다.

뇌는 종교적 교류, 의식, 믿음을 통해 스스로를 변화시킨다. 이런 교류, 의식, 믿음이 뇌와 신체가 싫어하는 상태를 어떻게 해소해주는지, 그 다양한 방법을 살펴보면 보다 자세한 답을 얻을 수 있다.

앞서 우리는 두 가지 중요한 점을 지적한 바 있다. 첫째, 일상의 삶은 뇌와 신체에 생리적, 심리적 비용을 유발한다는 것이었다. 일상을 살아가는 것은 정신적으로 많은 비용이 드는^{psycho-expensive} 일이다. 죽음과 세금 말고도 피할 수 없는 많은 일들은 우리에게 지속적으로 과제를 부과하고, 스트레스를 주며, 괴롭힌다. 이에 대응해 사람들은 이런 비용들을 줄이기 위해 여러 방법들, 즉 휴일, 휴가, 운동, 잠, 오락, 마약, 알코올 같은 것들을 만들어냈다. 그러나 이런 방법들은 일시적 효과일 뿐, 평생 스트레스를 줄여주지는 못한다. 조깅을 하는 사람들은 늙어가고, 무릎이 약해지며, 통증치료약을 먹어야 한다. 마약과 알코올은 시간이 가면서 효과가 떨어진다. 온천은 지루한 것이 되고, 오락도 너무 많이 하다 보면 뇌가 흥미를 잃는 경우가 많다.

교회에서 만난 친구는 뇌를 편안하게 한다

종교적 교류는 비교적 단순하게 뇌를 위안한다. 신앙인들은 특별한 행동규범이 적용되는, 신성하다고 생각하는 장소(교회나 사원)에 모인다. 낯익은 얼굴과 낯선 얼굴을 만나게 되지만, 낯익은 얼굴이 훨씬 많다. 낯선 얼굴들도 이들의 신앙공동체와 더 나은 내세를 위해 헌신할 것을 다짐한다. 익숙한 얼굴과 그들의 감정 표현을 보면서 사람들은 그들에 대해 좋은 감정을 갖게 된다. 얼굴과 감정 표현뿐 아니라, 다른 신호들을 통해서도 같은 신도라는 것을 확인한다. 예컨대, 종교가 권하는 의복 규정을 준수함으로써, 혹은 말을 통해 그런 신호를 보낸다. 또 어떤 사람은 머리에 미사포나 히잡을 쓰고 성호를 긋는 행동으로 신호를 보내기도 한다. 교회나 사원에 모인 신도들은 그들의 삶, 가족, 그리고 잘 지내고 있는 사람과 아픈 사람들에 대해 이야기를 나눈다. 이 과정에서 낯선 사람과의 만남에 따르는 모호함이나 불확실성은 대부분 사라진다. 대다수가 낯선 사람들일 때, 그리고 이들의 신호가 복잡하고 불확실할 때 느낄 수 있는 불편함과 망설임도 사라진다. 바로 이런 모임의 특징 때문에 대부분의 종교 모임은 기본적으로 서로 낯익은 사람들로 이루어진다.

교회나 사원같이 성스러운 장소의 분위기는 매우 긍정적이다. 그곳은 일종의 천국이요 오아시스다. 감정은 밝아지고 몸은 편안해진다. 이런 순간에는 인간의 관대함과 관용을 유발하는 행동적, 감정적 결속이 생겨난다. 교회나 사원의 종교행사에 참석하는 사람들은 자신들이 존경하고 신뢰하는 장소와 순간을 즐긴다. 그리고 그곳을 떠날 때는 더 현명하고 나은 인간이 되었다고 느낀다.

이것은 일상생활과 비교할 때 참으로 단순하지만, 뇌와 신체의 중대한 변화라 아니할 수 없다.

뇌는 성스러운 장소에 도착하는 순간부터(어떤 경우에는 그곳에 가려고 하는 순간부터) 변하기 시작한다. 교회나 사원에 입고 갈 적당한 옷을 고르면서, 혹은 그곳에서 낯익은 친구들을 보게 될 일을 기대하면서, 일단 행사가 시작되면 본격적으로 작동하게 되는 뇌 영역이 서서히 움직이기 시작한다. 이를테면 뇌에는 얼굴 인식 세포(낯익은 사람과 낯선 사람을 구별하게 해주는)로만 이루어진 피질 영역이 있다.[1] 사람의 얼굴에 관한 대부분의 정보는 전두피질^{frontal cortex}에서 처리된 후 다음 일에 사용하기 위해 전두피질과 해마에

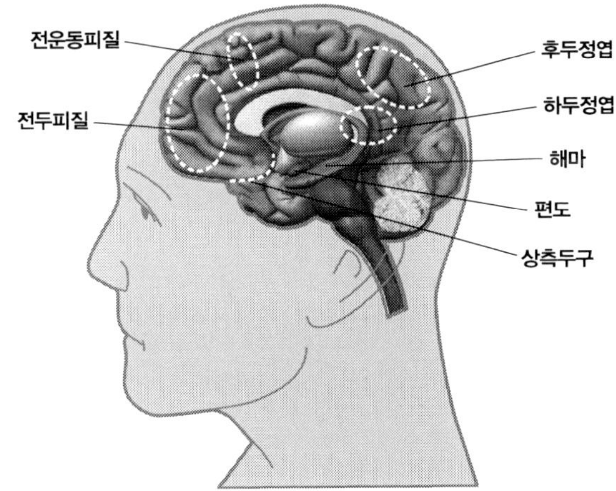

〈그림 2〉 타인의 마음과 행동을 읽는 '거울 뉴런' 영역들

* 첫눈에 데이트 상대와 적을 알아보고, 고통스러운 혹은 재미있는 영화를 보면서 고통과 흥미를 느끼는 이유는 전두피질, 후두정엽 영역의 거울 뉴런 때문이다. 거울 뉴런은 타인의 행동을 자신의 행동처럼 느끼고, 타인에 대한 마음읽기를 가능케 한다. "우리는 똑같은 신을 믿어" "우리는 비슷한 생각을 갖고 있어"라는 메시지를 주고받는 교회 친구와 분위기에 쉽게 이끌리는 이유는 이런 거울 뉴런의 작용 때문이다.

저장된다. 따라서 "우리, 어디서 만난 적이 있지 않나요?"라는 말은 클럽에서 여자를 유혹할 때 쓰는 작업용 멘트만은 아니다. 이런 질문은 인간의 놀라운 얼굴 인식 능력을 보여준다. 얼굴을 인식하는 뇌 메커니즘은 최근 갑작스럽게 그 정체가 규명되고 있다. 우리의 뇌는 타인과 신중히 친분을 맺도록 프로그래밍 되어 있다.

그러나 이는 뇌가 어떻게 작동하는지, 그 순간 뇌가 어떤 일을 하는지에 대한 극히 일부 사례에 불과하다. 이밖에도 많은 사례가 있다. 가령 이미 말한 것처럼, 관찰자의 뇌는 피관찰자의 많은 행동과 감정을 '투영한다mirror'.[2] 즉, 어떤 사람이 고통스러워하는 것을 보면, 고통에 관련된 관찰자의 뇌 영역도 활성화된다. 또 피관찰자가 행복해하는 모습을 보면, 행복을 느낄 때 활성화되는 관찰자의 뇌 영역에 그 모습이 투영된다. 이런 활동은 대체로 전두엽에서 이루어진다. 뇌는 이런 감정 정보를 교환하도록 암호화되어 있다. 또한 관찰자가 '발로 차다' '절하다' '노래하다' 같은 행동과 관련된 말을 들으면, 사람이 발로 차거나 절하거나 노래하는 것을 볼 때와 동일한 뇌 영역이 활성화된다.[3]

앞서 말했듯이, 긍정적 혹은 부정적인 말은 편도(감정을 처리하고 정보 해석에 영향을 미치는 뇌 영역)를 활성화시킨다.[4] 이 모든 사실은 우리가 타인을 어떻게 이해하고 타인과 어떻게 관계 맺는지 보여준다. 우리 뇌는 타인의 행동과 타인이 보내는 신호를 담당하는 뇌 기능을 자극함으로써 타인의 마음을 읽는 것이다. 친구가 불행을 말할 때 함께 가슴 아파하고, 친구가 승진 소식을 전할 때 함께 기뻐하는 이유는 바로 이런 자극 때문이다. 이 때문에 사람들은 영화관에서 차가운 스크린에 비친 타인의 행동을 보고 마치 자신의 삶인 양 깊은 감동을 받는다.

우리는 우리의 마음읽기^{mind reading} 능력을 인간에게만 적용하지 않는다. 개, 고양이, 말 등 애완동물의 주인들은 애완동물의 마음을 읽으려 한다. 애완동물도 뇌를 갖고 있다. 오랫동안 원숭이를 비롯한 다른 영장류를 관찰한 사람들도 그렇게 느낀다. 그리고 속임수와 같이 인간에게 흔한 행동이[5] 비인간 영장류에게도 발견된다.[6] 이는 그리 놀라운 일도 아니다. 애니미즘을 숭배하는 사람의 경우도 마찬가지다. 애니미즘에서는 곰, 늑대, 독수리 모두가 숭배의 대상이다. 애니미즘 숭배자들은 이 동물들이 뇌, 성격, 행동규범을 갖고 있다고 본다. 동물들이 보이는 행동과 감정을 알기 위해서는 마음읽기가 필요하다. 더욱 놀라운 것은 무생물의 마음을 읽는 일이다. 농부들은 자신의 트랙터가 마치 불만에 찬 일꾼이라도 된 양 "오늘은 쟁기질하기 싫은 모양이구먼" 하고 트랙터에 말을

<그림 3> 기도하는 사람의 뇌 스캔 영상

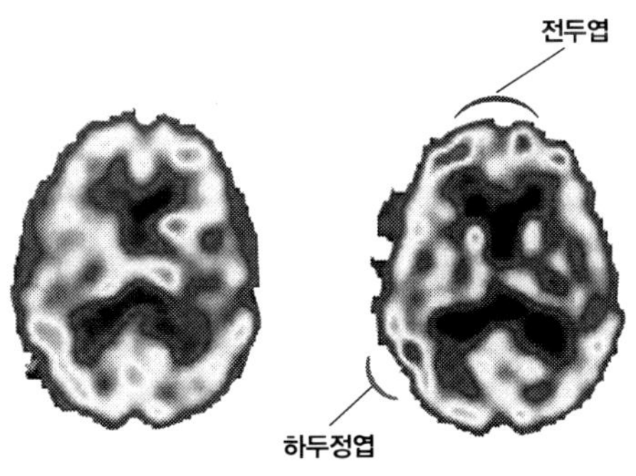

* 기도를 하는 동안에는 감정·행동을 통제하는 전두엽과 사고·연상·인식 기능을 하는 하두정엽이 활성화된다. 기도는 매우 조용히 이루어지지만 뇌는 무척이나 활발하게 움직인다. 기도를 많이 하면 할수록 뇌가 활성화되어 감정 조절과 사고·인식 기능, 기억력이 향상된다. 따라서 기도는 신을 만나는 행위이기 이전에 사람들이 자신의 뇌와 마음을 달래고 적극적으로 변화시키려는 노력이기도 하다.

하기도 한다. 사무실에서는 혼잣말로, 심지어 동료 직원에게 자기 컴퓨터와 인터넷이 바보 같다고 중얼거리는 사람들도 있다.

더 놀라운 것은 조각상과 그림의 마음을 읽는 일이다. 십자가에 매달린 예수나 풍부한 표정을 가진 성인의 그림과 조각상 앞에서 기독교인이 보이는 반응을 보자. 조각상이나 그림의 마음을 읽는 방법은 간단하다. 조각상이나 그림에 성격과 감정을 부여한 후 그 마음을 읽는 것이다. 이런 마음읽기가 너무 작위적이고 순환론적인 것 아니냐고 반문할 수도 있다. 물론 그렇다. 그러나 이런 식의 마음읽기는 많은 사람들을 안심시키며 그들에게 분명한 영향을 미친다. 비신앙인조차 교회 십자가에 매달린 고통스러운 예수상을 보면 경건함을 느끼기도 한다. 대부분의 기독교 예술은 이런 설명이 들어맞는다. 미켈란젤로, 도나텔로, 치마부에, 다 빈치 같은 예술가들의 종교예술을 보면 그들의 뇌 속에 무엇이 들어 있었는지 쉽게 상상할 수 있다.

종교적 교류에 관해 또 하나 언급해야 할 것이 있다. 인간은 원숭이와 비슷한 평등주의적 성향을 갖고 태어난 것으로 보인다. 이를테면 똑같은 과제를 수행했는데도 다른 원숭이가 더 많은 보상을 받는다는 것을 알면 더 이상 과제를 수행하지 않으려는 원숭이처럼 인간도 그렇다. 단순한 가능성을 넘어 상당히 그런 성향을 갖고 있는 것으로 보인다.[7] 그러나 이보다 훨씬 더 가능한 것은, 사회집단은 위계적으로 조직되며(우두머리, 부하, 선생 등으로) 평등 성향을 억누른다는 것이다. 이는 만성적인 긴장의 근원이다. 이런 현상이 어디서(사무실, 풋볼 수비진, 수술실, 도시개발 구획 설정위원회, 합창단 등 어디서건) 벌어지든 우리는 이를 사내 정치office politics,

라고 부른다.

　종교 안에서 같은 신앙인으로 함께하는 동안 현실세계의 위계질서는 잠시 사라진다. 종교 안에서 회사 사장과 우편실 직원은 모두 평등해진다. 둘이 함께 가난한 사람들을 위해 무료 급식 봉사를 할 수도 있고, 교회 합창단에서 함께 노래를 부를 수도 있다. 기도 시간에 같이 머리를 숙이고, 똑같이 스컬캡 같은 모자를 쓰고 신에 대한 복종을 확인할 수 있다. 종교행사를 마친 후에는 함께 걸어서 주차장으로 갈 수 있다. 물론 다음날 회사에서 이 둘은 자신의 힘과 특권이 서로 다르다는 것을 알게 된다. 그러나 종교 안에서 한두 시간 동안 이 둘은 전적으로 평등하다. 그것은 우주의 가장 위대한 힘(즉, 신)이 인정한 평등이다.

　이제 신호와 뇌의 관계에 대해 살펴보자. 타인이 보내는 긍정적인 신호는 뇌에 직접적인 영향을 미친다. '너는 소중해' '우리는 비슷한 생각을 하고 있어' '우리는 똑같은 신을 믿어' '우리는 매우 가치 있는 규범에 따라 살고 있어' 등이 그런 긍정적인 신호다. 긍정적인 메시지를 보내는 데는 말만 필요한 것이 아니다. 반가운 표정, 친절한 미소, 일상적인 것보다 더 친밀한 태도 등은 말만큼이나 긍정적인 메시지를 잘 전달한다. 풍부한 종교 지식과 경험을 갖고 있던 독실한 가톨릭 신자 마셜 매클루언Marshall McCluhan의 유명한 말처럼 "영적 매개는 메시지다.medium is the message."

　이런 신호의 기초가 되는 것은 신체의 화학, 신경, 근육 상태다. 이런 몸 상태는 독특한 패턴이 있고, 쉽게 관찰할 수 있으며, 한 사람의 감정과 정신 상태를 잘 드러낸다.

세로토닌 수치가 높은 뇌는
스스로 삶의 활력을 유지한다

타인이 보낸 신호가 도착하면, 신호를 받은 뇌의 가장 깊은 곳에서는 화학적, 기능적 반응이 일어나기 시작한다. 연극이 시작되고, 우리의 주인공이 제 역할을 하기 시작하는 것이다.

무대의 커튼을 열기 전에 과학적인 내용을 좀더 살펴보자. 앞서 우리는 과학, 특히 여기서 설명하고 있는 종류의 과학은 항상 변한다고 말한 바 있다. 이런 변화는 바람직하다. 새로운 발견과 그에 대한 새로운 해석이 이런 변화를 주도하고 있다. 이번 장 후반부와 다음 장에 직접 적용되는 또 다른 논점도 있다. 뇌처럼 복잡한 생리 시스템의 경우(뇌는 몸에서 가장 복잡한 생리 시스템일 것이다) 그것의 화학적, 기능적 작용 전체에 대해서는 말할 수 없다. 모든 내용이 알려졌다 해도 그럴진대, 지금 알려진 내용은 일부에 불과하기 때문이다. 현재 알려진 내용으로는 100쪽 정도의 얇은 책 한 권을 간신히 채울 수 있을 정도에 불과하다. 따라서 우리는 여기서 충분한 증거가 있고, 향후 10~20년 동안에도 계속 중요한 의미를 가질 것으로 보이는 일부 내용만 채택해 논의를 하고 있으며, 또 그렇게 할 것이다.

우리의 논의와 관련된 주요 화학물질에는 세로토닌, 도파민, 노르에피네프린이 있다. 이들은 모두 신경전달물질이거나 뉴런들 간에 메시지를 전달하는 분자들이다. 또 호르몬이면서 일종의 신경전달물질인 옥시토신oxytocin이 있다.

세로토닌은 프로작Prozac, 항우울증 치료제 같은 항우울제를 복용했을 때 그 기능이 향상되는 신경전달물질로 널리 알려져 있다. 프로작이나 다른 항우울제로 그 기능이 향상되면 세로토닌은 우울증의 신호와 증상들을 개선한다. 그러나 이런 약이 등장하기 오래전, 구대륙의 어떤 영장류의 경우, 지위가 높은 개체의 뇌에 특히 높은 수치의 세로토닌이 존재한다는 사실이 밝혀졌다.[8] 반대로 사회적 지위가 낮은 개체의 뇌에서는 낮은 수치의 세로토닌이 발견되었다. 그리고 이들 개체의 지위가 변하면 세로토닌 수치도 변한다. 상황이 변하면 사정이 바뀐다는 것은 별로 놀라운 일도 아니다. 이는 엄연한 사실이다. 그러나 특유의 세로토닌 분비 패턴은 대단히 황홀할 만큼 분명하다. 이런 분비 패턴은 평등과 지배에 관한 중요한 지점을 말해준다. 과학적 연구가 더 진행되면 훨씬 더 중요한 것을 말해주리라 기대된다.

세로토닌 발견 과정은 흥미로울 뿐만 아니라, 과학이 이따금씩 어떻게 우연한 성과를 거두는지 보여주는 좋은 사례다.

행동과 뇌생리학의 관계에 대한 연구가 아직 초보 단계였던 1980년대 초로 거슬러 가보자. 이 책의 필자인 맥과이어는 우두머리 수컷, 부하 수컷과 암컷들, 그리고 새끼들을 포함해 20여 마리의 구대륙 버빗원숭이(긴꼬리원숭이의 일종, 학술명 Cercopithicus aethiops)를 보유하고 있던 UCLA 의과대학 비인간 영장류 실험실의 소장으로 있었다. 연구는 우두머리 수컷과 부하 수컷의 행동 특징, 시시때때로 그들의 위계질서가 작동하는 방식, 우두머리가 지위를 잃고 부하가 우두머리가 되는 조건(이런 일은 2년에 한 번 정도 발생할 정도로 매우 드물었다)에 주로 초점을 맞추었다.

당시 연구대상으로는 신대륙 원숭이보다 붉은털원숭이와 버빗

원숭이 같은 구대륙 원숭이를 선호했다. 구대륙 원숭이에 관한 연구결과로 인간의 경우를 추정하는 것이 더 정확하다고 생각했고, 그 연구결과를 인간 치료에 적용하고자 했던 의료계로부터 대부분의 연구자금을 지원받았기 때문이다. 이처럼 구대륙 원숭이에 대한 연구결과가 인간에게 어떤 의미를 갖는지에 관심을 가진 것은, 결국 우리가 그것에 대해 아는 바가 거의 없었다는 것을 말해준다.

이때 박사 후 연구원 한 명이 실험실로 왔다. 그는 비인간 영장류를 관찰하는 기법에는 정통했지만 화학에는 경험이 없었다. 따라서 그의 지식을 심화시키기 위해 맥과이어는 그에게 옆방에 있는 화학실험실에서 생물섬유 분석법을 배우도록 했다.

동물을 희생시키지 않고 뇌에서 발생하는 화학적 현상을 이해하는 효과적인 방법 중 하나는 동물의 뇌척수액을 조사하는 것이다. 뇌척수액은 큰 위험 없이 동물의 척추 끝에서 추출할 수 있다. 뇌척수액은 부분적으로 뇌 신경전달물질의 분해 과정에서 발생하는 부산물로 만들어지기 때문에 결국 뇌의 찌꺼기라고 할 수 있다. 이때 우연히 세로토닌의 기본 분해물인 5-HIAA[5-hydroxyindolacetic]를 추출해서 분석하자는 결정을 하게 되었다.

분석이 시작되었다. 여러 마리의 우두머리 및 부하 버빗원숭이에게서 뇌척수액 샘플을 추출했다. 그리고 5-HIAA에 대한 화학 분석을 실시했다.

그런데 놀랍게도, 그리고 나의 연구원에게는 유감스럽게도, 우두머리 수컷과 부하 수컷에서 추출한 뇌척수액의 5-HIAA 양은 거의 2대 1로 나타났다. 우두머리 수컷의 5-HIAA가 두 배나 더 많았던 것이다. 이것이 의미하는 것, 그리고 후속 연구가 보여주는 것

은 우두머리 수컷 뇌의 세로토닌 시스템이 부하 수컷 뇌의 세로토
닌 시스템보다 두 배나 활성화되어 있다는 것이다(우두머리 암컷과
부하 암컷을 대상으로 한 후속 연구에서는 수컷과 비슷한 차이를 발견하
지 못했다).

이는 대단히 특별한 발견이었다. 자연과학에서 대부분의 발견은
정상적인 반응 곡선^{normal curve, 평균값, 중앙값, 최하값이 모두 종 모양의 분포를 나타내}
는 곡선―옮긴이을 보이기 때문에 상대적으로 작은 차이도 매우 중요하
게 인식된다. 그러나 위 연구에서 발견한 차이는 그 어느 것과도
비교할 수 없을 만큼 컸다. 그래서 처음에는 "발견에 오류가 있음
이 분명하다"거나 "조작"이라는 반응이 있었다. 당시의 어떤 과학
문헌에도, 실험실에서 연구를 실시할 때 세운 가설에도, 이런 결과
를 예상하는 암시는 전혀 없었다. 당시에는 잘 알려진 글루코오스
^{glucose}, 나트륨^{sodium}, 칼륨^{potassium} 등 인간·비인간 영장류의 많
은 신체화학물질은 본질적으로 인간과 동물의 지위에 관계없이 기
본적으로 동일하다고 알려져 있었다. 따라서 우두머리 수컷과 부
하 수컷의 세로토닌 활성화가 큰 차이를 보이는 연구결과는 '지배'
와 무관한 다른 요인 때문에 생긴 인위적인 결과라는 것이 당시에
합의한 결론이었다.

그런데 상황이 다른 방향으로 흘러갔다. 당시 우리는 그런 드라
마틱한 발견이 오류라고 가정해야만 했고, 따라서 그 오류의 원인
이 무엇인지 밝혀내야 했다. 그 원인을 발견하지 못하면, 이후의
모든 분석이 의심스러운 것이 될 터였다.

우리의 고집스러운 결정은 오류의 원인을 발견할 때까지 연구를
반복하자는 것이었다. 오류의 원인에는 여러 가능성이 있었다. 원

숭이들의 뇌척수액을 추출한 시간도 그중 하나가 될 수 있었다. 가령, 코르티솔은 낮보다 아침에 수치가 높았다. 화학적 분석을 위해 뇌척수액을 실험실로 가져갈 때 그것을 어떻게 저장했는지도 오류를 만들어낼 수 있었다. 분석에 사용된 실험실의 화학물질 자체에도 오류가 있을 수 있었고, 별로 의심치 않았던 다른 이유도 오류의 원인이 될 수 있었다. 어쨌든 오류를 발견하는 것이 중요했다.

이를 위해 최초에 했던 연구를 여섯 번 반복하면서 매번 각 단계를 주의 깊게 모니터했다. 뇌척수액 추출 시간도 체계적으로 바꿔보았고, 원숭이에서 추출한 뇌척수액 샘플을 화학실험실로 옮기는 데도 각별한 관심을 기울였다. 그리고 애초의 그 연구원 대신 다른 연구원들이 5-HIAA 액을 분석하도록 했다.

그러나 2대 1의 차이에는 변화가 없었다. 그럴 리 없다고 의심할 합당한 이유가 있었는데도, 또 그런 결과가 오류라는 것을 증명하려는 다양한 시도를 했는데도, 2대 1이라는 최초의 연구결과가 반복되어 나왔다. 정말 짜릿했고 보람 있었지만, 소름끼치는 순간이기도 했다. 전혀 기대하지 않았던 실로 새로운 발견이었을 뿐만 아니라, 과거에는 누구도 생각지 못했던 새로운 연구 전략의 포문이 열린 것이다. 말하자면, 동물의 지위가 바뀜에 따라 5-HIAA 수치가 어떻게 변하는지 연구할 수 있게 되었고, 무리에서 높거나 낮은 지위를 가진 원숭이를 일시적으로 격리한 후, 격리가 5-HIAA에 미치는 영향을 연구할 수도 있었다. 우리는 사회적, 유기적 삶의 핵심에 새로운 이정표를 갖게 되었던 것이다.

과학자가 아니거나 연구에 종사하지 않는 사람들은 이 같은 발견이 연구자의 삶에 어떤 영향을 미치는지 이해하기 어려울 것이다. 누구도 2대 1이란 가능성을 기대하지도, 상상하지도 않았다. 과학의 핵심은 발견이고, 우리는 뭔가를 발견해냈다. 그러자 갑자기 모든 사람들이 그것을 알게 되었다.

이런 발견은 연구자가 어떤 문제를, 수년은 아니라 해도 수개월 연구해서 해답을 발견한 경우(예로, DNA 구조를 해독해낸 크릭^{Francis Crick}과 왓슨^{James Watson}의 경우)와는 전혀 다르다. 또 운 좋게 복권에 당첨된 것과도 다르다. 복권이란 결국 자기가 산 복권이 당첨될 것이라는 아주 희박한 확률에 투자하는 것이기 때문이다. 우리의 발견은 지속적 연구와 운이 함께 따라준 결과였다.

2대 1이란 차이를 발견함으로써 우리는 연구해왔던 문제의 중대하고도 결정적인 특징을 그동안 간과해왔음을 머리와 가슴으로 갑자기 깨달았다.

우리는 지난 수년간 생각하고 있었던 것을 즉각, 상당 부분 수정해야 했다. 이 뜻밖의 발견을 한 후 우리가 앞으로 실험실에서 해야 했고, 하고자 했던 일에는 새로운 연구 방식이 필요했다. 그래서 그 다음 주에 우리는 실험실에서 새로운 연구 방식을 개발했다. 실험실에 있던 연구자들의 삶과 일도 빠르게 변했다.

얼마 지나지 않아 새로운 패러다임이 나타나기 시작했다. 요컨대 '사회적 행동은 뇌의 생화학에 영향을 미칠 수 있다'는 것이었다. 사회적 행동은 피부를 거쳐 뇌의 생화학과 연결된다. 행동은 뇌에 커다란, 그리고 분명한 영향을 미친다.

이 발견으로 인해 예상치 못했던 문제가 발생했다. 얼마 지나지 않아 이 연구에 참여했던 사실상 모든 사람의 학계 경력이 당초 예상했던 수준에서 크게 벗어나게 되었다. 이들의 경력은 그야말로 며칠 만에 완전히 새로운 방향으로 바뀌었다.

이는 실험실 차원에서 일어난 일의 한 부분에 지나지 않는다. 변화는 대중뿐만 아니라 과학계도 흥분시킨다. 이런 흥분은 우리의 과학적 발견에 대한 〈뉴욕타임스〉의 보도로 촉발되었다. 시간대와 관계없이 도처에서 끊임없이 전화가 왔고, 전 세계의 학술연구소에서 우리의 발견에 대해 강연해달라는 요청이 쇄도했으며, 비슷한 실험실들로부터 상담 요청이 밀려왔다. 아이비리그 대학들로부터는 후한 보수와 연구비를 보장하는 교수직 제의가 왔고, 수많은 신문기자들이 인터뷰를 요청했다. 먼 곳의 과학자들이 연구를 위해 실험실을 방문했으며, 여러 대학의 학생들이 새로운 연구과제에 참여할 수 있다면 기꺼이 와서 일하겠다고 했다.

이런 과정 내내 우리는 우리의 발견이 우연인지 아닌지가 계속 궁금했다. 연구팀이 그 발견을 향해가고 있었지만 그것을 깨닫지 못한 것은 아니었을까? 아니면 또 다른 이유가 있었을까?

그러나 우리가 복잡한 동물의 행동과 그들의 유기적인 뇌-신체 시스템 사이에 존재하는 영향력의 경로를 발견하고 분리해냈다는 것엔 의문의 여지가 없었다. 우리는 우리가 이해했다고 생각했던 기존의 정상적인 경로를 뒤집었다. 기존의 '정상적인 경로'라는 것은, 경험은 뇌와 신체에서 시작되고 그것이 무리의 행동에 영향을 미친다는 것이었다.

그러나 그 반대다.

그뿐 아니다. 이것은 기분 좋은 과정이었다. 세로토닌은 동물, 그리고 아마 사람까지도 기분 좋게 만든다. 우리는 신의 뇌에 관해 정말 새로운 뭔가를 발견했다. 그렇다. 곧 보게 되겠지만, 신도 뇌를 갖고 있다. 우리는 다른 사람에게 친절하게, 그러나 자신 있게 대하는 매우 사교적인 사람의 뇌는 자체적인 활력을 갖고 스스로를 위안할 수 있다는 것을 발견했다.

신을 만나는 동안
뇌는 샹그릴라를 경험한다

세로토닌과 사회적 지위 간의 새로운 관계에 대해 우리가 알게 된 것은 무엇일까? 그리고 이것은 의약계에 어떤 의미를 가지며, 사람들에겐 어떤 의미일까?

지위가 높은 동물의 세로토닌 수치는 다른 동물들이 복종을 표시하는 횟수와 긍정적인 상관관계가 있다. 복종의 표시는 부하들이 우두머리를 무리의 지도자로 인정하고 있음을 알리는 필수적인 행동이다. 또한 복종의 표시는 부하들이 무리의 위계질서와 행동규범을 받아들이고 있음을 증명하는 것이다. 지위가 높은 동물은 지위가 낮은 동물보다 훨씬 많은 복종의 표시를 받는다. 우두머리 동물을 무리에서 격리시키는 것은 그가 더 이상 부하들로부터 복종의 표시를 받을 수 없다는 것을 의미하는데, 이 경우 그의 세로토닌 수치는 감소한다. 지위에서 나오는 활력이 사라지는 것이다. 그런 후 그를 다시 무리에 데려다놓으면, 그가 지위를 회복하면서 세로토닌도 다시 증가한다.

동물의 복종 표시에 해당하는 인간의 행동 즉 친절한 미소, 공손한 악수, 유명인들에게서 걸려오는 많은 전화 메시지, 특송 편지,

특별히 집중해서 말을 듣는 태도 등도 그 행동의 대상이 되는 사람이 집단에 필요하고 존경받는 중요한 사람이라는 신호를 보내는 것이다. 달리 말하면, 그런 신호는 "당신은 나의 관심과 호의를 받을 정도로 충분히 중요한 사람입니다"라고 선언하는 것과 같다. 이런 신호를 받는 사람은 지위감이 상승한다. 그리고 그런 지위감은 좋은 기분, 육체적·정신적 편안함, 책임감, 사회적으로 중요하다는 기분 등을 만들어낸다. 은퇴 후 처음 1년 동안 사망하는 은퇴자가 그 다음해에 사망하는 은퇴자보다 두 배나 많은 이유는 바로 급격한 세로토닌 결핍 장애 때문이라 할 수 있다.

사회적 지위가 낮은 사람이 우울함을 느끼고, 스트레스로 가득찬 하루를 마치는 저녁때에 기진맥진한 상태가 되는 것은 긍정적인 신호보다 부정적인 신호를 많이 받았기 때문이다. 타인들로부터 긍정적인 사회적 신호를 많이 받을수록 기분은 더 좋고, 자존감도 더 크게 느낀다. 이는 주로 뇌의 화학적 변화 때문이다. 그러나 대부분의 사람들에게 좋은 일은 충분히 일어나지 않는다.

일반적으로 직장이나 가족관계보다 종교 모임에서 이런 긍정적인 신호를 주고받을 가능성이 훨씬 크다. 종교 모임에서 그럴 가능성이 큰 두 가지 주된 이유는 첫째, 신도들 간의 세속적인 위계구조가 종교활동을 하는 동안에는 일시적으로 사라지기 때문이라고 앞서 말한 바 있다. 둘째는 긍정적인 신호 때문이다. 긍정적인 신호는 위계구조가 존재하는 순간에도 세로토닌 수치에 영향을 미친다. 일시적이긴 하지만 종교활동을 하는 동안 사람들은 샹그릴라 shangri-la, 지상 낙원에 있는 셈이다. 종교활동을 하는 동안 우리는 비신도들의 위협에 공동으로 저항한다. 야외에서도 그렇다. 가령 부활절과 크리스마스에 바티칸 광장에서 열리는 대중 미사에서처럼, 집단 종교의식은 참여한 개인들의 뇌에 조용하면서도 강력한 화학 작용을 일으켜 실제 삶에 영향을 미친다.

잠시 본론에서 벗어나보자. 타인이 전하는 신호가 뇌, 뇌의 화학 적 특징, 그리고 뇌의 기능적 활동과 효율성을 변화시킨다는 것에 의문을 품는 사람도 있을 수 있다. 이럴 경우, 자신의 일이나 배우 자의 외모에 대한 악평 같은 부정적인 신호를 받고 기분이 어땠는 지 생각해보자. 혹은 너무 많은 범칙금이 부과된 교통위반 딱지를 받았거나, 잘못한 일이 없는데도 신뢰를 심히 훼손했다고 질책당 하는 경우를 생각해보자. 아니면 국립학술재단에서 연구자금을 지 원해주겠다는 편지를 받았을 때처럼 예기치 않은 행운이 닥친 순 간을 생각해보자. 그리고 이런 일들이 타인의 신호, 타인의 말, 타 인의 표정에서 비롯된 것임을 생각해보자. 벌금을 제외하고, 다른 부정적인 신호는 대개 사회적이고 명예에 관한 것이다. 그러나 뇌 는 회계사처럼 그런 부정적인 신호 때문에 발생한 우울함의 가치 (비용)를 계산해냈다.

경제학이 아니라 신경생리학이 실제 우울한 학문일 수 있다.

기술적이고 윤리적인 이유로, 인간 뇌 속의 세로토닌 수치를 정 확히 측정하는 것은 아직도 어려운 일이다. 그러나 가능한 모든 증 거에 따르면 지위가 높을수록 세로토닌 수치도 높다. 예컨대, 아미 노산의 일종인 트립토판^{tryptophan}은 세로토닌의 합성에 필수적인 영양분이자 분자다. 이 트립토판을 투여해 뇌에서 그 수치를 높이 면 정상인의 경우 다투는 행동이 감소하고 우월 행동^{dominance} behavior, 우월감에 사로잡힌 행동, 군림 또는 지배하고자 하는 행동—옮긴이이 증가한다.[9]

심리적, 정신적으로 정상인 사람에게 프로작을 투여하면 적의와 부정적인 감정이 감소하고, 사회적 관계에서 편안함을 느낀다.[10] 프로작은 세로토닌을 증가시켜 실제로 승진한 것 같은 느낌을 줄 수도 있다. 또 심리적, 정신적으로 정상인 사람의 경우, 세로토닌은 불공정에 대한 행동 반응을 조절하게 하고[11] 자기통제에 영향을 준다고 알려져 있다.[12] 남성보다 여성이 프로작과 항우울제를 더 많이 복용한다. 이런 사실은 여성에게 더 힘들고 적대적인 직업 세계에서 여성이 남성보다 승진(그리고 그런 느낌)을 더 많이 필요로 한다는 것을 의미한다.

이런 사실 및 관련 연구결과들은 일상에서 자주 발생하며 사람들이 싫어하는 '지위감을 낮추는 사건이나 신호'에 관한 중요한 통찰력을 제공해준다. 사람들이 싫어하는, 지위감을 낮추는 사건이나 신호는 스트레스의 근원이 된다. 이런 사건이나 신호는 세로토닌을 감소시킬 가능성이 매우 크다. 다른 연구들에 따르면, 전전두피질(사고를 담당하는 뇌 영역)에서 세로토닌이 고갈되면 고집, 방어성, 융통성 없는 사고, 부정적인 감정이 유발된다.[13]

세로토닌 수치가 낮은 직장 상사와 경영 컨설턴트는 이 점을 조심해야 한다. 인간관계를 관리하는 데 있어 융통성 없는 사고를 조심해야 한다는 것은, 권위를 가진 경영인이 알고 있는 것보다 훨씬 더 중요할 수 있다. 그러나 부하직원들은 그것이 인간관계에 중요하다는 것을 너무나 잘 알고 있다. 또한 세로토닌 합성에 있어 남성의 뇌가 여성의 뇌보다 훨씬 활발하다는 것은 매우 흥미로운 사실이다.[14] 암컷 버빗원숭이에서는 5-HIAA의 차이가 거의 발견되지 않았다는 것을 상기하자. 아마도 남성은 경쟁 충동을 통제하고 다른 사람과 잘 지내기 위해 여성보다 많은 세로토닌을 방출할 필요가 있는 것 같다. 실로 이것은 우리가 아직 거의 알아내지 못한 커다란 연구과제다. 이에 대해 더 많은 것을 알면 조직 관리에도 큰 도움이 될 것이다.

흥미롭게도, 세로토닌과 사회적 지위의 관련성에 관한 내용이 20년 이상이나 알려졌는데도, 타인의 신호가 세로토닌 수치를 높이거나 낮추는 정확한 메커니즘은 여전히 풀지 못한 미스터리로 남아 있다. 분명한 것은, 타인의 긍정적인 신호는 눈으로 확인하거나 듣거나 느낄 필요가 있다는 것이다. 이를 위해 뇌의 시각, 청각, 촉각 시스템은 물론 다른 기능 영역과 시스템도 작동할 것이다. 그

〈그림 4〉 감정을 지배하는 뇌 신경 호르몬 회로

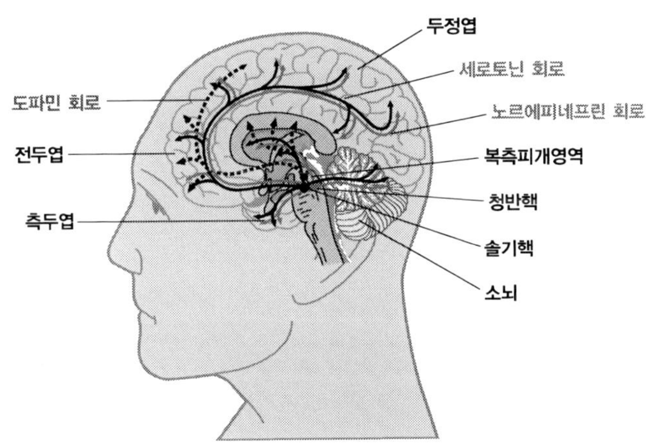

* 자신의 의지와 올바름을 이해하려면 뇌에 영향을 미치는 요인들을 알아야 한다. 특히 행복감, 쾌감, 긴장감 등의 기분을 지배하는 세로토닌, 도파민, 노르에피네프린 등 뇌 신경물질을 이해해야 한다. 사람의 기분을 파악하는 능력만큼은 광고인들만큼이나 교회 지도자들이 매우 능숙하다. 주목할 만한 점은, 세로토닌의 경우 일시적으로 증가할 수는 있지만 행복감을 지속할 만큼 유지시키기란 극히 어렵다는 것이다. 전 세계인들이 하루에 104억 시간을 종교활동을 위해 쓰는 이유는 이와 무관하지 않을 것이다.

핵심 영역은 편도일 가능성이 크다. 편도는 민감하며, 긍정적 혹은 부정적인 사회적 정보를 처리하는 데 핵심 역할을 하고, 미래의 일에 대한 낙관에도 영향을 미친다.[15] 마찬가지로, 타인의 마음을 인식하고 평가하는 데 핵심 역할을 하는 전전두엽도 관련이 있다.

또한 세로토닌에 관한 또 다른 논의도 필요하다. 사람이 공포를 느낄 때 아드레날린이 급속히 증가하고, 즐거움을 기대할 때 도파민이 급속히 증가하는 것과 달리, 세로토닌의 기본 수치는 긍정적인 사회적 신호에 급속히 변하지는 않는다. 세로토닌은 신중하고 보수적인 신경전달물질인 것으로 보인다. 가령, 명상 중에는 세로토닌이 일시적으로 증가하지만 곧바로 사라진다. 일반적으로 최소한 일주일간 반복해서 긍정적인 사회적 신호를 받아야 세로토닌의 기본 수치가 올라간다. 사람이 사회적 지위를 단 15분 만에 회복하는 법은 드물다. 시민 케인의 경우처럼 사회적 지위를 회복하는 데 평생이 걸릴 수도 있다. 사람들이 (긍정적인 신호를 반복해서 받을 수 있는) 일정한 환경이나 회사를 택하는 이유는 장기간 반복해서 긍정적인 신호를 받길 원하기 때문이다.

한편, 상황과 관계에 따라 같은 날에도 사람의 사회적 지위가 달라질 수 있다는 복잡한 문제가 있다. 즉, 한 사람의 지위가 집에서는 높고, 직장에서는 낮으며, 볼링 동호회에서는 중간 정도일 수 있다.

변화가 일어나는, 절대적으로 확실한 한 가지 경우는, 세속에서 멀어졌을 때 사람들이 좋은 기분을 느낀다는 것이다. 긍정적인 신호를 많이 받던 회사라 해도, 그곳에서 멀어졌을 때 사람들은 좋은 기분을 느낀다. 따라서 너무 과도하게 사용될 뿐만 아니라, 자신보다 타인이 더 중요하다는 함의를 갖고 있는 '롤 모델role model' 이란 용어를 버리고 '나의 개인적인 웰빙'을 자각하는 것이 좋다. 우울할 때 많은 신앙인들이 일주일에 네다섯 번씩 교회 만찬, 기도회, 사회봉사 프로그램 같은 종교활동에 참여하는 것도 세속의 일상에서 멀어지는 데서 좋은 기분을 느끼기 때문(자신의 개인적 웰빙을 자각하기 때문)이라고 볼 수 있다. 또한 러시아 외교관과 통정하고 있던 콜걸과 밀회를 즐겼던 영국 국방부 장관 존 프로푸모^{John Profumo}, 워터게이트 음모에 가담했던 찰스 콜슨^{Charles Colson} 처럼 심각한 신경생리학적 손상을 겪은 후 이를 회복하기 위해 수년간 참회하며 자기치료에 나섰던 사람들의 사례를 기억할 필요가 있다.

세로토닌처럼 노르에피네프린과 도파민에서도 마찬가지다. 노르에피네프린은 긍정적인 사회적 만남을 갖는 동안 증가하고, 도파민은 즐거움과 그것이 가져다줄 긍정적인 결과를 기대할 때 활성화된다.[16] 종교적 교류의 일부분은 사회적 교제의 즐거움을 기대하는 것이다. 크리스마스와 부활절 장식같이 명절을 연상시키는 물건들은 실제 크리스마스와 부활절 기간에 뇌가 느끼는 즐거움을 미리 기대하게 만든다.

교회활동은 옥시토신을 활성화시킨다

우리의 논의를 연극에 비유해보자. 만약 이 책이 연극이라면 중간에 휴식시간이 있을 것이다. 지금까지 우리는 우리 몸 안에서 벌어지는 가장 복잡하고 역동적인 과정에 직면해 그것을 이해하려고 노력하다 지친 상태다. 그것을 이해하는 것은 보잉 747기 내부의 복잡하게 얽힌 전선을 모두 이해하는 것과 같다. 거의 매주 새로운 신경전달물질이 밝혀질 뿐만 아니라 우리가 아직 다루지 않은 중요한 신경전달물질도 존재한다.

그중 가장 흥미롭고 유연한 새로운 신경전달물질이 옥시토신이다. 옥시토신은 기본적으로 번식을 자극하고 사회적 분위기를 고조시키는 역할을 하는 다기능 화학물질로 이해된다. 또 옥시토신은 여성의 출산과 젖의 분비를 유도할 때는 호르몬으로 기능한다.

옥시토신은 편도와 측좌핵nucleus accumbens 같은 사회적 행동이나 감정과 관련된 뇌 영역에서 신경전달물질로 기능하며, 사회적 유대에 결정적인 기여를 한다.[17] 지위가 낮은 동물들의 경우 옥시토신은 주변의 다른 동물들에 대한 저항감을 줄이는 역할을 하기도 한다. 그렇지 않다면, 당연히 이들은 지위와 지배관계를 반영해 서로 떨어져 있으려 할 것이다. 그리고 서로 신뢰하는 관계에서 옥시토신 수치는 증가한다. 옥시토신 수치가 증가하면 다른 사람의 마음을 읽는 능력도 높아지고 신체적으로 온화한 느낌을 갖게 된다.

화학적 변화가 있는 경우, 관련된 뇌 기능 영역에도 변화가 일어난다. 개인 차이 때문에 그런 변화는 종종 흥미로운 특징을 갖는다. 예컨대, 우리가 이미 말했듯이, 사람의 편도는 그 사람의 성격 유형에 따라 타인의 행복한 표정에 다르게 반응한다.[18] 긍정적인 사회적 신호를 받았을 때 외향적인 사람들의 편도는 내향적인 사람들의 편도보다 훨씬 더 크게 활성화된다.

결과적으로 내향적인 사람들이 외향적인 사람과 같은 정도로 편도가 활성화되기 위해서는 훨씬 많은 긍정적인 사회적 신호가 필요하다. 내향적인 사람들은 그들의 상호작용 칵테일에 훨씬 더 많은 우스터 소스(간장과 식초 등을 넣은 자극적인 소스—옮긴이)를 넣어야 한다. 모든 사람은 서로 외모만 다른 것이 아니라 두개골 안에서 벌어지는 화학적 양상도 다르다.

비슷한 논점이 경험에도 적용된다. 자신에게 중요한 누군가에게 방금 전 노골적으로 거절당한 사람은 타인의 긍정적인 신호에 적극적으로 반응하지 않을 가능성이 크다. 그러나 일이 잘 풀릴 때는 쉽게 긍정적인 반응을 보인다.

그렇다면, 우리는 이런 연극의 어디쯤에 와 있는 것일까?

지금까지 우리는 이 책에서 운동이 몸에 도움이 된다면, 뇌에는 무엇이 도움이 되는지 밝히려고 해왔다. 운동이 육체적 건강을 나타내듯, 뇌 건강을 회복하는 것이 그 사람의 의지와 올바름을 나타내는 시대가 분명 올 것이다. 뇌 건강을 회복하기 위해서는 뇌 건강에 영향을 미치는 외부 요인(이는 사회적, 물리적 환경에서 일상적으로 이루어지고 있다)을 밝혀내야 할 뿐만 아니라, 뇌의 내부도 분석해낼 수 있어야 한다.

여기서 하나의 그림, 정말로 꽤 용기를 주는 그림이 떠오르기 시작한다. 뇌의 화학적 특징과 기능을 최적화하는 것은 뇌를 편안하게 하는 유일한 기초는 아니라 해도, 매우 중요한 기초다. 뇌의 최적화 과정은 힘들고 괴로운 일상에서 비롯된 뇌의 화학 작용을 부분적으로 상쇄하는 긍정적인 사회적 신호에 의해 촉진된다. 그리고 이를 통해 근심과 피로가 감소하고, 몸 상태는 편안해지는 등 원했던 결과가 나온다. 달리 말하면, 평균적으로 볼 때 종교적 교류는 신도들에게 확실히 좋은 결과를 가져다준다. 만약 그렇지 않다면, 종교활동은 줄어들 것이다. 그리고 서유럽 국가들의 경우처럼 종교활동에 대한 참여가 감소한다면, 뇌의 위안이란 측면에서 세속 세계가 종교보다 더 많은 것을 제공하기 때문이라고 볼 수 있다. 설령 그렇지 않다 해도, 사회적 장애를 극복하면서까지 종교행사에 참여해야 할 정도로 종교가 뇌의 위안에 도움이 된다고 보지 않기 때문일 수도 있다.

여기서 긍정적인 결과를 낳을 가능성이 큰 사회적 만남을 추구하고, 그런 만남을 실현할 전략이 있어야 한다. 사람의 뇌는 긍정적인 사회적 신호가 짜증과 스트레스를 줄이는 데 관련이 있다는 것을 인식해야 한다. 몸은 제때 알맞은 사회적 환경으로 뇌를 운반하는 역할을 해야 한다. 나를 제 시간에 교회에 데려다 놓으라는 것이다. 그런 만남이 집이나 직장에서만 가능한 것은 아니다. 그러나 도시개발구획을 논의하는 재개발 지역 주민회의나 논쟁적인 토론이 벌어지는 사업 미팅에서는 그런 만남이 어려울 것이다. 기실, 이런 회의의 주요 기능은 언쟁 장소를 제공하는 데 있다.

그러나 종교적 환경에서는 긍정적 결과를 가져다주는 사회적 만남일 가능성이 더 크다. 일부 예외를 제외하고, 종교는 사회적 관계를 매우 고상하고 평등하게 처리한다. 최적의 세로토닌을 보장하지는 않는다 해도, 모스크나 교회나 사원에 가는 수고를 보상하는 데는 충분한 수준의 세로토닌은 보장할 수 있다. 종교활동에서 얻는 경험은 새로 산 멋진 가을 코트를 입거나 봄에 벌들이 날아다니는 식물원을 방문하는 것과 다소 유사하다.

지금까지 우리는 복잡한 주제에 관해 많은 시간을 사용했다. 여기서 이번 장을 마치고, 종교의 다른 중요한 특징인 의식儀式과 믿음에 대해 살펴보자.

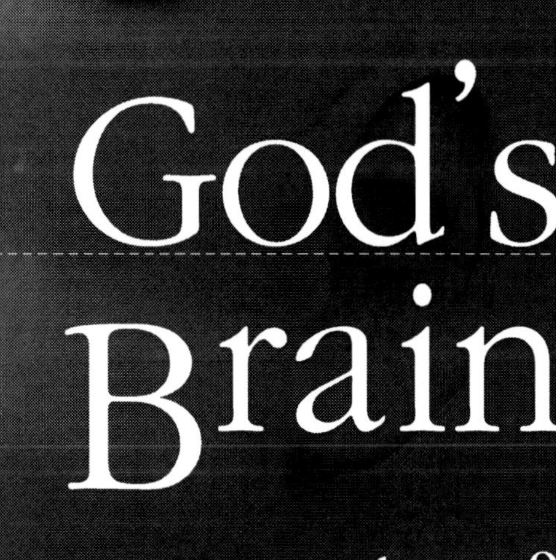

God's Brain

chapter 9

신은 어떻게 뇌를 만족시키는가?

뇌에서는 어떤 일이 벌어질까?

종교적 교류가 스트레스를 줄여주는 종교의 삼총사 중 하나라면, 나머지 둘은 의식儀式과 믿음이다. 의식과 믿음은 뇌의 화학 변화를 일으키는 데 있어 긍정적인 사회적 신호만큼이나 중요하다. 의식과 믿음에도 세로토닌이 등장한다.[1] 이외에도 뇌 화학물질과 뇌 기능 영역이, 다른 많은 신체 변화와 함께 중요한 역할을 한다.

지금 여기서 살펴보고 있는 것은, 종교의 신비와 현실에 대한 하나의 해설에 불과하다는 점을 유념해주길 바란다. 그리고 이런 설명은 교파적 신앙이나 노골적인 적의 없이 이루어져야 한다. 우리의 과제는 의식과 믿음이 어떻게 인간 뇌를 작동시키는지 탐구하는 것이다.

우리는 종교의 기원을 늘 활동하고 있는 인간 뇌의 산물로 설명하는 것보다 더 좋은 설명을 갖고 있지 않다. 우리가 다소 가볍게 뇌의 특별한 화학물질과 뇌 영역을 논의하는 것처럼 보일 수도 있을 것이다. 그러나 우리는 이런 논의가 사소한 것도, 자의적인 것도 아니라는 점을 분명히 알고 있다.

대신, 이런 논의를 통해 우리는 종교를 이해하는 핵심에 접근할 수 있다. 이는 뇌에서 정확히 어떤 일이 벌어져서 종교를 만들고 종교를 존속시키는지에 대한 설명을 제공한다. 이런 설명은 세상을 살아가면서 자신의 역할을 하려는 사람들과 과학자들에게 분명 중요한 일이다.

종교의식은 뇌의 생화학 체계를 바꾼다

우리는 의식儀式의 개념에 대해 잘 알고 있다. 의식은 모든 곳에서, 매일, 매 순간 벌어진다. 수업 시작 시간, 국기에 경례할 때와 그 방법, 만찬 테이블에 가장 먼저 앉아야 할 사람, 교차로의 신호를 관리하는 법, 식품 가게나 영화관에서 줄을 서야 할 곳, 결혼식에서의 착석 방법, 이는 모두 행동이지만 동시에 의식이기도 하다. 의식은 사람들이 준수해야 할 규범(통상적으로 법은 아니다)이며 우리의 공적, 사적 행동 방식이다. 이는 일상적 행동의 핵심으로서 몸의 뼈대를 잇는 관절과 같다. 집단과 사회는 효율적으로 기능하기 위해 의식에 의존한다. 의식은 무엇을 언제, 왜 해야 하는지 등 구성원의 상식을 환기시킨다. 의식은 의식에 참여한 사람들의 정신적 가치와 상태를 타인에게 보여준다. 의식은 불문률처럼 모든 사람이 알고 있는 비밀 암호다.

의식을 행하면 최소한 순간적으로는 사람들이 안전하고 편안함을 느낀다는 사뭇 강력한 결론을 내릴 수 있다. 그리고 의식을 행한다는 것은, 개인이 규범을 알고 있으며 그럼으로써 해당 집단에 소속되어 있다는 메시지를 전한다. 의식은 언어의 악센트와 같아서, 의식에 참여한 사람 간의 의사소통을 허용하는 것만큼이나 분명히 그들이 한 구성원임을 명시해준다.

의식이 효율적으로 이루어지고 지속되려면 유전적 기초를 가진 인간의 특성에 부응해야 한다. 예로, 십대들 사이의 구애 의식, 가족들의 새로운 자녀 출산 의식, 사랑하는 사람이 아프거나 죽었을 때의 의식 등은 모두 인생의 중요한 고비마다 행해지는 핵심적인 의식이다.

어느 곳에서나 인생 주기는 같다. 그러나 의식 형태는 곳곳마다 다르다. 대부분의 의식은 특정한 한 집단 속에서 학습된 것일 가능성이 있다. X 나라에 살면 특정한 의식을 배우고 지키게 되며, Y나 Z 나라에 살면 다른 의식을 배우고 행하게 된다. 그리고 자신이 속한 집단이 아닌, 다른 집단의 의식에 대해서는 불편함을 느끼고, 신중한 이방인의 자세를 취해야 할 것이다. 그러나 인도 내륙이나 무더운 나이지리아 오지의 군 기지에서 저녁식사를 위해 고집스럽게 아이보리색 만찬 재킷을 입는 전설적인 대영제국의 식민지 주둔 장교와 달리, 누구든 다른 집단에 오래 머물게 되면 결국 그 집단의 의식에 순응하게 될 것이다.

이런 의식과 달리 종교의식은 의식의 시기와 엄숙함에서 매우 비슷하다. 종교행사는 동일한 기능을 한다. 그러나 그 형태는 종교마다 다르다. 모든 주요 종교는 그들만의 의식 리스트를 갖고 있다. 유대교, 이슬람교, 힌두교에서는 탄생부터 죽음에 이르는 모든 중요한 인생의 단계(성인이 되는 시기, 결혼, 출산, 정식 신도가 되는 때)마다 이를 기리는 의식이 있다. 이들 종교는 구체적인 종교적 행동에 있어서도 자체 규범을 갖고 있다. 기도, 찬송, 침묵, 행렬을 이끄는 사람, 경전 보관 방법, 기도문과 축복기도 순서 등이 그것이다. 기독교와 유교는 세례, 연도 의식, 성수, 성찬제 등이 유사하다(마녀도 의식이 있다. 성공적인 마녀는 악마적 마력으로 사람들을 놀라게 할 수 있는 무서운 능력의 소유자임을 증명하기 위해 이상한 말과 행동이 포함된 의식을 해야 한다).

세계의 주요 종교 중 불교만 예외인 듯 보이지만, 불교도 완전한 예외라고 할 수 없다. 불교에도 스승과 제자를 연결하는 형식적이고 분명한 의식이 있으며, 많은 승려와 불교도들은 깨달음을 얻기 위해 불상에 기도할 때 의식에 따라 행동한다. 불교의 여러 비공개 행사도 본질적으로 중요한 종교의식이다. 다른 종교단체들은 종교적 교류처럼 뇌의 위안 효과를 주는 더 공개적인 종교의식을 행한다. 이들 종교의 신도들은 세례식, 결혼식, 장례식, 식사 전후의 기도를 통해 서로 교류한다.

신앙인들은 아무리 사소하다 해도 어떤 행동이 관행을 위반한 것인지 정확히 안다. 이슬람 사원에서 한 여인이 히잡을 벗어 던진다거나, 장엄미사에 한 여인이 비키니 차림으로 등장한다거나, 혹은 주님의 기도를 암송할 때 어떤 괴짜가 시끄럽게 노트북 자판을 두드린다면 어떤 소동이 벌어질지 상상해보라.

의식은 의외로 화려하고 복잡하며 다양한 경우가 많다. 그러나 모든 의식에는 공통 요소가 있는데, 그것은 숭배하는 신이 아무리 모호하게 정의되었다 해도 참석자들이 신에게 복종한다는 것이다. 각 신도, 그리고 전체 신도 그룹은, 기도 중엔 관념적으로, 명상 중엔 육체적·정신적으로, 고해성사 중엔 정신적·영적으로, 그리고 무엇을 하고 무엇을 하지 않을 때는 행동으로 분명히 신에게 복종한다. 종교의식은 무엇을 먹고, 동료 신도들과 어떤 행동을 하며, 종교활동에 자신의 시간과 자원을 어떻게 바칠 것인지 결정하는 데 도움을 준다. 의식을 위해 만들어진 성물과 종교 예술품(십자가, 성화, 미사포나 히잡 등)은 집안 장식이나 의복 스타일에도 영향을 미친다.[2]

본질적으로 의식은 신에 대한 복종을 의미한다. 신에 대한 복종은 신, 혹은 보다 높은 힘이 존재한다는 것을 전제로 한다.[3] 어떤 형태를 띠든 간에 신에 대한 복종은 목사가 설교할 때 공손한 자세로 조용히 듣는 것과는 다른 형태의 복종이다. 보다 높은 권위나 힘은 시각화할 수 없고, 그저 상상하고 짐작해야만 한다. 앞서 말했듯이 유대교에서는 신의 모습을 형상화하는 것을 금지하고 있다. 이는 분명 신의 신성을 보호하기 위한 것이다.

그러나 목사는 볼 수 있고, 만질 수 있고, 들을 수 있는 존재다. 예배를 마친 목사가 교회 입구에서 신도들과 악수를 하는 것은 좋은 평가를 받는 관습이다. 비록 일부 추기경이나 카리스마적인 목사의 경우, 신도들이 자신의 권위를 신적인 것으로 믿기를 원하긴 하지만, '원칙적'으로 추기경, 이맘, 랍비의 권위는 두목, 상급자, 혹은 대통령의 권위와 다르지 않다. 교리 문제에 대한 교황의 제한적인 무오류설notion of papal infallibility, 하느님의 권능을 대신하는 교황의 결정은 결코 오류가 없다는 교리—옮긴이과 이맘의 파트와fatwas, 이슬람법에 따른 권위 있는 결정—옮간이는 이런 원칙을 위반한 것(그리고 논란의 여지가 있는 것)이다. 실제로 살아 있는 목사들은 주기적으로 바뀌고, 결국에는 죽으며, 인간으로서의 성격을 갖고 있기 때문에, 보다 높은 권위에 대한 복종 방식은 목사에 따라 어느 정도 다르다. 많은 신도들에겐 놀라운 일이겠지만, 교황이 바뀌면 교황의 업무 방식도 달라진다. 그러나 최상의 권위는 거의 변하지 않고 영원히 범접할 수 없는 상태로 계속 존재한다.

위에서 언급한 의식 중 매우 특별한 행동을 요구하는 의식이 있다. 종교는 이런 의식을 강조할 필요가 있다. 그리고 이런 의식은 구체적인 신체적, 정신적 노력을 필요로 하며 모스크, 사원, 교회 같은 지정된 곳에서 행해져야 한다. 보통 매일 세 번 반복되며, 정통 무슬림의 경우 하루에 다섯 번 행해진다. 의식은 일정한 패턴이 있으며, 명시적이다. 이런 의식을 구성하는 각각의 행동은 신학적, 혹은 최소한 관습적으로 정당화된다. 이런 행동은 식사 전후의 기도처럼 아주 간단한 것에서부터 극히 복잡한 행동에 이르기까지 다양하다. 예로, 내적 에너지를 끌어올릴 목적으로 행해지는 대단히 긴 도교적 명상 의식도 있다.[4] 여기에 그 명상법을 소개하면 다음과 같다.

- 무극無極, wu chi, 순수의식, 텅 빔 자세로 명상을 시작하라.
- 몸을 바로 세워 자세를 유지하되, 너무 경직되지 않도록 하라.
- 다리를 어깨 넓이로 벌리고 서서 발을 나란히 한 채 무릎을 약간 굽혀라.
- 꾸준히 고르게 숨을 쉬되, 들이마시는 것보다 내뱉기를 조금 더

길게 하라.

- 위의 자세에서 편안함을 느낄 때, 단전과 복부를 팽창시켜 숨을 들이쉬어라.
- 코나 입을 통해 숨을 내쉴 때, 복부가 수축되는 것을 느껴라.
- 이제 기해氣海, chibai, 기의 저수지, 기의 바다가 있는 단전 아랫부분에 마음을 집중하라.
- 숨을 들이쉴 때, 우주의 신선한 기氣가 너의 몸에 들어와 기해로 흘러 들어오는 것을 상상하라.
- 숨을 내쉴 때, 이제 낡은 기가 너의 몸을 떠나 다시 새로운 기가 될 근원(우주)으로 돌아가는 것을 상상하라.
- 가능한 한 이런 호흡을 10분 동안 계속하고 몸에 축적되는 기의 힘을 느껴라.

이런 의식은 특별히 관심을 끈다. 뇌의 화학적 특징과 기능을 변화시키고 스트레스를 줄여준다는 분명한 증거가 있기 때문이다. 의식은 실제로 효과가 있다! 가령, 명상 혹은 어떤 형태든 집중적인 사색을 하면 보통 산소 소비와 심장 박동이 줄어든다.[5] 그러면 유산염 lactate, 젖산, 코르티솔, 부신피질자극호르몬 같은 신체 화학물질도 감소한다.[6] 뇌에서는 혈압과 알파파가 감소하고,[7] 갈바니 피부반응galvanic skin response, 전기 피부 반응[8]과 세로토닌의 신진대사 물질인 요중尿中 5-HIAA가 증가한다.[9] 그리고 뇌에 대한 우리의 관심을 고려해볼 때, 인식의 초점이 강화된다는 것은 흥미로운 일이다.[10] 기도를 하는 사람은 덜 긴장하고, 마음이 더 편안해지며 (더 좋은 일인지 더 나쁜 일인지 모르지만) 개인적 자신감이 더 커진다. 의식을 행하는 사람은 잘 훈련된 체조 선수가 한 손으로 오랫동안 물구나무를 선 채 자신의 몸을 통제하는 것처럼 자기 뇌를 통제할 수 있는 것 같다. 왜 그러지 못하겠는가?

종교의식에서 얻는 뇌의 위안 효과

뇌가 스스로를 이해하려 하는 것은 어려운 일이다. 앞서 말했듯이, 이는 지네에게 "도대체 어떻게 기는 거야?"라고 묻는 것과 같다. 자신의 뇌가 무슨 일을, 왜 하는지 궁리하는 일도 그렇다. 머릿속에서 벌어지는 일이 몸 밖에서 벌어지는 일과 연관될 때 과제의 어려움은 더 커질 뿐만 아니라 더 중요해진다. 이 책에서 우리는 매우 중요하고 광범위하게 행해지는 인간의 의식儀式은 뇌의 작용과 직접적으로, 그리고 분명히 관련되어 있다고 주장했다.

종교세계에서는 다른 의식들도 많이 행해진다. 서로 다른 의식들을 연구하면 뇌 속의 기능에 대해서도 다른 발견을 할 수 있을 것이다.

바로 이것이 우리가 발견한 것이다. 가령, 전통적인 명상에 대한 자기공명영상 분석법이 있는데, 이 분석법에 의하면 전통적인 명상을 하는 중에는 배외측피질dorsolateral cortex, 전전두피질, 해마, 측두엽temporal lobe 같은 여러 뇌 기능 영역이 활성화된다. 이는 극히 중요한 발견이다. 이것이 의미하는 것은 주의집중과 자율신경 시스템의 통제와 관련된 뇌 조직이 활성화된다는 것이다. 이렇게 활성화되는 뇌 영역과 조직이 (신체에 영향을 미치는) 스트레스, 근심과 밀접하게 관련되어 있다.

다른 연구들에 의하면, 선禪 명상은 전두엽과 기저핵basal ganglia 을 활성화시키고, 후두이랑gyrus occipitalis의 활성화 수준을 낮춘 다.[11] 그러나 또 다른 연구에 따르면, 영적 명상은 세속적인 명상 보다 고통의 역閾(자극을 받았을 때 고통을 느끼기 시작하는 점—옮긴 이)을 높이는 데 효과적이다.[12] 즉 영적 명상은 세속적인 명상보다 고통에 더 좋은 약이라고 할 수 있다. 사람들은 이런 의식을 수세 기 동안 해왔다. 그리고 마침내 우리는 그런 의식을 받치고 있는 뇌의 실제 메커니즘을 알게 되었다. 따라서 노점 채소가게 주인이 차가운 콘크리트 바닥에 이마를 대는 종교의식을 행할 때는 무슨

<그림 5> 명상 중에 활성화되는 뇌 영역

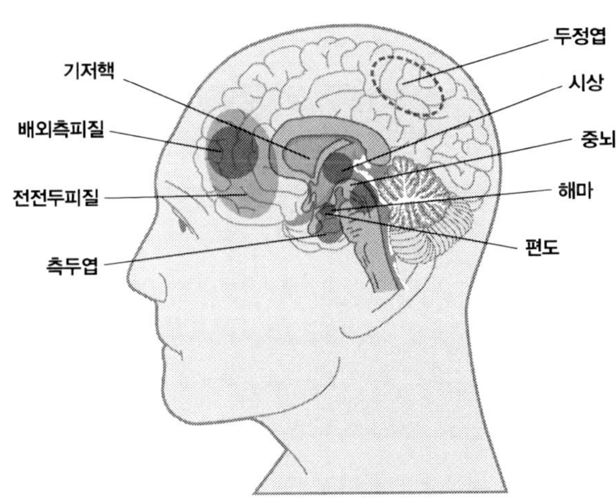

* 명상 중에는 배외측피질, 전전두피질, 해마, 측두엽 등이 활성화된다. 이 영역은 또한 근심과 스트레스를 받을 때 활성화되는 부분이기도 하다. 주목할 만한 현상은, 자신과 외부 사물을 구분하는 인식 기능을 하는 두정엽의 활동이 감소한다는 것이다. 이는 '나'의 존재를 잠시 잊고 타자와의 유대를 강화하려는 인간의 본능적인 생물학적 욕구로 풀이된다. 더욱이 영적 명상은 고통의 역을 높인다. 고통에 매우 좋은 치료약인 것이다.

일인가가 그의 뇌에서 벌어지고 있는 것이다.

긍정적인 주변의 신호도 보상과 관련된 뇌 영역을 활성화시키는 것으로 보인다.[13] 이런 신호들은 내적, 외적으로 발생한다. 이는 어떤 생각이나 기도로써 사람들이 자기 뇌의 화학 작용을 일시적으로 변화시킬 수 있음을 의미한다.[14] 불공평할 정도로 운 좋은 경쟁자에 대해 한동안 부럽다는 생각을 한 후의 느낌과 낭만적인 이태리 언덕 마을에서 느긋한 휴가를 즐기는 생각을 한 후의 느낌을 비교해보라.

앞서 말했듯, 편도는 시각 이미지에 대해 긍정적 혹은 부정적인 반응을 하고, 낙관적인 생각과도 직접적인 관련이 있다.[15] 많은 교회와 여러 종교 건축물에 (신과 높은 권위를 상징하는) 시각적 장식이 많은 이유도 그런 장식들에 편도가 긍정적인 반응을 하기 때문일 것이다. 또 사람들이 십자가나 다비드의 별과 같이 자신의 신앙을 나타내는 부적이나 상징물을 기꺼이 착용하고, 또 착용하려고 하는 것도 이 때문일 것이다. 신앙인들은 뇌를 안심시키고 뇌에 활력을 주면서 뇌에 영향을 미치는 상징물에 관심을 갖는다. 신앙인들에게 이런 상징물은 들리는 말처럼 분명하고 확실한 것이다.[16]

그러나 종교적 교류의 긍정적 효과와 마찬가지로, 종교의식의 긍정적 효과도 단기적이다.

최대한 효과를 보거나 조금이라도 효과를 얻기 위해서는 6개월에 한 번 이상 온천에 가거나 열심히 운동을 해야 하는 것처럼, 의식의 긍정적 효과를 지속시키려면 반복이 필요하다. 의식의 긍정적 효과가 단기에 그치는 대부분의 이유는, 의식을 마친 사람들이 다시 골칫거리로 가득 찬 현실 세계로 돌아가기 때문이다. 현실 세계에서 우리 뇌는 뇌를 편안하게 해주는 종교의식의 집행자와 다르게, 뇌를 편안하게 해주려고 노력할 가능성이 별로 없는 일반인들이 보내는 신호에 다시 노출되는 것이다.

그럼에도 의식과 관련해 당혹스러운 차이가 존재한다. 가령 왜, 어떻게 해서 이슬람교도들은 하루에 다섯 번 기도하고 그중 일부는 메카 순례를 위해 수만 킬로미터를 여행하는가? 또 왜, 어떻게 해서 어떤 신도는 하루나 한 주에 단 몇 분만 기도하는데, 일부 기독교 근본주의자들은 하루에 두 시간씩 기도하고, 일부 승려들은 하루에 두 시간 이상 명상을 하는가? 이 정도로 노력해야 뇌가 편안해지는가? 그런 것 같지는 않다. 이 정도는 신학자라도 하기 힘들다.

분명 뭔가가 작동하고 있음에 틀림없다. 그중 하나의 가능성은, 감동적인 콘서트가 끝난 후 뇌가 콘서트에서 들은 음악을 다시 떠올리거나, 누군가와 즐거운 시간을 보낸 후 뇌가 그 순간을 다시 회상하는 것처럼, 의식을 통해 얻은 뇌의 위안 효과를 연장하려는 시도일 수 있다. '진지한' 예배자들도 또 다른 가능성이다. 의식이 진행되는 순간순간, 이들은 "신과 하나 됨을 느낀다…… 일상생활의 그 어떤 것도 이렇게 만족을 주지는 못한다"고 생각한다. 이런 경험은 매우 강력하고 기억에 남는다. 이런 구체적인 체험 기억은 사람들로 하여금 종종 논리와 경험적 타당성이 약한 종교를 신봉하는 것이 진실되고 올바르다고 생각하게 만든다.

관심을 가져야 할 또 한 가지 문제가 있다. 수많은 연구에 의하면, 성체동물을 둘러싼 물리적 환경 변화는 뇌 피질에 있는 감각 지도를 변형시킨다.[17] 사람의 경우도 마찬가지다.[18] 이런 뇌의 변형성에 대한 분명한 증거가 있다. 제한된 범위 안에서 뇌의 회로와 기능은 수정될 수 있다. 그러나 이런 일이 정확히 어떻게 일어나는지는 결코 분명하지 않다. 어쨌든 승려와 다른 진지한 명상가들이 명상에 그토록 끌리는 한 가지 이유는, 이런 뇌의 변형성 때문임이 분명하다. 이들은 아무것도 하지 않는 것처럼 보이지만 사실은 변한 것이다.

뇌는 몸의 일부이고, 당연히 행동에 영향을 미친다. 의식은 뇌에 특별하고 (종종은) 특수한 영향을 미치는 행위다. 역사적 안개와 부정확한 신학에 가려져 있는 경우가 많지만, 그럼에도 의식은 뇌의 과정으로 인식할 수 있다. 결국 의식은 뇌의 과정이다. 뇌의 위안을 위한 일종의 로드맵(정신적인 총체적 위치확인 시스템)이 있다. 언젠가 우리는 작은 스크린에 그것을 보여줄 수 있을 것이다.

뇌가 믿으면 삶의 모호함도, 혼란도 없다

믿음은 종교의 세 번째 중요한 특징이다. 종교적 믿음은 그 근원이 무엇이든 간에, 경전에 기록된 것, 성직자가 말하는 것, 신앙인들 사이에 전해지는 것, 그리고 사람이 믿는 것을 말한다.

앞서 언급한 종교의 두 가지 중요한 요소는 '교류'와 '의식'임을 기억하기 바란다. 종교적 교류와 의식처럼, 믿음도 뇌를 편안하게 해준다. 믿음은 알 수 없는 것을 알려주고 미래를 보여준다. 믿음은 내세의 영원한 대축제를 위해 준비된 메뉴를 보여준다. 믿음은 질문에 답을 주며, 하나의 공식으로 기능한다. 또 지상의 삶을 마친 후 어딘가에서 삶이 시작될 때까지 어느 땅에서 어떻게 살아야 하는지에 관한 전략을 제공한다.

죽고 나면 완전한 무無로 돌아갈 거라는 예측은 많은 사람들에게 당혹스럽고 받아들이기 싫은 관념인 듯하다. 따라서 한 가지 해결책으로 믿음이 등장했고, 사람들은 그 믿음에 따라 세상을 살게 되었다. 종교적 믿음은 자존감을 줄 뿐만 아니라, 이 세상은 물론이고 저 세상에도 자신의 자리가 있다는 생각을 갖게 해준다.[19]

믿음이라는 해결책은 대단한, 그리고 심지어는 놀랄 만한 대담함과 창의력을 요구하고 이끌어낸다. 믿음은 삶, 죽음, 영혼, 영원 등에 관한 모호함과 불확실성을 줄여준다. 믿음은 록 콘서트 장에서 미적분을 풀어야 하는 것처럼 매우 혼란스러운 것이지만, 사람들은 어떻게든 믿음을 꾸려나가는 것으로 보인다. 더욱이, 천국이나 지옥을 믿는 모든 사람들은 용감한 탐험가이며, 아무리 부정확하다 해도 탐험 지침서 한 권을 받은 것과 같다.

뇌는 상상하고 믿기 좋아하는 스토리텔러

믿음은 모호함과 불확실성을 줄여준다. 모호함과 불확실성에는 기본적으로 두 가지 형태가 있다.[20]

그중 하나는 현실의 삶과 연관된 모호함과 불확실성이며(예로, 진행 중인 계약 건이 성사될 것인가?) 다른 하나는 증명될 수 없는 것에 대한 모호함과 불확실성(예로, 죽은 후에는 어찌 될 것인가?)이다.

보통 뇌는 모호함과 불확실성을 피하려 한다. 뇌는 해답, 구체성, 예측가능성을 좋아한다. 뇌는 올바른 결정을 내리는 데 도움이 되는 것을 원한다. 불확실성을 줄이기 위해 사람들은 책과 신문을 읽고, 질문을 하며, 뉴스를 보고, 회사의 역대 투자 실적에 대한 통계 그래프를 그리며, 경기 침체가 시작되고 끝난 이유에 대한 믿을 만한 역사적 스토리를 만들어낸다. 우리가 언급했듯이, 수많은 사람들은 그날의 운세를 읽고 유명한 점쟁이를 찾아가 점을 본다.

그러나 대수술이나 전투 결과처럼 어쩔 수 없이 그 결과가 모호하고 불확실한 상황은 여전히 존재한다. 때로 그 확률은 매우 불안정하며, 모호함과 위험 사이를 맴돌기도 한다.

그러나 뇌의 경우, 모호함과 위험 간에 큰 차이가 있는 듯하다. 뇌는 두 경우 각각 다르게 반응한다. 우리의 관찰에 따르면, 모호한 정보는 위험보다 훨씬 많은 뇌 기능 영역들을 작동시킨다. 모호함이 위험보다 대처하기 더 어렵다는 것이 몹시 이상해 보인다. 하지만 위험이 대처하기 더 쉬운 이유는, 그것이 잠재적으로 무척 고통스럽다 해도 판단하기가 더 쉽기 때문이다. 분명한 위험은 그것이 위협적이라 해도 혼란스러운 모호함보다 더 쉽게 집중할 수 있다. 뇌는 생각하기 위해서가 아니라, 행동하기 위해 진화되었다는 것을 기억한다면 납득이 갈 것이다.

뇌는 또한 화학적으로 대단히 활발하고 부산하다. 가령, 뇌의 아세틸콜린acetylcholine 활성화 정도와 양은 '예상되는 불확실성expected uncertainty'의 정도와 상관관계가 있다.[21] 예상되는 불확실성이란, 결과는 모르지만 그 결과와 관련된 사건에 시간 제한이 있는 경우를 말한다. 즉 결과는 모르지만 어떤 팀이건 세 시간 후에는 승자가 나오는 풋볼 게임, 다가올 목요일에 발표될 1천만 유로의 로또복권 추첨 결과, 혹은 금요일에 발표될 일리노이 주 파워볼 복권 당첨번호, 특정 일까지 열리는 선거 등이 예상되는 불확실성에 속한다. 뇌 화학물질 노르에피네프린의 활성화는 예상되는 불확실성의 정도와 상당한 관련이 있다. 그 이유를 누구도 확실히는 모르지만, 이는 엄연한 사실이다.

한편 '예상되지 않는 불확실성unexpected uncertainty'은 그 결과는 완전히 알려져 있지만 그 결과가 나타날 시간이나 장소는 알 수 없는 경우를 말한다. 가령, 사람은 누구나 분명히 죽지만(결과) 죽는 날과 장소는 모른다.

반면 '완전한 불확실성total uncertainty'은 그 사건(예로, 지옥에 가는 일)이 도대체 일어나기는 할지, 일어난다면 언제 일어날지, 도통 알 수 없는 경우를 말한다. 현실을 사는 데 문제가 되지는 않지만, 사람들은 그것을 알고 싶어 한다. 완전한 불확실성은 예상되는, 혹은 예상되지 않는 불확실성보다 훨씬 괴롭고 고통스러운 일이다. 무조음악無調音樂, 음조가 없는 음악은 익숙한 C음조 음악보다 사람의 마음에 와 닿지 않는다.

그렇다면 종교적 믿음은 불확실성과 모호함을 어떻게 줄이는가? 기본적으로 종교적 믿음은 '진리'라고 하는 설명과 스토리를 제공함으로써 불확실성과 모호함을 줄인다. 믿으면 모호함도 타락도 혼란도 없고, 모호함과 혼란이 없으면 뇌가 편안하다.

어떻게, 어떤 과정을 거쳐 사람들이 어떤 것은 믿고, 다른 것은 안 믿게 되는지 그 구체적인 내용은 아직 미스터리로 남아 있다. 그러나 이와 관련해 알려진 사실도 일부 있다. 예컨대, 뇌는 세상을 해석하고 재구성할 때 정보를 거른다. 한 영화를 두 번 보았다고 할 때 처음 보았을 때 놓친 장면이 무엇인지 기억하는가? 이런 기억을 재구성하기 위해서는 이전의 지식(처음 영화를 보았을 때 보았다고 믿는 장면)을 사용해야 한다. 왜냐하면 정보는 관련된 상세한 내용을 가진 완전한 스토리로써가 아니라 부분적으로 조각조각 뇌에 들어오기 때문이다. 그런데 재구성을 위해 사용하는 이전의 지식에 오류가 있을 수 있다. 그러나 잘못된 지식을 믿는다고 해도, 심지어 이상한 것을 상상하고 믿는다 해도 나쁠 것은 별로 없을 것이다.

때론 잘못된 지식이 재미있진 않아도 흥미로운 특징을 갖기도 한다. 우리는 우리의 사촌인 비인간 영장류에 대해 논의해왔으며, 그들과 관련된 몇 가지 사례를 통해 뭔가 배울 것이 있을 것이다.

필자 맥과이어는 동캐리비안의 섬들, 남아메리카, 아프리카 등지에서 수년간 영장류를 연구했다. 이 연구에서, 옳은 지식이라고는 할 수 없지만, 믿어서 굳이 나쁠 것이 없는 믿음에 관한 세 가지 사례를 뽑아낼 수 있었다.

비인간 영장류 연구에서 흥미롭고 기괴하기까지 하지만 지금까지 만족스럽게 설명하지 못한 사실 하나는, 최근에 죽은 비인간 영장류의 유골이 야생에서 거의(정말 거의) 발견된 적이 없다는 것이다. 수천 년 전에 죽은 모든 인종의 인간 유골이 모든 대륙에서 발견되었다는 점을 고려하면, 이는 상당히 놀라운 일이다. 아직까지 미스터리지만 엄연한 사실이다. 그 지역에 익숙한 현지인이나 현지 연구자들도 결코 그들의 유골을 발견하지 못했다.

이런 수수께끼에 대한 믿을 만한 설명은 과연 무엇일까? 동캐리비안과 서아프리카의 많은 원주민들은 (누구도 결코! 그것을 보지 못했으면서도) 비인간 영장류들이 죽은 동료를 매장한다고 믿고 있으며, 그렇게 설명한다. 이 설명을 입증하는 증거는 전혀 없다.

많은 지역에서 비인간 영장류들은 옥수수, 과일, 나무열매 같은 인간의 수확물을 마구 훔쳐 먹기 때문에 해로운 동물로 간주된다. 그래서 사람들은 적극적으로 이들을 사냥해 죽인다. 현지의 원주민들이 비인간 영장류를 보는 시선은 대도시 시민들이 집쥐를 보는 것과 비슷해서, 비인간 영장류는 해로운 동물, 질병과 불결함의 근원으로 여겨진다. 1970년대에 미국 대학의 연구자들이 원숭이들의 행태를 연구하기 위해 동캐리비안에 왔을 때, 많은 원주민들은 연구자들의 동기가 과학적이라고 생각하지 않았다. 원주민들은 도대체 이 이상한 방문객들이 뭘 하고 있는지 의아했다. 그리고 이들은 머리를 짜낸 끝에 결국 매우 명쾌하게 의문을 풀었다.

그들은 당시 미국인들이 성기능 장애에 시달리고 있다고(그때 비아그라는 없었다) 믿었다. 따라서 이들은 연구자라고 하는 미국인들이 사실은 원숭이 고환을 얻기 위해 그들 섬에 왔으며, 떼어낸 원숭이 고환을 미국 실험실로 보내 이를 갈아 강장제와 섞어 정력제로 만든 후 성기능 장애를 겪고 있는 미국 남성들에게 팔 것이라고 믿었다. 이와 유사한 정력제를 많이 애용했던 것으로 보이는 시인 예이츠^{William B. Yeats}에 대해서 그들은 아는 바가 없었을 것이다. 그런데도 이들은 원숭이 고환이 정력에 좋고 미국인들이 그 이유 때문에 섬에 왔다고 믿었다. 물론 원숭이 고환이 정력에 효과가 있다는 것이 사실이라면, 이는 우리가 앞서 말한 영장류의 기본 구조는 동일하다는 주장의 설득력을 높이는 한 사례가 될 수도 있을 것이긴 하다.[22]

더욱이 원주민들 사이에서는 원숭이 고환 정력제가 가장 필요한 남성은 아마도 심각한 성기능 장애에 시달리고 있을 미식축구 선수들이라는 재미있는 이야기도 했다. 그러나 프로이트 박사가 추측한 것처럼, 우리의 현지 분석가들(원주민들)은 미식축구 선수들이 거친 플레이를 통해 자신이 진정한 남자라는 것을 보여주려 한다고 결론 내렸다. 이 때문에 미식축구 선수들이 원숭이 고환을 원하는 것이 분명하다고 했다.

서아프리카 지역의 어떤 마을들에서는 분명하지 않은 이유로 원숭이 수가 증가한 적이 있었다. 필자 맥과이어는 그 지역에서 상당한 시간을 보냈는데, 원주민들은 이에 대해 "원숭이들이 번식해서 세계를 정복할 계획을 꾸미고 있다"는 사뭇 논리 정연한 설명을 내놓았다. 원숭이들이 인간세계에서 살면서 인간세계를 이용하기 위해 "인간을 길들이려고" 하고 있으며, 킹콩 같은 '원숭이 신'을 믿는 인간만 살려둘 거라고 했다. 이런 믿음이 과연 종교일까?

이 모든 것이 해파리 같은 뇌 섬유조직에서 벌어진 일이다. 믿음과 관련된 뇌 활동은 의사결정과 불확실성을 다루는 데 있어 보다 핵심적인 역할을 하는 흐물흐물한 뇌 영역인 후내측전두피질posterior medial frontal cortex과 전두엽에서 주로 일어난다.[23] 그러나 어떤 종교적 순간에는 그렇지 않은 경우도 있다. 예로, 종교에 너무도 심취한 사람들이 '신의 영'이 그들에게 들어와 '말을 하도록' 한다고 믿을 때는 전두엽의 활동이 감소한다는 보고가 있다. 또 다른 연구에 의하면, 신앙인들은 비신앙인들에 비해 우뇌의 전기적 활성화electrical activity 정도가 더 크다.

신경생리학자 마이클 가자니가Michael Gazzaniga는 신피질neocortex

이 '스토리텔러' 역할을 한다고 주장했다. 이 스토리텔러가 틀리는 경우도 있지만, 이것이 전하는 스토리는 적자생존적 생존 가치 survival value를 갖고 있다. 즉, 뇌가 원하는 스토리만 선택되어 살아남는다. 일반적으로 뇌는 어떤 행동을 하면 바람직한 좋은 결과가 온다는 식의 행복한 이야기를 좋아한다. 종교가 전하는 많은 스토리들은 이런 범주에 꼭 들어맞고, 따라서 유용하다. 이러니 내세를 믿어서 나쁠 게 뭐가 있겠는가?

사실, 종교적 환상은 경험의 불완전성을 채우기 위해 뇌가 활동한 결과다. 종교적 환상은 알 수 없는 것에 어떤 실체를 부여한다. 물론 규범을 준수하지 않거나 신과 그 대리인에 대한 복종이 거짓일 경우에 벌어질 일을 묘사하는 끔찍한 이야기도 있다. 단테가 《신곡》에서 묘사한 지옥 여행기가 그 대표적인 예다.

우리는 이런 시각에서 중요한 종교 경전들을 읽을 수 있다. 시간이 흐르면서 그리고 수많은 수정을 거쳐 이런 이야기들은 신앙인들에게 성공적으로 진리를 전파해왔다. 세계에 존재하는 엄청나게 많은 신앙인들을 고려해볼 때 "뇌는 지금 하고 있는 것(믿게 하는 것) 말고 다른 일을 할 수는 없는가?" 하는 질문을 던져볼 수 있다. 과연 뇌의 특성과 작동 방식을 고려할 때 믿게 하는 것만이 뇌가 할 수 있는 편하고 만족스러운 유일한 방법인가? 또 믿는 것이 장기적으로 뇌를 편안하게 만드는 유일한 방법인가? 다리가 걷기를 필요로 하는 것처럼, 뇌도 사람들을 믿게 만들 필요가 있는 것인가? 다른 영장류보다 까다로운 인간 종 안에서 계속 그 역할을 하기 위해서 말이다.

기도, 암송, 종교행사를
계속 반복하는 이유

'기억'은 믿음에 있어 절대적으로 중요한 요인이다. 우선, 뇌는 한계와 제약 요인이 있다. 뇌의 단기 기억 능력에는 한계가 있다. 뇌는 컴퓨터라기보다 금전등록기와 같다. 어떤 사람은 경험한 것 중 많은 것을 기억하지만, 어떤 사람은 별로 기억하지 못한다. 분명한 것은 누구도 모든 것을 기억하진 못한다는 것이다. 한순간 어떤 것을 기억한다 해도, 거의 모든 사람의 기억은 급격히 사라진다. 5년 전은 고사하고, 일주일 전, 아니 어제 이맘때 뭘 했는지도 자세히 기억하지 못한다. 새로운 기억은 낮에는 가물가물하고, 자는 동안 강화된다(렘수면REM sleeping이 기억을 강화시킨다는 것이 증명되었다). 그리고 기억이 강화된 후 재활성화될 때는 그 기억을 지속시키기 위해 기억을 되살리거나 혹은 일종의 업데이트를 해야 한다.[24] 사실 기억이 잘 나지 않을 때 재활성화하는 동안 기억이 수정되는 경우가 많다.[25] 그리고 물론 반복도 기억력을 높여준다. 몇 번 외우면 사람들은 더 외우지 않고도 자신의 전화번호를 정확히 기억해낼 수 있다. 이런 것은 더 이상 기억이 아니라 이제 하나의 의식儀式이다. 동일한 종교적 믿음과 행사가 계속 반복되는 것도 바로 그런 이유다. 이 때문에 신앙인이라면 기억력이 나쁜 사람들도 종교적 믿음과 행사를 비교적 쉽게 기억하고, 관계없는 사람도 일부는 그것에 대해 알고 있다.

여러 뇌 영역이 이 모든 것에 관여한다. 그중 해마와 전전두피질이 핵심 역할을 한다. 해마와 전전두피질은 기억의 강화와 저장을 관장한다. 중요한 것은 이들 영역이 다시 편도와 연결되어 있다는 것이다. 이것이 의미하는 중요한 사실은, 기억은 감정의 영향을 받는다는 것이다. 매우 감정적인 순간에 기억력이 좋아진다는 증거가 있다. 이는 맞는 말 같다. 지나치게 연극조로 거행되면서 (감정을 관장하는) 편도에 영향을 주게 마련인 부흥회 같은 종교행사가 그렇다. 한 예를 들어보겠다. 2009년 4월, 홍보사진을 찍기 위해 미국 대통령 전용기 에어포스 원이 전투기 한 대의 호위를 받으며 자유의 여신상 주변을 도는 일이 있었다. 그러자 9·11테러 장소 주변에 있던 건물에서 수천 명의 사람들이 뛰쳐나왔다. 이것은 뇌 안에서 공포와 같은 감정이 기억과 내적으로 연결되어 있음을 보여준다. 당시 사람들의 반응은 그런 사진을 찍으려는 시도가 바보 짓이었던 만큼이나 놀라운 것이었다.

이 같은 일이나 이와 유사한 일을 관장하는 화학물질이 있다. 가령 아는 것은 즐거운 일이다. 어떤 개념을 이해하면 즐거운 감정이 생긴다. 퍼즐 풀기는 뇌가 즐기는 오락의 하나다. 뇌가 즐겁지 않으면 왜 우리가 낱말 퍼즐과 숫자 퍼즐을 하겠는가? 뭔가를 이해하면 오피오이드 수용체opioid receptors, 진통제·아편 등과 결합하는 수용체—옮긴이와 도파민 시스템이 모여 있는 뇌 영역이 활성화된다. 부드러운 메밀 팬케이크에 뿌려진 달콤한 휘핑크림이나 천연 메이플 시럽에 미뢰taste bud, 맛을 느끼는 혀 부분—옮긴이가 즐겁게 반응하는 것처럼, 뇌는 달콤한 생각에 즐겁게 반응한다.

어떤 것을 이해하면 스트레스가 감소하고 오르막을 힘들게 오른 후 짊어졌던 무거운 짐을 내려놓은 듯한 느낌을 받는다. 일종의 정신적 해방감을 느끼는 것이다. 생각은 사람을 불쾌하게 할 수도 있지만 기분 좋게도 만든다.

그러나 모든 것이 이렇게 간단한 것은 아니다. 예로, 자기공명영상 분석에 따르면, 똑같은 정보(예로, 같은 영화)를 보고 있는 두 사람은 실제 그 정보를 보는 동안 비슷한 뇌 활동을 보인다.[26] 똑같은 자동차 추격 장면을 똑같이 보는 것이다. 그러나 두 사람은 마치 서로 별난 친구와 영화를 본 후 토론하는 것처럼, 같은 영화를 달리 설명하고 달리 해석한다.

앞서 지적한 것처럼 또 하나 주목해야 할 것은, 남성과 여성은 같은 과제를 수행하면서도 사용하는 뇌 영역이 다르고, 상이한 과제를 수행하면서도 같은 뇌 영역을 사용하기도 한다는 것이다. 여성의 편도는 남성과 다른 방식으로 활성화된다. 종교에서 경전과 교리를 반복 설명하고 해석하는 것을 강조하는 데에는 분명한 이유가 있다. 여성과 남성의 차이가 매우 크기 때문에 노련한 종교는 이런 차이를 포용하여 여성과 남성 모두 비슷하게 이해하도록 경전과 교리를 반복 설명한다. 또 신도들의 종교 입문 시기가 모두 다르기 때문에 경전이나 교리에 대한 신도들의 이해를 비슷하게 맞추기 위해 이를 반복 설명할 필요도 분명 있다.

동일한 자극에 대해 다양한 해석들이 있을 수 있다.[27] 종교가 시각적으로 과하게 연극적인 요소가 있고 본질적으로 드라마틱한 것은 우연이 아니지만, 종교는 단순한 영화가 아니다. 결국, 원죄와 관련된 극적 효과를 내기 위해 아담과 이브는 벌거숭이여야 했고 뱀, 사과 같은 소품이 필요했던 것은 아닐까?

종교는 믿음을 위한 체계다. 그런데 현재 흥미로운 분열이 일어나고 있다. 이를테면, 같은 종교를 믿는 사람들이 목사나 사제의 속성, 그들이 어떻게 행동해야 하는지 등에 관해 내용적으로 다른 견해(생일파티 계획을 놓고 남편과 아내의 생각이 다른 것처럼)를 가지기도 한다. 그러나 이는 저변에 있는 본질에 관한 견해차가 아니라 목사나 이맘의 스타일에 관한 견해차에 불과하다. 만약 본질에 대한 견해가 다르면 종교 관념에 대한 합의도 위험해진다.

가령, 많은 신도들이 삼위일체 같은 종교적 관념에 대한 해석이 다르면, 종교개혁, 수니파와 시아파의 분열, 그리고 미래에 있을지 모를 성공회의 분열처럼 같은 종교 내에 서로 다른 분파가 등장하게 될 것이다.

이런 차이는 상당히 심각한 것으로 폭력을 낳을 수도 있다. 상상 때문에 폭력이 발생한다는 것은 참으로 극적인 일이 아닐 수 없다.

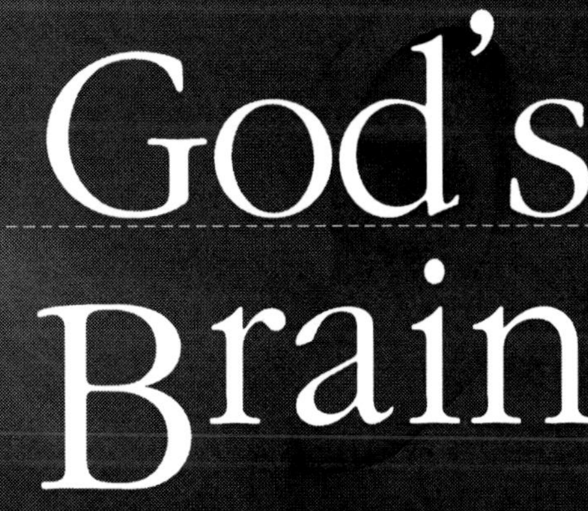

God's Brain

chapter 10

나의 뇌는 스트레스에
얼마나 견딜까?

사람마다 스트레스 대응 능력이 다르다

사람마다 뇌를 편안하게 하는 능력에 차이가 있을까? 경쾌한 발걸음과 미소에 해당하는 뇌의 편안함을 즐길 수 있는 이는 어떤 사람인가? 또 활기 없는 뇌 피질을 지닌 채 뇌를 위안하지 못하는 불운한 이는 어떤 사람일까?

자신만의 별자리가 있듯이, 자신만의 뇌 스트레스 지수가 있을까?(원문 'brainsoothing score'를 '뇌 스트레스 지수'로 표기함—옮긴이) 소개팅에 나온 상대방에게 별자리나 띠를 묻는 사람이 있다. 이런 사람은 '행성 운동과 태어난 시기'라는 우연적 요소가 삶에 영향을 미친다고 가정하고 중요한 삶의 결정을 내리기도 한다. 신문과 여러 매체에는 그날의 별자리나 운세가 주요 지면을 차지하고, 점성술사가 사람들의 삶에 큰 영향을 미치고 있다는 사실은 많은 점성술 회의론자들을 당혹스럽게 만든다. 그리고 점성술의 재료가 인간의 삶이 이루어지는 땅에서 물리적으로 아주 멀리 떨어진 우주의 별이라는 것 또한 놀라운 일이 아닐 수 없다.

그러나 여기에도 어떤 현실이 있다. 아마 보통 사람들이 우주시민권이란 것을 받는다 해도 질서 없이 무작위적으로 움직이는 것처럼 보이는 우주에서는 못 살 것이다. 따라서 사람들은 아무리 자의적이고, 현실에서 멀리 떨어져 있으며, 추측할 수밖에 없는 것이라 해도, 보다 확실한 질서가 있는 것과 연결 지을 것이다.

그런 사람들에게 뇌 스트레스 지수는 가능한 행동 경로를 찾고 친구를 선택하는 데 유용한 지침이 될 수 있다. 따라서 뇌 스트레스 지수를 확인해보는 것도 나쁘지 않을 것이다. 이런 관점에서 이번 장에서는 이에 관한 보다 확실하고 실질적인 내용을 다뤘다. 그 내용은 뇌의 활동과 속성, 그리고 인간의 속성에 대해 우리가 알고 있는 사실에 기초했다.

* * *

서던오리건에서 짐 엘^{Jim L}이란 남자의 이야기를 들은 적이 있다. 짐은 부인과 두 명의 아들을 두고 있었지만 또 아기를 갖게 되었다. 임신 중엔 별 문제가 없었지만, 분만 중에 예상치 못한 사고가 발생해 짐의 부인은 일란성 쌍둥이 아들을 낳자마자 사망했다. 두 쌍둥이 아들의 이름을 짓는 일은 짐의 몫이 되었다.

분만을 기다리던 중 짐은 유전자와 성격이 같아서 스트레스를 받는 일란성 쌍둥이에 관한 신문기사를 읽었다. 이름을 어떻게 지어야 할지 모르는 상황에서 한 아이를 편애한다는 인상을 주고 싶지 않기에 짐은 쌍둥이 아들의 이름을 똑같이 윌리엄으로 짓기로 했다.

시간이 흐르고 쌍둥이 아들이 자랐다. 이름이 같아 발생하는 혼란을 줄이기 위해 가족, 친구, 마을 사람들은 두 윌리엄을 '윌리엄 1'과 '윌리엄 2'로 불렀다. 그런데도 혼란은 계속되었다. 두 윌리엄의 외모와 성격은 정말 구별하기 힘들었다. 1을 2로 착각하거나 2를 1로 착각하는 경우가 많았다. 그리고 감정적이고 충동적이며 천방지축인 두 형들과 대조적으로, 쌍둥이 윌리엄들은 조용하고 내성적이었으며 매우 똑똑했다. 두 윌리엄은 모두 의사가 되었다.

* * *

사실이든 아니든 이 이야기는 뇌 스트레스 지수와 관련해 한 가지를 시사한다. 요컨대, 뇌 스트레스 지수는 일부 유전적 영향을 받는다는 것이다.

같은 환경에서 자란 일란성 쌍둥이를, 그렇지 않은 아이들과 비교해보면 다른 점보다 비슷한 점이 훨씬 많다. 만약 태어난 후 따로 떨어져 서로 다른 사회적, 물리적, 경제적 환경에서 자랐다면, 여전히 비슷한 점이 많기는 하겠지만 그 정도는 다소 떨어진다.

따라서 최소한 두 가지 요인이 개인의 뇌 스트레스 지수에 영향을 미친다고 볼 수 있다. 하나는 개인의 고유한 유전자 구성이다.[1] 어떤 아이는 태어날 때부터 조용하고 말을 잘 듣는 성격을 가지며, 상대적으로 편하게 생활환경에 적응한다. 그러나 태어날 때부터 생활에 적응하기 힘들어하는 아이도 있다. 이런 아이에겐 쉬운 일이 거의 없다.

물론, 성격 말고도 고려해야 할 다른 중요한 유전적 차이도 있다. 어떤 사람은 키가 크고 어떤 사람은 키가 작다. 이런 사람들 간의 차이는 보통 종 모양을 띤다. 중간 정도의 사람이 많고 양 극단의 사람은 적다. 이런 종 모양이 기본적인 패턴이며, 여기에서부터 우리는 아주 오래된 본성과 양육이라는 문제를 살펴봐야 한다. 그리고 우리가 이미 보고했듯이, 스트레스에 대한 남녀의 대응 능력은 큰 차이가 있는데, 이는 외견상 관련 없어 보이는 다른 삶의 형태에서도 차이를 낳을 수 있다.[2]

물론 유전학은 아직 시작 단계에 불과하며, 결코 최종적이거나 결정적인 수준에 와 있지는 않다. 뇌 스트레스 지수에 영향을 미치는 두 번째 요인은 어린 시절의 환경이다.[3] 천성이 조용하고 온순한 아이라 해도 어려서 그를 돌보던 사람이 그의 요구에 관심이나 반응을 보이지 않으면, 조용하고 말 잘 듣는 성격의 일부가 사라질 수도 있다. 또 천성이 성마르고 잘 적응하지 못하는 아이도 부모가 부드럽게 대하면 어느 정도는 온순해질 수 있다.

한 사람이 스트레스에 얼마나 취약한지(스트레스에 대한 취약성 정도)를 나타내는 뇌 스트레스 지수는 기본적으로 이런 두 요소의 상호작용에 의해 결정된다. 쌍둥이든 아니든 대부분의 경우, 스트레스에 대한 취약성 정도는 주로 청소년기 말이나 성년기 초에 형성된다. 사람들은 서로 다른 스트레스 대응 능력을 갖고 세상을 살아간다. 한 극단에는 아주 약한 스트레스에도 취약성을 크게 보이는 사람들이 있고, 다른 극단에는 스트레스를 크게 주는 환경에서도 신기할 정도로 잘 살아가는 사람들이 있다. 스트레스에 대한 반응을 결정하는 가장 중요한 원인은 이른바 개체요인host factors, 성·나이·유전·체격·성격 등 개체를 규정하는 요인—옮긴이과 관련 있다.

뇌 스트레스 지수로는 불쾌한 뇌-신체 상태를 단지 부분적으로만 예측할 수 있다. 한 사람의 사회적, 물리적, 경제적 환경 속에 존재하는 스트레스의 정도는 모두 똑같이 중요하다. 경찰 업무, 화재진압, 전투, 비행 관제, 혹은 극한 경쟁 업종(즉, 외환 트레이딩)처럼 할 일이 많고 때로 위험하기까지 한 환경에서 일하면 불쾌한 뇌-신체 상태가 초래된다. 반면 도서관 사서, 대기업 비서, 혹은 1층 건물의 유리창 청소부는 일하는 중에 단지 작은 스트레스만 받는다.

사람들은 저마다 스트레스 수준이 다른 다양한 환경에서 살고 있다. 어떤 사람은 집에서 스트레스를 가장 적게 받고 직장에서 가장 많은 스트레스를 받을 수 있지만, 그 반대의 경우도 가능하다. 이런 경우의 수는 무수히 많다. 더욱이 같은 환경이라 해도 시간에 따라 스트레스 정도는 달라질 수 있다. 스트레스를 많이 받는 삐걱대는 결혼생활을 하던 커플도 둘 간의 차이를 해소하면 상당 부분 스트레스를 줄일 수 있다. 스트레스가 적은 고상한 일을 하던 사람도 불경기가 닥치면 갑자기 직업을 잃을 수 있다. 환경은 항상 변한다.

또 '뇌를 위안하는 능력'이라는 문제가 있다. 뇌를 위안하는 능력은 그것이 무엇이든 대체로 뇌 스트레스 지수와 별개다. 스트레스에 매우 취약한 모습을 보이면서도 뇌를 위안하는 능력이 뛰어난 사람이 있다. 그러나 스트레스에 매우 취약하면서 동시에 뇌를 위안하는 능력이 떨어지는 사람도 있다. 이런 차이에 대해 수많은 설명(프로이트나 칼 융에 입각한 설명, 인식 한계, 지능, 교육 등의 차이에 기초한 설명 등)이 있지만 설득력 있는 자료는 수적으로 드물다. 현재 이용할 수 있는 연구결과들은 별로 놀랄 것도 없는 유전자와 양육의 상호작용으로 이런 차이를 설명하고 있다.

나의 뇌 스트레스 지수는?

뇌 스트레스 지수에 따라 그날을 어떻게 보내야 할지 알려주는 곳이 없다 해도, 자신의 뇌 스트레스 지수를 확인할 방법은 있을까? 물론 있다. 그러나 이 방법은 다소 자의적이고, 추정적이며, 문제점이 있다. 그렇지만 사람들이 삶을 살아가는 데 있어 한 가지 중요한 요인을 알려주는 실용적이고 사용자 친화적인 방법일 수 있다. 너무 심각하게 접근하기보다 다소 즐기는 기분으로 살펴보자.

아래 척도 A를 사용하여 지난 1년 동안 가장 적은 스트레스를 주는 환경에서 하루에 평균 몇 번 실망하고, 화를 냈으며, 좌절했는지 스스로 점수를 매겨보자.

스트레스 척도 A: 스트레스가 가장 적은 환경에서 하루에 몇 번 불만을 느끼고 화를 냈으며 좌절했는가?

하루 1~2회	하루 3~5회	하루 6~9회	하루 10회 이상
☺☺	☺☺	☹☹	☹☹

스트레스가 가장 적은 환경에서 얼마나 불만을 느끼고, 화를 냈

으며, 좌절했는지를 살펴보면 뇌 스트레스 지수를 쉽게 확인할 수 있다(물론, 이런 환경은 설정이다). '하루 1~2회'는 뇌 스트레스 지수가 낮은 수준으로 정상적인 일상생활에서 받는 스트레스에 대한 취약성이 가장 작다는 것을 의미한다. '하루 3~5회'는 평균에 가깝긴 하지만 뇌 스트레스 지수가 아직 낮은 수준으로, 정상적이고 불가피한 일상생활에서 발생하는 스트레스에 그리 큰 영향을 받지 않는다는 것을 의미한다.

'하루 6~9회'는 평균 이상의 스트레스를 받는 수준으로, 가장 스트레스가 적은 환경에서조차 스트레스에 취약하며 불쾌한 뇌-신체 상태를 경험할 가능성이 높다. '하루 10회 이상'이면, 스트레스에 가장 취약한 상태다. 이 정도의 뇌 스트레스 지수를 가진 사람은 뇌-신체 상태가 늘 불쾌하다. 다시 말하지만 이는 가장 스트레스가 적은 환경을 설정해서 내린 평가로 자의적인 것이다. 그러나 밑도 끝도 없는 것은 아니고, 현실적인 상황과 이야기에 기초한 것임을 유념해주기 바란다.

물론 사람들이 살아가는 현실 환경이 존재하고, 이런 환경이 주는 스트레스는 낮은 수준에서 높은 수준까지 다양하다. 아래의 척도 B를 통해 자신이 처한 모든 환경에서 평균 스트레스 수준은 어느 정도인지 평가해보자.

스트레스 척도 B: 자신이 처한 환경에서의 평균 스트레스

	낮음	중간	높음	매우 높음
스트레스 수준	●~	●〜	●〜	●〜

척도 A에서 뇌 스트레스 지수가 ☹☹라면, 매우 많은 스트레스 환경에 처할 경우 뇌를 편안하게 달랠 수 있는 능력을 키워야 한다. 반면 뇌 스트레스 지수가 😐😊인데, 스트레스 수준이 낮은 환경에 있다면, 뇌를 편안하게 할 수 있는 평균적인 능력만 갖추면 된다. 뇌 스트레스 지수가 😊😊인 경우는, 어떤 스트레스 환경에서도 (경쾌하게 걷는 등의 방법을 통해) 쉽게 뇌를 편안하게 할 수 있다. 우리는 모든 사람이 자신의 뇌 스트레스 지수, 자신이 처한 환경에서의 스트레스 수준, 그리고 뇌를 편안하게 하는 자신의 능력을 알아야 한다고 강조한다.

이런 분석이 쓸데없는 짓일까? 그럴듯한 일일까? 이것은 어떤 의미를 가지는 것일까? 이것이 점성술이나 이념 정치와 유사한 것이라서 설득력이 거의 (또는 전혀) 없는 너무 복잡한 관념 덩어리는 아닐까? 어쩌면 그럴 수도 있다. 그러나 이런 분석은 경험적으로 들어맞는 방법일 뿐만 아니라 수많은 심리학적, 정신의학적 관찰과도 일치한다. 스트레스 환경에 대한 취약성과 뇌를 편안하게 하는 환경 극복 능력에 있어서, 사람들 간에 상당한 차이가 있다는 주장에는 분명한 과학적 근거가 있다. 일시적으로 받는 스트레스에도 대처할 수 없는 사람들도 있고(그래서 그런 사람을 위한 병원이 있다), 편하게 다른 사람을 대할 뿐만 아니라 그들을 찾아 나서는 사람들도 있다(그래서 그런 사람을 위한 클럽이나 사교장이 있다).

이런 논의는 종교와 관련해 어떤 의미를 가질까? 스트레스를 주는 환경에 매우 취약한 사람들이 종교로 가는가? 이런 의문에 답하기 위해서는 많은 사실들을 고려해야 한다. 앞서 말했듯, 성인의 80퍼센트가 종교를 갖고 있으며, 실제로 이중 상당수가 기도, 예배나 법회의 참석, 종교 상징물의 착용, 종교적 소속감 밝히기, 천국과 지옥에 대한 묵상 같은 종교적 행동을 한다.

일상의 삶이 만성적으로는 아니라 해도 이따금씩 상당한 스트레스를 준다는 것을 과연 누가 부인할 수 있는가? 비록 자체 평가한 보고라 그 신뢰성이 떨어진다 해도, 자신의 종교에 만족하고 위안을 얻는다고 보고한 사람과 그렇지 않다고 보고한 사람의 수는 20 대 1의 비율을 보인다. 죽음이 임박한 말기 환자가 자신의 종교를 버리는 일은 거의 없다. 평생을 종교 없이 산 사람도 죽음에 임박하면 흥미로울 정도로 많이 종교에 귀의한다. 임종 시 종교에 귀의하는 것은 단순한 행사가 아니다. 얇은 밧줄이 풀리려고 할 때 사람들은 더 꽉 움켜쥐는 법이다. 살아가면서 아주 두려운, 혹은 생명을 잃을 뻔한 경험을 한 사람들은 거의 대부분 신의 개입 덕분에 살아남을 수 있었다고 생각하면서 종교에 귀의하는 경우가 많다.

대단한 재능에다 매우 허스키한 목소리를 가졌던 록 기타리스트 에릭 클랩튼은 2007년 펴낸 자서전에서 신을 경험한 것으로밖에는 달리 설명할 수 없는 사건을 소개하고 있다. 그 이전에 수십 년 동안 그는 과도한 음주와 마약에 시달렸다. 그의 뇌 피질은 개인적으로 통제할 수 없는 외적 요인에 의해 시달린 것이 분명했다. 결국 그는 알코올 중독 치료 공동체에서 재활할 수 있었다. 에릭 클랩튼은 술에 취하지 말 것, 그리고 자신의 뇌가 알코올과 약물이 아니라 타고난 재능을 즐기도록 하자는 결정을 내렸다.

그는 자기 스스로가 아니라 자신을 초월한 어떤 힘이 이런 선택을 하도록 만들었다고 생각했다. 그는 뮤지션으로는 굉장히 뛰어난 인물이었다. 그러나 뇌의 위안을 찾아 나선 사람으로서 그의 치료법은 그리 특별하지 않았고 많은 이들의 것과 비슷했다.

뇌의 스트레스 지수, 환경의 스트레스 수준, 뇌를 편안하게 하는 우리의 능력을 어느 정도 계량화하려는 노력은 단순한 유희라기보다 약간은 스포츠와 같다. 사람들이 거대한 성당이나 작은 예배당을 짓고, 그곳에 가서 내적, 외적으로 어떻게 행동해야 하는지 배운다는 사실은 그들의 강력한 욕구가 그곳에서 충족되거나 최소한 어느 정도는 처리되고 있음을 의미한다. 최초에 뇌는 위안을 찾아 헤매는 고독한 사냥꾼이었을지 모르지만, 결국 옛 보금자리로 들어오게 되었다. 예의, 친교, 함께 어울리는 익숙한 타인들, 약간의 음악과 화려한 의복, 거대한 권위에 관한 오래된 책, 일간 및 연간 활동 프로그램 속으로 말이다.

종교의 힘을 전지전능한 신의 능력으로 돌릴 수 없고 그래서도 안 된다는 우리의 주장이 과도하지 않았고 신중했기를 바란다. "기실 신에게 복종하는 우리 인간이 행하고, 말하고, 믿는 것이야말로 신의 능력을 보여주는 최상의 증거다."

그러나 이런 거대한 인간 행동을 설명해주는 것은 별이나 달의 움직임 속에 있는 것이 아니라 우리의 마음, 보다 구체적으로, 그리고 보다 정확하게는 우리의 뇌 속에 있다는 것은 아무리 강조해도 지나치지 않다.

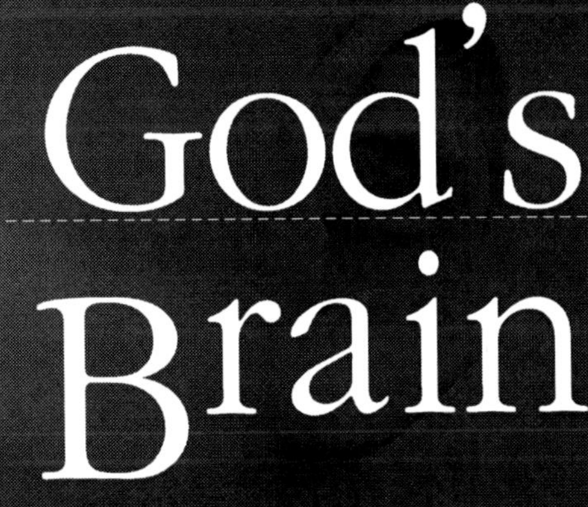

God's Brain

chapter 11

종교,
미움과 다툼 없는 논의를 위하여

인간의 역사를 지배한 이데올로기, 종교

종교의 세계는 복잡하고 다채로운 정글과 같다. 지금까지 우리는 이 책에서 종교를 이해하려고 했으며, 종교와 관련해 인간에게서, 그리고 인간 뇌에서 무슨 일이 벌어지고 있는지 확인하려고 했다.

물론 종교가 우리의 구체적인 주제이기 때문에 우리는 종교에 초점을 맞췄다. 그러나 전반적인 주제는 정글 그 자체다. 전혀 다른 환경, 사회적 배경이 매우 다른 다양한 환경에서도 종교적 테마가 존재한다는 것은 분명한 사실이다. 여러 사회가 고대에서부터 계속 되풀이되어온 이 테마를 끝없이, 그리고 분명히 반복하고 있다. 건강할 때 사람들의 체온이 같은 것처럼, 이런 현상은 모든 사회에 공통적이다. 즉 모든 사회는 '뇌를 위안할' 방법을 고안하고 그 방법을 지속적으로 유지하려고 한다. 그리고 이 일에는 거의 언제나 종교가 관련되어 있다.

전문가로서 우리가 알고 있는 지식 때문에, 더 중요하게는 그것이 옳다고 생각했기 때문에, 우리는 행동의 유기적 관리자인 뇌와 종교에 초점을 맞췄다. 최소한 전 세계 인구의 80퍼센트가 어떤 형태의 종교든 종교에 의해 이러저러한 혼란과 소동을 겪고 있고, 또 분명히 종교에 의해 위안을 얻는다. 최소한 종교를 갖고만 있어도 뇌의 위안을 얻는다. 종교는 온갖 소동, 십일조, 모스크, 사순절과 라마단 기간의 단식, 절대적인 자율성의 양도, 지옥의 공포, 그리고 어려운 선행의 의무를 감내할 가치가 있는 것처럼 보인다.

이런 현상을 둘러싼 보호막(즉, 신앙) 안에 최소한 4,200여 개의 확인된 종교가 있고, 실제로 그보다 더 많은 종교가 있는 것으로 보인다. 이들 종교는 종교에 귀의한 사람들의 내적, 외적 삶에 강력한 영향을 미친다. 종교는 사회의 조직 및 통치 방식에도 직접적인 영향을 미친다. 어딘가에서 보이지 않는 자력이 신앙인의 행동에 영향을 미치고 있는 것 같다.

보이지 않는 안무가가 있고, 신앙인들은 이 안무가가 만든 춤을 행복하게 추고 있다. 신앙인들은 종교가 창조한 감정과 생각을 기꺼이 경험하고 또 경험할 수 있다. 이는 정말 놀라운 일이다. 또한 신앙인들이 다양한 종교의식에 참여할 때, 보이지 않는 안무가의 안무라는 개념은 더 이상 은유적인 것이 아니라 실제로 벌어지는 일이 되고, 춤은 인생이 된다.

물론 종교는 비신앙인들에게도 영향을 미친다. 한 종교단체의 명절과 기념일(예로, 크리스마스)은 종교에 무관심하거나 심지어 적대적인 사람들의 일과 기분에도 영향을 미친다. 기독교 근본주의와 이슬람교의 금주 규정은 종교 이론이 사람들의 사적 행동을 통제하는 확실한 사례 중 하나다. 신앙인들이 타인에게 영향을 미치는 또 다른 사례는 예루살렘이다. 예루살렘에서 이슬람의 성일은 금요일, 유대교의 성일은 토요일, 기독교의 성일은 일요일이다. 예루살렘은 일주일의 반을 성일로 보내고 있는 셈이다. 종교 도시의 아이콘이라 할 수 있는 이 도시에서 생활양식과 초점은 신앙인들이 행하고 믿는 것, 그리고 이에 대한 비신앙인들의 반응으로 결정된다. 이곳에서 종교적 요구에 대한 비신앙인들의 반응은 대체로 관용적인 분위기지만 그렇지 않은 경우도 많다. 이 경우 종교적 요구는 법적으로 가혹한 것이 될 수 있고, 심지어 스페인 종교재판처럼 매우 위험한 것이 될 수도 있다.

그런데도 수많은 공동체에는 종교에 확신하지 못하고 회의적이며 종교가 자신의 삶에 영향을 미치는 것에 분노하는 사람들이 있다. 이들은 확실한 믿음을 즐기는 이웃 신앙인들이 경고한 우주의 신비한 힘에 공포를 느낄 수도 있다. 따라서 이들이 종교를 어떻게 보든지 간에, 신앙인이 택한 것(즉, 종교)이 유용할 수도 있다고 생각할 수밖에 없다.

교회와 국가 간의 관계를 다룬 법률이나 합의된 관행들이 이러한 신앙인과 비신앙인의 문제를 관리하는 방법일 것이다. 유럽의 종교적 전통을 보유한 열성 신도들로 이루어진 식민지 미국을 위해 헌법을 제정할 당시의 의도는 분명 그런 문제를 관리하기 위한 것이었다. 그런데 미국의 경우 종교적, 비종교적 이데올로기들은 변했고, 종교는 그 효력을 잃어갔다.[1]

그러나 신앙인과 비신앙인의 관계에 관한 보다 분명한 사례는, 사우디아라비아처럼 국가 권력과 종교 권력이 하나로 통합된 곳에서 발견된다. 사우디아라비아의 경우, 정치는 보다 단순할 수 있다. 그러나 지배적인 다수에 속하지 않으려는 사람에겐 실제 위험이 있을 수 있다. 사우디아라비아에서는 단지 기독교 성경을 소지하거나 다른 종교로 개종했다는 이유로 사형당할 수 있다. 탈레반이 하는 일이 국외자에게는 극단으로 보일 수 있지만, 탈레반 체계 안에서는 매우 논리적인 정당성을 갖고 있다.

모르몬교의 한 종파를 형성하면서 종교적 자유라는 교리로 자신들의 섹스 관행을 옹호하는 미국 일부다처론자들의 노력도 외부인이 보기엔 이상하지만 자신들의 체계 안에서는 정당화된다. 또 자발적으로 캐나다로 이주했으면서도 자신들은 캐나다의 법이 아니라 전통적인 회교율법에 의해 통치되어야 한다고 (가끔씩 성공적으로) 주장하는 캐나다 이슬람교도들의 경우도 마찬가지다.

자신과 다른 신앙을 가진 사람들을 폭력적으로 제재할 수 있다는 종교적 믿음을 정당화하고 중시하는 종교집단은 거의 항상 존재했다. 19세기의 많은 자유사상가들이 가졌던 합리적인 추측은, 행동의 지배자로서 종교가 갈수록 효과를 잃어갈 것이라는 점이었다. 분명 지각 있는 사회는 공리적 세속주의와 같은 원칙을 많이 택했다. 2009년 5월 12일자 〈월스트리트저널〉의 브렛 스티븐스Bret Stephens의 글을 인용하자면, 파키스탄의 국부 무함마드 알리 진나Muhammed Ali Jinnah는 1947년 "머지않아 힌두교도들은 더 이상 힌두교도가 아니고, 이슬람교도들은 더 이상 이슬람교도가 아닐 것이다. 그것은 종교가 종교적 의미에서 개인의 사적인 신앙이기 때문에 그렇다는 것이 아니라, '한 국가의 시민으로서' 정치적 의미에서 그렇다는 것이다"라고 예측한 바 있다.[2]

물론 이런 일은 일어나지 않았다. 오히려 종교적 차이로 인한 분쟁의 소용돌이가 전 세계에서 거대하고 치명적으로 발생했다. 같은 민족으로 이루어진 지역에서 서로 다른 종교가 번성할 경우 이런 분쟁이 자주 발생했다. 예로, 하버드대 비교문학 교수인 루스 위스Ruth Wisse는 지난 1천 년 동안 가장 오래 지속되고 굳건한 이데올로기—파시즘이나 공산주의보다 더 꾸준히 영향을 미친 이데올로기—는 하나의 종교적 충동인 반유대주의라고 주장한 바 있다.[3] 반유대주의는 나치라는 이름으로 재앙을 유발했으며, 현재는 광대한 이슬람 인구와 많은 학교들을 사로잡고 있다. 이런 학교에서 아이들은 유대인, 특히 이스라엘에 살고 있는 유대인에 대한 증오와 경멸을 배운다.

종교적 증오가 사라지지 않는 이유

그런데 왜 종교적 증오가 존재할까? 9장에서 우리는 종교에 대해 제기한 여러 문제가 가진 복잡한 속성에 대해 논의했고, 여기서는 또 다른 문제, 즉 종교적 증오는 표현하기 쉽지 않고, 표현했을 때 큰 비용을 치러야 할 경우가 많은데도 왜 존재하느냐 하는 문제에 직면했다.

해변에 가거나 구두를 사거나 잠을 자거나 스도쿠 게임을 하거나 장미에 물을 주었을 사람들이, 종교적 증오 때문에 동료 주민을 벌주고, 필요하면 공격하거나 죽여야 한다는 결정을 내린다. 이들은 이런 행동을 위해 넘어선 안 될 경계를 넘기도 한다. 이들은 그렇게 하는 것이 매우 가치 있을뿐더러 만족감마저 준다고 보는 것 같다.

그러나 현대적인 무기나 독극물 없이 사람을 죽이는 일은 쉽지 않고, 많은 시간이 걸린다. 위험할뿐더러 오히려 자신이 죽는 상황이 올 수도 있다. 또한 전쟁 영화를 보거나 염소치즈를 사거나, 엘리자베스 테일러의 자서전을 사는 데 쓸 수도 있었을 돈을, 이런 일을 하기 위해 사용할 수도 있다.

현대 첨단 무기를 가지고도 전쟁을 하기 위해서는 전혀 내키지 않는 곳에 힘들게 가야 하는 경우가 많다. 또 승리해서, 혹은 마지못해 그곳에 도착한 후에는 그리 명분도 없고 별 가치가 없다는 생각이 들어도 힘든 생활 조건을 버텨내야 한다. 사랑하거나, 원하는 사람과 함께 즐거움을 나누는 것도 불가능해진다. 그리고 물론 사람들 대부분은 기꺼이 다치거나 죽는 것을 원하지 않기 때문에 적(이교도)들도 맹렬히 저항할 것이다. 그러면 주변 상황은 비참해지고 위험해진다.

그런데도 무엇을 위해 이러는가?

많은 주류 경제학자들은 인간은 합리적으로 행동한다고 말한다. 학자들의 생각은, 경제는 사람들이 서로 다른 상품, 서로 다른 경력, 서로 다른 거주지, 서로 다른 팩스 기계를 놓고 합리적 선택을 한다는 사실에 기초한다. 전반적으로 사람들은 일상의 합리성이라는 일반적인 규칙에 따라 자신의 삶을 영위한다. 그러나 가족을 떠나 파키스탄의 고립된 훈련 캠프로 가서 타 종파인 수니파나 서양인 혹은 힌두교도들을 죽이는 방법과 이유에 대해 배우고 있는 젊은 지하드(성전) 전사들은 어떻게 된 것인가? 또 누군가처럼 위대한 목적을 달성하기 위해 차에 폭탄을 잔뜩 싣고 런던 시내로 달려가서, 화염이 자신의 몸을 덮치는 순간 큰 소리로 알라를 외치기로 한 이슬람 신경학자는 또 어떻게 된 것인가? 이들 같은 열정적인 순교자들이 임무에 성공한 바로 그 순간, 자신의 선택이 가져온 엄청난 결과를 목도하면서 과연 무슨 생각을 할까?

이것이 현재와 과거의 종교적 신앙인들이 처한 유일한 상황은 아니다. 한 명의 비신앙인이라도 존재한다면 모든 것을 잃는다는 식의 관념에 사로잡힌 수많은 세속적인 사례를 우리는 혁명, 근대화, 진보, 혹은 반동 속에서 찾아볼 수 있다. 예로, 아나톨 프랑스Anatole France는 매우 파괴적인 한 프랑스혁명 옹호자에 관한 매혹적인 소설 《신들은 목마르다Les Dieux Ont Soif》(1912년 출간)에서 혁명 후에 주인공이 파리 최고재판소에 새겨진 "자유, 평등, 박애가 아니면 죽음을Liberty, Equality, Fraternity—or Death" 4)이란 구호에 휩싸이게 되는 과정을 묘사하고 있다. "~이 아니면 죽음을"이란 문구는 인간 문제를 개선하려는 수많은 사회운동에서 즐겨 사용하는 구호가 되었다. 구소련의 굴라크gulag, 정치범 수용소, 스페인의 종교재판, 폴 포트의 정치운동, 중국의 문화혁명, 카스트로주의, 그리고 그 외 여러 곳에서, 위대한 새 시대 건설에 방해가 되는 실질적인 적, 혹은 적으로 추정되는 자들을 죽이는 일은 정당하고 사회 정화적 효과를 가진 것으로 오랫동안 지지를 받아왔다. 이상하게도 피는 만병통치약이었다. 나치가 집단학살의 원조는 아니다. 다만 더 조직적이고, 더 효율적이며, 더 근대적인 방식으로 학살한 것뿐이다.

이런 것들이 뇌를 위안하는 가장 극단적인 형태가 될 수 있을까? 상황이 너무 나빠져서 그보다 더 나쁜 사건만이 그런 상황을 상대적으로 가볍게 만든 것인가? 어떻게 그럴 수 있는가?

인생은 혼란과 동요로 점철된다. 인생을 순조롭게 완성하고자 하는 꿈은 교육, 자녀 양육, 늙어가는 부모 모시기, 치과 수술, 짜증나고 당혹스러운 경제적, 정치적 상황을 견뎌야 하는 일 같은 피할 수 없는 인생사로 끝없이 훼손된다.

왜 다른 사람들은 경전에서 가르치는 대로 옳은 일을 하거나 올바르게 살지 않는 것일까? 왜 그들은 전통적인 지도자들의 종교적 권위를 받아들이지 않고, 그들 지도자들이 가르치는 대로 하지 않는 것일까? 로이엘 마르크 게레흐트[Reuel Marc Gerecht]가 말한 것처럼 "이른바 (2009년) 6월 12일 혁명(이란의 대통령 선거 결과에 반발한 대규모 시위)은, 세상은 예언자 무함마드의 고결한 공동체에 보다 가까운 모습으로 재탄생할 수 있다는 전통적인 이슬람의 희망에 대한 이란인의 대답이었다".[5]

이 책에서 우리는 어떤 이유에선지 뇌는 변화무쌍한 현실을 안정적으로 다루는 데 서투르다는 점을 강조했다(우리가 지금 살고 있는 세상보다 단순한 세상에서 진화해왔기 때문일 수도 있다). 완전함을 좋아하는 뇌는 천국이나 다양한 세속적인 유토피아를 완전함의 표상으로 창조해낸 것 같다.[6] 이렇게 창조된 종교적, 세속적 유토피아는 분명 삶의 고통을 없애고 삶을 편안하게 해줄 것이다. 여기서 유토피아[utopia]는 나의 유토피아[I-topia]가 된다. 그러나 이란인들과 일부 다른 사람들은 그렇지 못했다.

혼란스러운 현실에 직면했을 때 뇌가 폭력적인 힘에 얽매인다는 징후는 종교전쟁에 참여해 싸우고 순교를 받아들이는 것이 한 사람의 인생과 삶의 아픔을 치유하는 해결책이 되기도 한다는 데서 발견할 수 있다. 천국을 꿈꾸는 이면에는 이런 힘든 삶이 존재한다. 현재의 삶이 너무 비참해서 이를 타개하는 유일한 해결책은 잘 안내된 길을 따라 천국으로 가는 자기파괴(순교)뿐이라고 느낄 수 있다.

이런 순교는 개인적인 실망이나 좌절 때문에 행하는 보통의 도피적인 자살과는 다르다. 순교는 우아하고, 완전하며, 편안한 거실로 가는 과정이다. 순교자는, 이런 천상의 완전함은, 그곳에 가기를 원하는 사람, 그곳에 가기로 한 사람, 그리고 그곳에 갈 수 있다고 타인들에게 알려주는 일을 평생의 업으로 삼은 사람을 제외하고는, 아무도 입증할 수 없다는 유쾌한 생각을 한다.

이는 실로 놀라운 일이다. 우리는 계속해서 놀랍다는 말을 하지 않을 수 없다. 수많은 사람과 사건과 소품이 등장하는 메트로폴리탄 오페라처럼 놀라운 일이다.

뇌는 믿음을 분비한다

이 책의 논지는 뇌가 많은 것을 인식한다는 것이다. 뇌는 더 높은 힘, 우월한 권위, 그리고 보이지 않고 파악하기 어렵지만 결정적으로 중요한 힘을 인식한다. 뇌는 자신의 지각에 입각해 진리를 보는 능력을 가지고 있는 듯하다. 공증인처럼 뇌는 보증을 한다. 수많은 경우, 뇌는 실질적이고 지각할 수 있는 사실이나 사건만큼이나 열심히 상징적인 현상을 믿는다.[7] 뇌는 믿음을 분비한다. 우리가 지적했듯이, 그런 믿음은 종종 행동의 기초가 된다. 이런 행동은 개인적으로 신앙을 준수하거나 일부일처제를 지키는 경우처럼 사적일 수도 있고, 가톨릭교회의 교류나 칼리프의 복원을 꿈꾸는 경우처럼 매우 사회적일 수 있다.

의심의 여지 없이 뇌는 본래부터 믿음을 갖게끔 되어 있다.

실험에 따르면 종교적 생각이 거짓을 줄이고 낯선 사람에 대한 이타주의를 늘린다.[8] 그러나 실험실에서 일어난 일이 실제 생활에서도 반드시 일어나는 것은 아니다. 실생활을 관찰한 자료에 따르면, 일단 확고한 믿음을 갖게 된 사람들은 그와 관련된 많은 일을 하기가 어려워진다. 이는 우리의 주장과 일치한다. 이를테면, 한 사람이 다른 행성에 생물체가 있다고 믿으면, 그런 믿음에 따라 행동하게 되고, 그 믿음은 그에게 하나의 이론이 된다. 이와 유사하게, 천국이 존재하며, 천국에 가는 것이 지상에서 어떤 행동을 하느냐에 달려 있다고 믿게 되면, 그런 믿음은 해당 종교인들의 행동을 다스리는 지침이 된다. 그리고 이와 같은 종교에 귀의한 사람은 대단히 많다.

믿는 것은 종교에 귀의한 신앙인들이 할 수 있는 행동이고 그들에게 효능감을 주는 일이다. 그래서 그들은 믿고 면죄부를 살 수 있다. 그래서 그들은 다른 나라에서도 불륜을 저지르지 않고, 특정 명절에는 단식을 하며, 특별한 말을 외칠 수 있는 것이다. 종교적 가치를 추구하기 위해서는 그들이 베풀기를 원하는 만큼의 자원과 그들이 타당하다고 생각되는 만큼의 시간을 바쳐야 할 수도 있다.

인간의 노련한 뇌는 다양한 공포를 인식할 수 있을 뿐만 아니라 그런 공포를 만들어내기까지 한다. 인간 뇌는 일련의 모호함에 직면해 그것을 관리할 수 있도록 정리 분류한다.

우리는 불확실성과 알 수 없는 것에 직면한 결과 나타난 뇌 메커니즘의 일부를 살펴보았다. 불확실성과 알 수 없는 것에 직면하는 일은 모든 사람이 겪어 알고 있는 일상사의 특징이다. 우리는 또한 그런 일상사가 뇌와 뇌의 분비물, 그리고 뇌와 신체 과정의 상호작용에 어떤 화학적 변화를 초래하는지 살펴보았다. 이런 일상사는 육체적, 심리적으로 불쾌한 상태를 초래하는 스트레스의 일반적인 근원이다. 우리 주장의 핵심은 모든 사람은 뇌를 달램으로써 그런 불쾌한 상태를 벗어나려 한다는 것이다.

우리가 인용한 많은 과학적 발견들은 어떤 경우엔 주간 단위로 수정될 것이다. 이는 과학이 가야 할 건전하고 필수적인 길이다. 그러나 과학적 발견들이 수정된다고 해서 핵심은 '뇌'라는 우리의 중심 메시지가 수정되지는 않는다.

근심과 공포를 관리하기 위해 뇌가 하는 일 중 가장 중요한 한 가지는 뇌의 믿음 체계가 창조해낸 종교를 활용하는 것이다. 이런 주장을 종교에 대한 비난이나 찬성의 입장에서 제기한 것이 아님을 유념해주기 바란다. 단지 사실이 그렇다는 것이다. 이는 참으로 보편적이고 끈질기고 중요한 사실이다.

이런 문제들에 대해서는 무판단적 시각이 매우 중요하다는 것을 강조하고자 한다. 우리는 우리의 의도를, 즉 종교에 대한 균형 잡힌 접근을 강조하고자 한다. 종교의 본질과 의미와 가치에 대해 아주 오랫동안 찬반 논쟁이 있었다. 그러나 우리는 그런 논쟁에는 관심이 없다.

종교는 건강과 장수에 도움이 된다

쉽게 불안에 빠지는 인간이나 집단을 종교가 어떻게 진정시키는지 간단히 살펴보자.

우리는 종교의 주요 수단 세 가지를 확인했다. 그것은 긍정적인 교류, 의식, 그리고 믿음이었다.

온화하고, 편안하며, 반복적인 종교적 교류는 사람의 생화학 체계에서 불길한 공포감을 없애준다. 생화학이 일종의 검열관이 된다. 종교적 교류는 스트레스를 없애는 바람직한 결과를 가져온다. 긍정적인 교류를 즐기면 아주 분명한 신경화학적 혜택이 발생한다. 종교인은 종교집단 내에서 이용할 수 있는 사회적 교류(훈련과 암송으로 많은 나날을 보내도 무방한 상호 교류)가 있다.

또한 의식儀式은 신체를 편안하게 해주는 효과가 있다. 의식은 일종의 거품 보호막을 만들어낸다. 의식은 코르티솔 같은 스트레스 호르몬이 집중되는 것을 분해한다. 무엇보다 의식은 혈압을 떨어뜨리는 효과가 있다. 신체에 그런 바람직한 영향을 주는 활동이라면 뇌는 몸의 주인에게 그런 활동을 유도한다. 종교의 자연성(신체에 미치는 종교의 작용)이나 생리적 깊이에 관한 강력한 한 주장에 따르면, 식물에 대한 몰두와 애완동물에 대한 애정이 혈압 감소와 관련이 있다. 이런 효과 때문에 빡빡한 도시 환경 속에서도 사람들은 화초와 애완동물을 기르는 것이다. 정원 조경이 북아메리카의 가장 인기 있는 레크리에이션이라는 것은 시사하는 바가 크다. 또 슈퍼마켓에는 사람들이 먹는 과자만큼이나 많은 애완동물 식품이 진열되어 있다.

애완동물과 식물에 대한 혈압 반응은 자연성(신체에 미치는 작용), 그리고 종교의 자연성에 대해 무엇을 말해주는가? 신체에 미치는 종교의 긍정적인 작용 때문에 신앙심이 건강과 장수에 도움이 된다는 가정이 수립된 것은 아닐까?[9]

마지막으로 (높은 차원의 뇌 기능과 관련해서) 종교적 믿음은 복잡한 존재와 사회적 삶을 단순화하는 데 성공한 것으로 보인다. 종교적 믿음은 이런 복잡성 때문에 초래된 모호함과 불확실성을 효과적으로 제거한다. 정신적 질서와 명료함의 실제 근원이 무엇이든 간에 (부산하고 혼란스러운 삶에 대한) 성스러운 설명을 접할 때마다 사람들은 만족감을 느낀다. 의식儀式이 신체를 편안하게 하는 것과 비슷하게 믿음은 뇌를 편안하게 하는 것으로 보인다.

종교만이 대안인가?

이 책을 쓴 동기는 종교의 힘과 영향력에 대한 가장 유력한 설명도 우리를 만족시키지 못했기 때문이었다. 그래서 이 문제를 탐구하는 것이 중요하고 또 흥미롭게 여겨졌다. 우리는 지금까지 전적으로 만족할 만한 설명이 없었다고 보았다. 한쪽에 치우친 이야기들은 많았지만, 우리가 받아들일 만한 명료하고 포괄적인 설명은 없었다.

그 이유는 무엇일까? 우리는 사람들이 잘못된 곳에서 문제를 보고 있다고 결론 내렸다. 가령, 종교는 (비종교집단이 어려움을 겪는

동안) 종교집단이 생존하고 번성할 기회를 제공했기 때문에 하나
의 생물학적 사실로 진화했다는 주장이 있다. 또 일종의 유전적인
집단선택이 작용했으며, 종교적 행동이 집단의 효율적인 기능에
도움을 준 결과 집단선택에 의해 유전되었다는 주장도 있다.[10]

이런 설명들은 부분적으로는 매력적인 해석이다. 그러나 우리가
강조했던 뇌의 기능과 종교 간의 분명한 관계를 고려할 때, 종교가
뇌를 위해 한 일을 살펴보는 것이 더 효율적이고 경제적인 것으로
보였다. 종교는 인간의 뇌(우리가 '신의 뇌'라고 칭한)를 위해 어떤
기능을 하고 있는가? 또 신의 관념은 인간의 뇌에 어떤 작용을 하
는가?

뇌가 종교의 원천이고 종교의 자극을 수용, 관리하는 역할을 하
는 한, 뇌는 종교의 존재 이유와 기능을 이해하기 위한 설명의 지
렛대가 되어야 했다. 그리고 뇌를 구성하는 다양한 요소들이 하는
일, 그리고 신경전달물질과 기타 물질의 기능을 분석함으로써 우
리는 보다 나은 설명에 다가갔다고 확신했다.

한계가 있지만 역사적으로 흥미롭고 유용한 하나의 설명, 우리
의 관심사에 어떤 통찰력을 제공해주는 설명은 실존주의다. 본질
적으로 실존주의는 (꼭 종교적인 것이 아니라 해도) 일정한 설명과 믿
음 체계가 삶의 불확실성, 혼란, 패배감을 줄일 수 있다는 것을 보
여주었다.

실존주의는 제2차 세계대전과 그후의 좌절에 대한 자연스러운
지적知的 반응이었다. 무의미함에 의미를 부여하는 일은 파괴된 석
조건물을 재건축하는 것처럼 매력적이었다.

그러나 실존주의는 효과적인 종교에 필적할 만한 지속적이고 상

당한 어떤 사회적 제도도, 어떤 흥미로운 음악도, 어떤 매력적인 건축물도, 또 어떤 가구도 만들어내지 못했다. 실존주의는 제2차 세계대전이라는 거대한 파괴에 대한 반응으로 나타난 시대적 조류로서, 짧았던 태양과 먼지의 시대 동안 유럽 사회 내부에서 미국-유럽적(서구적) 관심을 드러낸 사상이었다.

아마도 영국이나 프랑스의 대학 뜨내기 졸업생이 인도나 리마(페루의 수도) 혹은 교토에 가서 실존주의의 정수를 보여주었을지도 모르겠다. 그러나 유럽적 태생을 가진 실존주의를, 너무나 다른 철학적 출발점을 가진 사회에 전하는 데는 그 태생이 어쩔 수 없는 부담으로 작용했다. 환생과 실존주의가 대체 무슨 관계란 말인가?

인과관계에 대한 매우 다른 관심의 초점도 중요하다. 따라서 영장류 동물학 분야의 혁명적인 연구결과를 가지고[11] 인간과 침팬지는 종교와 유사한 행동의 기초가 되는 공통의 뇌-신체구조를 공유하고 있다고 주장했다. 유사한 행동, 유사한 뇌 구조, 그리고 비슷한 신경 분비 패턴이 두 종 모두에게 발견되었다. 갑자기 우리는 '정신'에 대해 새롭고, 보다 광범위하며, 보다 심오한 분석을 발견해낼 수 있었다. 그리고 이 두 종 사이에 뇌의 위안을 가능케 하는 주된 요인들이 분명히 존재한다고 주장했다. 인간과 침팬지는 다르지만 전혀 개별적인 존재도 아니다.

인간과 침팬지의 차이는 물론 크다. 한 가지 두드러진 차이는 인간은 존재 의미에 대한 광대한 이론과 믿음 체계(예로, 실존주의나 종교가 그런 것이다)를 만들어냈다는 것이다. 침팬지도 그런 체계를 만들어내는 것이 가능하긴 하지만, 과연 그들이 그렇게 하고 있는지 우리로서는 알 방법이 없다. 침팬지들은 글을 쓰거나 스테인드

글라스를 만들거나 성인상을 조각하거나 일요일 아침 화려한 성의를 입지도 않는다.

침팬지들의 종교적 열정에 대해서는 매우 회의적인 견해가 존재한다. 침팬지들에게는 그들의 행동에 직접적인 영향을 미치는 신 혹은 신적 존재를 그들이 인식하고 있다는 징후가 없다. 또 그들의 일상에 작동하고 있는, 보다 강력한 어떤 힘과 연계되어 있다는 징후도 보이지 않는다. 침팬지들은 몸짓을 통해서도(가령 손을 들거나, 기도하기 위해 손을 모으거나, 얼굴을 하늘로 향하거나, 또는 절을 하는 것처럼 인간의 경우 복종을 나타내는 보편적인 행위) 보다 높은 상징적인 권위에 존경을 표한다는 징후를 보이지 않는다. 그러나 암컷 침팬지의 경우 무리의 동요를 누그러뜨리기 위해 손뼉을 친다는 보고가 있다. 교육받은 인간 관찰자가 말할 수 있는 것은 침팬지들이 특별한 장소, 나무, 바위, 강 등에 특별한 의미를 부여하지는 않는다는 것이다. 침팬지들은 재단, 성화聖畵, 십자가같이 특별한 경외를 나타내는 물건을 만들지 않는다.

이와 대조적으로, 보다 높은 권위를 만들어내고 그것에 복종하는 인간의 행위는, 침팬지들의 사회질서를 설명하는 어떤 이론과도 관계없는 인간만의 독특한 행동이다. 우리가 아는 한, 침팬지들은 무리와 함께 일상을 살아갈 때 그런 경건한 관념을 보이지 않는다. 그러나 그렇다고 해도 이들이 종교적 가치에 기초한다고 볼 수 있는 도덕관념이나 도덕률 같은 것을 갖고 있지 않다고 말할 수도 없다. 침팬지들은 분명 그런 관념을 갖고 있다.

영장류 동물학자들은 다른 영장류들의 친사회적 행동에 대해 많은 것을 알게 되었다. 무리를 유지하는 침팬지들의 행동, 협동과 공유, 충실한 무리 구성원에 대한 인정 등 침팬지들의 특성에 관한 수많은 보고서가 존재한다. 동물행동학에서 진행하는, 보다 흥미진진하고 열띤 논의 중 하나는 동물들이 공정성과 공유에 대한 인식, 심지어 개인적 위엄에 대한 인식도 갖고 있다는 것이다. 이를 증명하려는 노력이 종종 성공을 거두기도 했다. 우리는 5장에서 과학과 도덕 간의 새로운 관계에 대해 논의하고 제안한 바 있다. 미국 초창기 대학들의 설립 목적이 신도들을 교육하는 교회 지도자나 관리자를 양성하기 위한 신학적 의도였다는 점을 상기할 때, 그때부터 지금까지 진행된 지식과 믿음의 상호작용에 있어서의 변화는 주목할 만하다.

보다 높은 권위에 대한 복종이야말로 도덕적 교류의 필수조건이라는 종교 지도자들의 주장, 요컨대 신의 작용 없이는 모든 것이 무모하고 심지어 변덕에 불과하다는 종교 지도자들의 주장을 우리는 정말 신중히 검토해야 한다.

역설적으로, 인간보다 하찮은 침팬지가 성직자나 판사 역할을 하는 침팬지 없이도 즐거운 사회교류를 하는 데 반해, 만물의 영장인 인간이 우아하게 행동하기 위해 어떤 전지전능한 심판자가 필요하다면 본래 인간이란 무법적이고 타락한 영장류란 말인가?

침팬지, 혹은 신과 초자연적인 규범을 만들어낼 수 있는 능력을 가졌을지도 모를 그 어떤 종과 달리, 인간은 보다 높은 권위를 창조하고, 그것을 진리와 권위의 원천으로 삼는 데 탁월한 능력을 가졌다. 수많은 공동체가 그들의 믿음을 구체화하고 실현하기 위해 수많은 사원과 예배당을 세웠다. 비신앙인 여행객조차 그런 사원과 예배당을 보고 깊은 감명을 받는 경우가 많다.

인간 뇌는 이런 일을 하는 데 능숙하고 매우 뛰어나다. 인간 뇌는 사람들이 어떻게, 왜 행동해야 하는지에 대해 상당한 예측을 할 수 있다.[12] 특별히 지시된 행동을 따르지 않을 경우 현재나 미래에 어떤 결과가 나오는지 잘 주지시킨 결과 그런 예측이 가능했다. 상징적 의미에서, 또한 많은 사람에겐 실제로, 내면의 생각, 감정, 행동을 총 정리한 목록이 푸른 낙원이나 불타는 지옥, 혹은 연옥행 승차권이 된다.

일정한 행동만 요구되는 것이 아니라 존재 상태state of being도 요구된다. 신앙인의 가장 힘겨운 의무 중 하나는 우아함, 순수함, 충성심, 자비심(그외에도 나열할 단어는 많다)을 가져야 한다는 것이다. 이런 종교적 단어의 중요성이 커질수록, 그 단어의 의미는 더욱 부정확해지고 보편적인 것이 된다. 그러나 결국 승차권의 최종 목적지에 결정적인 영향을 미치는 것은 그가 무엇을 했느냐만이 아니라 그가 어떤 사람이냐는 것이다. 한 사람의 존재 상태는 그의 종교적 운명을 보여주는 특징으로 매우 중요한 조건이다. 잠재적 죄인인 인간은 항상 이 문제를 염두에 두고 행동, 판단해야 한다. 잠재적 죄인인 인간은 마치 곡예사처럼 균형을 잡아야 하고, 군중을 무시해야 하며, 앞만 보고 결코 밑을 봐서는 안 된다.

우리는 종교적 수술에서 죄의식 개념이 가진 외과수술적 효용과 그 빠른 효과에 대해 살펴본 바 있다. 가령, 죄의식은 해야 할 좋은 일과 피해야 할 나쁜 일에 대한 목록을 받는 가톨릭교도, 유대교도, 이슬람교도들에게 분명한 지침을 제공해준다. 유대교도들 사이에서 '숀다shonda'는 부끄러운 행동과 죄악을 말하며 '미츠바mitzvah'는 아주 경건하고 가치 있는 것을 말한다. 다른 종교들도 비숫하게 죄악과 올바름에 대해 설명하고 있다.

정신생활의 한 요소인 죄의식은 종교개혁 이후 훨씬 더 중요해졌다. 물론, 개인의 영혼은 도덕적 측면에서 그전보다 자율성이 커졌다. 그러나 이에 상응해 개인의 영혼은 더 큰 위험에 직면하게 되었다. 신교도들은 고해성사라는 편리한 속죄 수단을 더 이상 공식적으로 이용할 수 없게 된 것이다. 고해를 통한 회개는 그것이 어떤 것이든 일종의 개인 장부에 기록된다. 고해소에는 오직 한 영혼만이 들어간다. 그리고 고해와 회개 내용은 권위를 가진 회계사(신부)—신부가 아무리 나약한 인간일지라도—가 기록하고, 검사하며, 중요한 의미에서 보통은 승인을 했다.

그러나 종교개혁 이후 신교도들에게는 그렇게 의존할 회계사마저 없어졌다. 이제 신교도는 홀로 서든 넘어지든 자기 자신에게만 의존해야 했다. 똑바로 하지 않으면 그로 인해 발생하는 모든 문제는 온전히 자신의 몫이 되었다. 이는 엄청난 부담이었다. 그러나 막스 베버Max Weber와 어니스트 겔너Ernest Gellner 13) 같은 종교사회학자나 종교역사학자에 따르면, 이런 자율성으로 인해 신교도들은 강력한 이기심을 추구할 수 있게 되었다. 그리고 이런 이기심의 추구가 자본주의 정신을 출현시켰다.

이는 실로 거대한 주장이지만, 명확한 것은 아무것도 없다. 그러나, 예들 들어 프랑스 위그노교도와 프랑스 가톨릭교도 간의, 그리고 프랑스계 캐나다인과 영국계 캐나다인의 경제적 성취의 차이를 보면 도덕적 자율성이 사제들보다 은행가와 기업인들에게 매우 유용했음을 알 수 있다. 인생의 대차대조표는 사업 이익이나 손실을 보여주는 변동대차대조표로 통합되어야 했다. 여기서 세속적 성공이 천국의 보상(구원)을 의미한다는 새로운 기준이 생겼다. 어떤 의미에서 칼뱅교는 신교도 전체를 위해 보편화된 고해실(가톨릭이 개인의 영혼을 위해 고해실을 제공해준 것과 대조적으로)을 제공해준 셈이다.

잘사는 것이 좋은 것을 의미했다.

역동적인 자본주의(이런 자본주의가 세상을 바꾸긴 했지만)의 요란한 역할을 별도로 놓고 볼 때, 천국의 문을 지키는 성 베드로의 성화가 조그만 마을의 법정에 그토록 많이 걸려 있는 것은 다소 의아한 일이다(성 베드로는 천국의 열쇠를 쥐고 영혼을 심판하여 천국의 문을 열어준다.—옮긴이). 사람들이 법정에 들어서는 괴로운 순간, 화려한 천국의 문을 생각하며 천국의 문을 여는 모습을 상상했다는 것은 흥미롭고 겸허함을 자아내는 일이다. 하지만 우리 인간은 성 베드로에 필적할 만한 위대하고 정확한 심판관이 될 수는 없었다. 그러나 이런 위대한 심판관 덕분에 인간이 취약하고 보잘것없는, 각자의 도덕적 재고 목록을 지닌 미천한 상점 주인에 불과하다는 사실을 인정할 수 있었다는 점은 다행스러운 일인지도 모른다.

그리고 거의 모든 사람에게 나쁜 짓 목록은 그리 대단한 것도, 그리 극적인 것도 아니다. 고작해야 친구 답안지를 훔쳐봤다거나, 약간의 세금을 탈루했다거나, 매우 화려했지만 덧없이 흘러간 연애를 했다거나, 피부가 나쁜 못생긴 동료를 흉보았다거나, 좋아했던 담임 목사가 서울의 교리 강좌에 참석하는 동안 대리로 성직을 수행했던 신참 목사를 욕했다거나 하는 등의 하찮은 일에 불과하다.

이 책에서 우리가 말하지 않은 것들

우리는 '왜 종교인가?' 하는 과학적 질문에 대한 우리의 접근 방법의 한계와 성격이 무엇인지 충분히 강조했다. 여기서 그런 한계가 무엇이고, 우리가 그런 한계를 주장한 이유, 그리고 종교와 현대 생활에 관한 세계적 전문가들의 논의에서 그런 한계는 어디에 자리잡고 있는지, 다시 한 번 강조하고자 한다.

그리고 우리가 매우 간단히 표현할 수 있는 우리의 주장에 대한 독자들의 반응도 기대하는 바이다.

이 책의 독자 중 신의 존재를 믿는 사람들은 우주만물에 확고한 기반을 두고 초자연적인 것과 관계를 맺으려는 양식 있는 사람들이라고 할 수 있다. 우리의 주장대로 종교의 주요 목표가 뇌를 위안하는 것이라면, 이는 종교가 보다 높은 곳에 위치한 것임을 보여주는 것이다. 그리고 종교가 현대 뇌과학과 일치한다면, 양식 있는 신앙인들은 그런 사실이 종교의 훌륭한 자산이 된다고 생각할 것이고, 따라서 우리가 이 책에서 말한 그 어떤 내용에 의해서도 타락하거나 분노하거나 좌절하지 않을 것이다. 그것이 우리의 바람이다.

반면, 종교에 의문을 품거나 종교를 반대하는 사람들은 우리가 확신을 갖고 신의 진리를 주장하지 않은 데 대해 위안을 받을 것이다. 이들은 종교는 인민의 아편이라는 칼 마르크스의 초기 언명을 기억해낼 수도 있었을 것이다. 우리는 마르크스의 이 언명을 노동자 계급에게만이 아니라 모든 사람에게 적용했다. 사실, 엘리트들은 자신들의 정당성을 유지하기 위해 종교적 권위에 더 심하게 구속될 수 있다. 그리고 인간 뇌에 (비교적 확고한) 종교활동 영역이 존재한다는 우리의 주장은 종교 옹호론자들의 세련되고 야심찬 주장을 세속적으로 충분히 반박한 것일 수 있다.

오해를 막기 위해 이 책에서 우리가 말하지 않은 것들을 소개해보겠다.

권위

우리는 보다 높은 권위가 존재한다거나 존재하지 않는다고 말하지 않았다. 우리는 다만 (우리가 아니라) 신앙인들이 보다 높은 권위의 존재를 인정한다고 말했을 뿐이다. 우리는 수많은 사람들이 수세기 넘게 확신을 갖고 말한 주장이 옳은지 그른지 확인할 수 있는 신뢰할 만한 방법을 갖고 있지 않다. 많은 사람이 이런 우리의 입장을 상상력의 부족, 신심信心의 부족, 의심의 부족, 그리고 충분한 활력의 부족으로 보리라는 점을 충분히 이해한다. 그러나 우리는 여기서 멈췄다. 유대교의 전통을 작품으로 투영한 작가이자 무신론자임을 자처한 아이작 싱어Isaac B. Singer는 노벨문학상 수상 당시 〈뉴욕타임스〉의 한 기자로부터 자유의지를 믿느냐는 질문을 받았다. 싱어는 "자유의지를 믿느냐고요? 물론이지요. 선택의 여지가 없어요"라고 말했다. 우리의 교육과 전문성, 증거 수준, 그리고 광신에 대한 경계심을 고려할 때 우리는 보다 높은 권위의 존재 여부를 인정하거나 부정할 수 없었다.

종교 비교

우리는 종교를 서로 비교하는 것을 과제로 삼지 않았다. 어떤 종교가 더 좋고 나쁜지, 어떤 형태의 의식, 신앙, 불가지론이 보다 혹은 덜 바람직한지 말할 자격도 없다. 이런 비교는 분석 주제로 문제가 많고 너무 독선적이 될 수 있을 뿐만 아니라 (우리가 피하고자 했던) 끝없는 논쟁의 빌미를 제공하게 된다. 이런 논쟁 중 상당 부분은 매우 만연하고 끔찍한 종교전쟁을 촉발했다. 따라서 우리는 이렇게 될 가능성에서 빠져나왔다.

뇌를 잘 위안하는 방법

그러나 서로 다른 종교집단들을 비교, 평가할 수 있는 타당한 영역이 하나 있을 수 있다. 그것은 이들 종교집단이 '신도들의 뇌를 얼마나 성공적으로 위안해주느냐' 하는 것이다. 이런 맥락에서 볼 때, 그리 성공적이지 못한 종교집단이 있다. 예로, 섹스를 통한 번식의 정당성을 믿지 않았던 미국의 금욕주의 분파들이 있다. 이들은 단순히 인구지정학적 측면에서뿐만 아니라 신도들이 몹시도 지루해하고 섹스와 관련된 여러 즐거움을 맛보지 못하는 바람에 신도 수가 감소했다. 실제로 타 종교의 신도들이 보람과 활력을 얻었던 '자녀와 함께 놀기' 등의 활동을 이들은 할 수 없었다.

우리는 뇌에 위안을 주는 원천으로서 가톨릭의 고해성사가 가진 특별한 효능에 대해 언급한 바 있다. 그리고 건축물, 음악, 의복 등도 분명 뇌에 영향을 미칠 것이다. 또한 십일조 등과 관련된 신도들의 경제적 측면도 뇌를 위안하거나 뇌를 불편하게 만들 수 있다. 뇌의 위안이 이루어질 수 있는 범위 내에서 헌금할 수 있는 공정하고 효율적인 기회를 제공하는 것이 중요하다. 종교는 보통 사람들의 분명한, 그리고 타당한 요구에 부응하는 행사와 의식을 제공하는가, 그리고 적정 비용 혹은 최소한 지속가능한 비용으로 그런 일을 하는가?

돌이켜보건대, 그리고 국외인이 보기에, 면죄부 판매 같은 종교와 관련된 금전적인 문제는 특별히 착취적으로 보일 수 있을 것이다. 그렇지만 당시엔 지옥을 피해야 했고 지옥을 피할 돈이 있었던 사람들에게 투자, 즉 면죄부를 사는 일은 (기분 좋은 일은 아니라 해도) 현명한 일로 간주되었을 것이다. 마찬가지로 십일조도 많은 공동체의 구호 시스템을 유지해준 굳건한 기반이었다. 재난 등 힘겨운 시기에 물질적 도움과 봉사를 제공한 종교단체의 역할을 인정하지 않을 수 없다. 미국의 경우 많은 사람들은 허리케인 카트리나가 휩쓸고 지나간 후 직접 팔을 걷어붙이고 봉사에 뛰어든 종교단체와 달리 세속단체의 활동은 형편없었다고 평가했다. 2008년 미얀마에 태풍이 닥쳤을 때, 승려들이 보여준 헌신적인 봉사활동이 있었다. 이와 대조적으로 인간의 고통에 당혹스러울 정도로 추한 무관심을 보였던 미얀마 군부정권의 태도는 구호 시스템으로서 종교단체와 세속단체의 차이를 가장 극명하게 보여준 사례이다.

신앙인의 문제

우리는 신앙인들이 제정신이 아니며 망상과 정신장애에 시달리고 있다고 말하지 않았다. 우리가 말한 것처럼, 거의 모든 인간사회는 어떤 형태든 종교와 믿음을 가지고 있기 때문에 신앙인을 제정신이 아니라고 보는 것은 전 인류를 비정상으로 몰아가는 것이며, 이는 자연주의자로서 취하기 어려운 입장이다. 그러나 이런 시각을 가진 극소수의 사람들이 있긴 하다. 동시에, 비신앙인에게 믿음은

여전히 수수께끼로 남아 있다. 3대 종교를 분석한 위대한 사회학자
이자 역사가인 막스 베버는 스스로를 "종교적인 소양이 없는" 인간
으로 묘사했다. 이 말은 많은 비신앙인들에게도 똑같이 적용될 것
이다. 하지만 베버가 자신이 믿음을 갖지 않았다고 해서 믿음이 없
다고 주장한 것 같지는 않다.

신앙에 대한 지침

우리는 사람들이 믿어야 한다거나 믿지 말아야 한다고 말한 바 없
다. 우리는 믿음이 뇌에 좋은 영향을 미칠 수 있음을 보여주려고
했다. 그러나 어떤 믿음을 추구하느냐 하는 것은 전적으로 개인의
몫(인생 시작 단계에 종교적 가르침을 받는 많은 경우를 제외하고)이다.
어떤 사람에게 종교는 종교를 갖지 않으면 즐기지 못할 폭넓은 사
회적 기회를 제공한다. 동시에 또 어떤 사람에게는 종교에 몰입하
는 것이 저주가 되고 위험한 일이 될 수 있다. 가난했고 신앙에 억
눌린 삶을 살았던 제임스 조이스를 기억하자.

　또한 우리는 종교적 믿음이 도덕적, 그리고 친사회적인 삶을 위
해 필요하다고는 분명히 말하지 않았다. 품위는 성경이나 목사의
설교에서만 나오는 것이 아니다. 프레드 추장과 그 마을 사람들을
기억하자(5장 참조). 종교적 믿음이 도덕적, 그리고 친사회적인 삶
에 필요하다는 주장은 종교 옹호론자들이 많이 하는 주장이다. 그
러나 이런 주장은 도덕적 공동체의 필수불가결한 활력소가 되기보
다 인간이 느끼는 미래의 불확실성을 이용하는 것일 가능성이 크
다. 종교가 도덕 질서를 퍼트려왔지 도덕 질서를 만들어낸 것은 아
님을 역사는 보여준다.

우리는 종교나 종교 반대 집단들을 어떻게 변화시킬지, 혹은 변화시키지 말지에 관한 조언이나 의견을 제공하지 않았다. 이 문제는 이 책이 아니라 다른 곳에서 다뤄야 한다.

따라서 우리는 믿음의 미래에 대해 낙관적이지도 비관적이지도 않다. 그러나 종종 믿음이 적극성, 폭력적인 호전성과 강력하게 연결되면 절망스러운 상황이 발생한다는 사실을 우리는 인정했다.

우리는 믿음과 과학적 확실성(비행기를 만들고 조종하는 일과 같은)이 각각 미덕을 갖고 있다는 입장이다. 또한 하나의 치료법으로서 크리스천 사이언스Christian Science와 의학에 대해서도 이와 비슷한 관점을 갖고 있다. 우리는 행동하고, 확립하고, 일들을 운영하는 데 기반이 되는 증거의 필요성과 증거의 가치에 대해 분명한 입장을 밝혔다. 그러나 우리는 '신의 존재를 입증하는 굳건한 증거는 바로 그것에 대한 증거가 없다는 데 있다'라는 주장에 대해서는 모르겠다는 입장이다.

우리는 종교적 주장의 핵심에 있는 신비로운 힘과 경험의 존재를 보여주는 증거를 제공할 수 없다고 말했다. 그러나 우리는 종교적 주장이 사람들의 삶과 그들이 속한 공동체의 삶에 실질적으로 영향을 미칠 수 있음을 인정하고, 어떻게 영향을 미치는지 살펴보았다.

이미 여러 이론가들과 논평가들이 이런 문제들에 열심히 매달렸다. 그들의 종종은 미묘한, 그리고 때로 매우 뛰어난 능력과 우리는 경쟁할 수도 없고, 또 경쟁하기를 원치도 않는다. 따라서 우리가 종교는 변해야 한다거나 변하지 말아야 한다거나, 어떻게 변해야 하는지에 관해 말하는 것은 적합하지 않은 것 같다.

우리는 '종교와 믿음'이라는 세계에 유익하고 공정하게 접근했기를 바란다. 그러나 우리는 보다 높은 권위를 당연히 존재하는 것으로 보거나 사실로 가정하지 않았다. 완고한 입장이긴 하지만 종교에 관한 책에서 이보다 더 중요한 것이 무엇이겠는가? 우리는 간소화의 원칙law of parsimony에 따라 가장 높은 수준의 복잡한 변수보다 가장 기본적인 변수로 자연의 사실을 설명했다.

신이 뇌의 창조물이라면, 신의 뇌는 우리의 뇌다. 우리는 뇌를 무한함의 원천으로 명명했다. 야심찬 인류가 스스로를 현명하다는 뜻의 사피엔스sapiens라고 부르게 된 것은 그런 뇌에 대한 각별한 관심에서 비롯된 것이다. 따라서 뇌를 무한함의 원천으로 보는 것은 매우 타당한 것이다.

그리고 사람마다 약간 차이가 있을지는 몰라도 대체로 우리는 현명한 호모 사피엔스다.

Chapter 1   뇌과학이 신의 수수께끼를 푼다

1) 미국 및 세계 종교 통계, 2009, www.adherents.com(2009년 6월 6일 자료).

2) R. Dawkins, *The God Delusion*(Boston: Houghton Mifflin, 2006); C. Hitchens, *God Is Not Great: How Religion Poisons Everything*(New York: Twelve/Hachette Book Group USA/Warner Books, 2007); S. Harris, *The End of Faith*(New York: Norton, 2004).

3) D. Overbye, "Wisdom in a Cleric's Garb; Why Not a Lab Coat Too?" *New York Times*, June 2, 2009.

4) M. McGuire and L. Tiger, "The Brain and Religious Adaptations", in *Biology of Religious Behavior: The Evolutionary Origins of Faith and Religion*, ed. J. R. Feierman(Santa Barbara, CA: Praeger), pp. 125-40. 1600년대 독일의 화학자 게오르그 스탈은 신이 부여해 인간의 몸에 존재하면서 일이 돌아가게 만드는 '생의학적 영혼'이란 개념을 제시한 바 있다. 이에 대해서는 T. S. Hall, *Ideas of Life and Matter*(Chicago: University of Chicago Press, 1969) 참조. 보다 최근에는 멘델A. J. Mandell이 '뇌 속의 신'이란 관념을 연구한 바 있다. 이에 대해서는 A. J. Mandell, "Toward a Psychobiology of Transcendence: God in the Brain", in *The Psychobiology of Consciousness*, ed. R. J. Davidson and J. M. Davidson(New York: Plenum, 1980), pp. 379-464 참조.

5) B. Anastas, "The Final Day", *New York Times*, July 1, 2007.

6) A. Rashid, *Taliban*(New Heaven, CT: Yale University Press, 2001).

7) H. Smith, *The Religions of Man*(New York: Harper Perennial, 1986).

Chapter 2 뇌와 종교

1) "Major Religions Ranked by Size", www.adherents.com(2007년 5월 14일 자료).

2) "World Religion Statistics", www.adherents.com(2009년 6월 6일 자료).

3) Worldwide Status of Bible Translation, 2008, www.wycliffe.org, June 7, 2009.

4) D. Henriques and A. Lehren, "Religion for Captive Audiences, with Taxpayers Footing the Bill", *New York Times*, December 10, 2006.

5) "World Religion Statistics."

6) "Atheist Statistics", www.adherents.com(2009년 6월 6일 자료).

7) S. Atran and A. Norenzayan, "Religion's Evolutionary Landscape: Counterintuition, Commitment, Compassion, Communion", *Behavioral and Brain Sciences* 27(2004): 713-70.

8) 이에 대해서는 T. Cahill의 매우 완곡하고 정교한 연구인 *Mysteries of the Middle Ages: The Rise of Feminism, Science, and Art from the Cults of Catholic Europe*(New York: Doubleday, 2006) 참고.

9) B. Graham, *Decision Magazine*, September 2007, p. 4.

10) A. Sullivan, "When Not Seeing Is Believing", *Time*, October 2, 2006.

11) 우리가 여기서 이 문제를 충실히 다룰 수는 없다. 그러나 인간 본성에 대한 마르크스와 마르크스주의적 관념과 관련된 여러 쟁점은 여전히 매력적이다. 그러나 이런 쟁점은 마르크스주의적 관념이 나타난 당시보다 지금은 덜 중요한 문제가 되었다. 공산주의가 도래하면 국가가 사라질 것이란 예측도 완전히 잘못된 것으로 드러났다. 그리고 전체 경제와 사회체계를 조직하는 인간의 내적인 거시 합리적 능력에 대한 마르크스주의적 믿음도 크게 흔들리고 있다.

12) J. R. Feierman, "How Some Components of Religion Could Have Evolved bt Natural Selection", in *The Biological Evolution of Religious Mind and Behavior*, ed. E. Voland and W. Schiefenhovel(New York: Springer-Verlag, 2009), pp. 51-66.

13) W. Z. Zhou et al., "Discrete Hierarchical Organization of Social Group Sizes", *Biological Science* 272(2005): 439-44.

14) C. T. Dawes et al., "Egalitarian Motives in Humans", *Nature* 446(2007): 794-96.

15) M. Tomasello, *Origins of Human Communication*(Cambridge, MA: MIT Press, 2008).

16) G. Miller, "Probing the Social Mind", *Science* 312(2006): 838-39.

17) D. C. Dennett, *Breaking the Spell: Religion as a Natural Phenomenon*(New York: Viking, 2005).

18) J. McCrone, "The Power of Belief", *New Scientist*, March 13, 2004.

19) D. C. Dennett, "Show Me the Science", *New York Times*, August 28, 2005.

20) R. Dawkins, *The God Delusion*(Boston: Houghton Mifflin, 2006); S. Harris, *The End of Faith*(New York: Norton, 2004).

21) Sullivan, "When Not Seeing Is Believing."

22) M. B. Norton, *In the Devil's Snare*(New York: Knopf, 2002); J. C. Baroja, *The World of Witches*(London: Phoenix Press, 2001).

23) D. R. Forsyth, "The Function of Attributions", *Social Psychology Quarterly* 43(1980): 184-89.

24) D. Solomon, "The Nonbeliever", *New York Times Magazine*, January 22, 2006(이 기사는 대니얼 데닛에 대한 인터뷰이다).

25) 나폴레옹만이 이런 신과의 연결고리를 거부하려고 했다. 그는 노트르담 성당에서 교황을 포함해 유럽의 모든 귀족들을 모아놓고 대관식을 했는데, 여기서 그는 교황을 무시하고 스스로 황제관을 썼다. 이 사건은 많은 논란을 야기한 새로운 혁신으로서 우리의 신념에 부합한다.

26) 예를 들어, 듀크대 의대의 Mitchell Krucoff가 *Lancet*(July 16, 2005)에 게재한 보고서를 참고할 것. 이 보고서에 의하면, 많은 종교인들이 먼 곳에서 심장병 환자 737명의 수술 성공을 기원하며 드린 기도들은 수술 결과에 별 도움이 되지 못했다.

27) H. Wilhelm, "The Presbyterian Church Gets into the 9/11 Conspiracy Theory Business", *Wall Street Journal, September* 8, 2006.

28) A. Cooperman and A. S. Tyson, "House Injects Prayer into Defense Bill",

Washington Post, May 12, 2006.

29) A. Newman, "A Crusade Cannot Thrive by Faith Alone", *New York Times*, June 23, 2005.

30) T. G. Sterling, "Executives Sentenced in Church Fraud", *Washington Post*, October 1, 2006.

31) "Great Faiths: A Journey by Private Jet to the World's Sacred Places", *UCLAlumni Association Magazine* 2006, pp. 1-18.

32) A. Haag, "Church Joins Crusade over Climate Change", *Nature* 449(2006): 136-37.

33) R. Shortt의 "The Pope's Divisions", *Times Literary Supplement*, April 10, 2009, p. 23에서 인용함.

Chapter 3　우리 삶에 스며든 종교

1) G. Ferguson, *Signs and Symbols in Christian Art*(New York: Oxford University Press, 1954).

2) 오늘날까지 퀘벡의 자동차 면허판에는 "Je me souviens" 즉 "나는 기억한다"라는 슬로건이 붙어 있다.

3) Handily, the synagogue was on the second floor of the building next to our apartment and visiting it involved but a vault over the fire escape fence we shared.

4) M. Redfern, "Creationist Museum Challenges Evolution", *BBC News*, April 15, 2007.

5) M. J. Behe, *The Edge of Evolution*(New York: Free Press, 2007); M. Holderness, "Enemy at the Gates", *New Scientist*, October 8, 2005; Creation Science Belief Systems, www.religioustolerance.org. March 3, 2005; S. Perkins, "Evolution in Action", *New Scientist*, February 22, 2006; C. Biever, "The God Lab", *New Scientist*, December 16, 2006.

6) N. Bakalar, "Most Doctors See Religion as Beneficial, Study Says", *New York Times*, April 17, 2007.

7) D. MacCulloch, *Reformation: Europe's House Divided, 1490-1700*(London:

Allen Lane, 2003).

8) T. L. Thompson, *The Messiah Myth: The Near Eastern Roots of Jesus and David*(London: Cape, 2006).

9) A. Cooperman, "Military Wrestles with Disharmony among Chaplains", *Washington Post*, August 30, 2005. E. J. Dionne Jr., "Keeping Faith with Religious Freedom", *Washington Post*, June 25, 2005.

10) S. Milloy, "PETA: Sacrifice Human, Not Animal Life for Medical Research", *Fox News*, July 25, 2006.

11) R. Dunbar, "We Believe", *New Scientist*, January 28, 2006.

12) C. Soukup, "Religion", *Newsweek*, October 17, 2005.

13) J. Leland, "Sex and the Faithful Soldier", *New York Times*, October 30, 2005.

14) D. MacKenzie, "The End of Enlightenment." *New Scientist*, October 8, 2005.

15) R. E. Nesbett and T. Masuda, "Culture and Point of View", *PNAS* 100, no. 19(2003): 11163-170; E. E. J. Behrens et al., "Associative Learning of Social Value", *Nature* 456(2003): 245-49; L. V. Harper, "Epigenetic Inheritance and the Intergenerational Transfer of Experience", *Psychological Bulletin* 131(2005): 340-60.

Chapter 4　종교와 섹스

1) J. Joyce, *Portrait of an Artist as a Young Man*(New York: Viking, 1964). 이 책은 원래 1915-16년 〈에고이스트Egoist〉에 연재된 소설이었다. 조이스의 편집본을 포함한 결정판은 1964년 바이킹 출판사에서 출간되었다.

2) A. Dante, *Divine Comedy*. 《신곡》은 1310-21년 자국어인 이탈리아어로 창작되었다. 여기서 말하는 《신곡》은 J. Cardi의 영어 번역본을 말한다. J. Cardi, The *Divine Comedy*(*The Inferno, The Purgatorio, and The Paradiso*)(New York: NAL Trade, 2003).

3) 이 자료들은 퓨포럼Pew Forum on Religion and Public Life이 35,000명의 성인을 대상으로 한 연구에서 발표(2008년 2월 25일 발표)한 수치다. 미국에서 무신론자와 불가지론자를 포함해 종교가 없는 사람들이 가장 많이 거주하고 있는 지역은 서부 지역이었는데, 이는 당연한 것이다. 새로 생긴 지역(서부)으로 이주하는 사람

들은 기존의 종교나 기타 관습을 그대로 유지할 가능성이 작기 때문이다. 전 세계에 걸쳐 규모가 크고 빠르게 진행되는 이주가 종교의 지속성에 어떻게 영향을 미치는지를 알아보는 것도 중요할 것이다. 그러나 존 미클레스웨이트John Micklehwait와 에이드리언 울드리지Adrian Wooldridge의 연구에 따르면, 종교 선택의 기회가 클수록 신앙인 수는 증가했다. 이는 특히 미국 스타일의 초대형 교회에서 그러하다(미클레스웨이트와 울드리지는 이런 교회를 효과적인 다국적 기업에 비유했다). J. Micklehwait and A. Wooldridge, *God is Back: How the Global Revival of Faith Is Changing the World*(New York: Penguin, 2009) 참조. 우리가 이 문제를 자세히 다루지는 않았지만, 종교는 집단 내에서 인구를 늘리는 감독자 역할을 하는 경우가 많다. 종교가 섹스에 그토록 관심을 갖는 이유, 일부 종교가 산아 제한을 비도덕적이라고 말하고, 또 다른 일부 종교(가령, 정통 유대교와 모르몬교)가 신도들에게 많은 자녀를 두라고 권하는 이유는 바로 이 때문이다. 가톨릭교의 경우 여러 명의 자녀를 둔 후 피임약을 사용하는 것도 교회의 가르침과 권위를 해치는 대죄로 간주한다.

4) R. F. Worth, "Challenging Sex Taboos, with Help from the Koran", *New York Times*, June 6, 2009.

5) T. Cairns, *Barbarians, Christians and Muslims*(Cambridge: Cambridge University Press, 1971).

6) 이 책의 필자인 라이오넬 타이거가 종교적 행동을 종교적, 윤리적 구조와 연관시켜 보려고 한 과거의 시도에 대해서는 *The Manufacture of Evil: Ethics, Evolution, and the Industrial System*(New York: Harper & Row, 1987) 참고. 이 책에서 다룬 핵심 문제는 "진화를 통해 200명 정도의 수렵 채집 집단을 이루고 살던 한 영장류가 어떻게 해서 수백만 명의 이방인들이 모여 사는 산업사회에 통용되는 윤리 패턴을 발전시키게 되었는가?" 하는 것이다. 한 가지 주요한 해결책은 수렵채집사회에서 농업목축사회로의 전환(물론 이런 전환기에는 위협적인 윤리적 위기가 동반된다)을 목도했던 신학자들이 말한 진리를 받아들이는 것이었다. 그 결과 일련의 신학체계들이 등장했는데, 이런 신학체계(이슬람교, 기독교, 유대교 등과 같은)들은 수렵채집사회에서 농업목축사회로의 대전환을 반영한 것이며, 산업화된 세계에서도 여전히 큰 영향을 미치고 있다. 그래서 그런 대전환을 반영한 "주는 나의 목자"와 같은 표현을 지금의 우리가 이해하고 있

는 것이다. 본질적으로 산업사회는 지금도 윤리 문제와 씨름하고 있다. 실패하긴 했지만 마르크스주의는 (종교처럼) 윤리체계를 수립하려고 했던 하나의 야심찬 시도였다. 반면, 공리주의는 경제학과 법학에 상당한 영향을 미쳤지만 많은 권태를 유발했고 예술적인 건축, 음악, 패션 분야에는 별로 영향을 미치지 못했다.

Chapter 5 종교, 왜 과학을 부정할까?

1) M. Brooks, "In Place of God", *New Scientist,* November 18, 2006.

2) M. Roach, "Almost Human", *National Geographic* 213, no. 4(2008): 124-45.

3) P. Miller, *The Life of the Mind in America*(New York: Harcourt, Brace & World, 1965). 이 책의 두 번째 섹션인 "법적 사고The Legal Mentality"는 윌리엄 블랙스톤William Blackstone이 제기한 문제, 즉 기독교가 법의 일부인지를 다루고 있다. 토머스 제퍼슨Thomas Jefferson은 블랙스톤을 반박하는 글을 쓴 바 있다. 그러나 이 반박 과정에서, 법률가들의 일이 도덕적 기초 없이 행해진다는 이유로 '법률가들을 비신앙인이라고 할 수 있는가'라는 문제를 제기했다. 결국 법률가들은 세속의 일과 종교 사이에서 쉽게 입장을 바꿀 수 있었고 또 그렇게 했다.

4) M. Roach, "Almost Human."

5) 4장에서 우리는 이주로 인해 종교적 유대감이 약화될 수 있다고 말한 바 있다. 물론 다른 주장을 하는 저자들도 있다. 예를 들어, J. Micklehwait and A. Wooldridge, *God Is Back: How the Global Revival of Faith Is Changing the World*(New York: Penguin, 2009) 참조.

6) G. Wallas, *Human Nature in Politics*(New York: Knopf, 1921); W. James, *The Varieties of Religion Experience*(London: Longmans, 1905).

7) E. Voland and W. Schiefenhovel, eds., *The Biological Evolution of Religious Mind and Behavior*(New York: Springer-Verlag, 2009); J. R. Feierman, ed., *The Biology of Religious Behavior: The Evolutionary Origins of Faith and Religion*(Santa Barbara, CA: Praeger, 2009).

8) 아프리카에는 특이할 정도로 많은 서로 다른 신앙체계가 있는데, 이들 중 상당수가 프레드 추장의 마을이 겪은 것과 비슷한 경험을 했기 때문에 서로 다른 방향으로 발전한 것은 아닌지 살펴볼 가치가 있다.

9) T. E. J. Behrens et al., "Associative Learning of Social Value", *Nature*

456(2008): 245-49.

10) L. V. Harper, "Epigenetic Inheritance and the Intergenerational Transfer of Experience", *Psychological Bulletin* 131(2005): 340-60.

Chapter 6   종교는 뇌의 발명품

1) M. Balter, "Why We're Different: Probing the Gap between Apes and Humans", *Science* 319(2008): 404-405; R. Orwant, "What Makes Us Human", *New Scientist*, February 21, 2004.

2) C. Floyd, "Virtuous Species: The Biological Origins of Human Morality: An Interview with Frans De Wall", www.science-spirit.org, March 3, 2005.

3) N. Schultz, "Altruistic Chimpanzees Act for the Benefit of Others", *New Scientist*, June 25, 2007; N. Wade, "Scientist Finds the Beginnings of Morality in Primate Behavior", *New York Times*, March 20, 2007.

4) N. J. Mulcahy and J. Call, "Apes Save Tools for Future Use", *Science* 312(2006): 1038-40.

5) S. Coulson, "Offerings of a Stone Snake Provide the Earliest Evidence of Religion", *Scientific American*, December 1, 2006.

6) A. Gibbons, "Oldest Members of Homo Sapiens Discovered in Africa", *Science* 300(2003): 1641.

7) W. T. Fitch and M. D. Hauser, "Computational Constraints on Syntactic Processing in Nonhuman primates", *Science* 303(2004): 377-380.

8) F. B. M. de Waal and P. L. Tyack, eds., *Animal Social Complexity* (Cambridge, MA: Harvard University Press, 2004).

9) 영화에 출연하는 동물들은 보통 인간적인 배역을 하는 경향이 강하다는 사실에 유념하자.

10) B. Bower, "Chimpanzees Share Altruistic Capacity with People", *Science News* 171(2007): 406; G. Vogel, "The Evolution of the Golden Rule", *Science* 303(2004): 1128-31. 1971년 라이오넬 타이거와 로빈 폭스는《제국주의적 동물Imperial Animal》(New York: Holt and Rinehart, 1971)에서 인간은 서로 협력해 사냥하고 채집한 결과 강한 공유 윤리를 발전시키게 되었다고 주장

했다. 이런 윤리는 복잡한 영장류 사회의 기본적인 통합(이런 양상은 B. Bower, G. Vogel, Tiger, Fox 등의 저작과 기타 저작들에서 최근 확인되었다)을 증대시켰다.

11) A. Whiten et al., "Conformity to Cultural Norms of Tool Use in Chimpanzees", *Nature* 437(2005): 737-40; J. Cohen, "The World through a Chimpanzee's Eyes", *Science* 316(2007):44-45.

12) T. Breuer, "Gorilla Uses Tool to Plumb the Depths of Abstract Thinking", *New Scientist*, October 8, 2005.

13) J. B. Silk et al., "Chimpanzees Are Indifferent to the Welfare of Unrelated Group Members", *Nature* 437(2005): 1357-59.

14) M. MacLeod and D. Graham-Rowe, "Every Primate's Guide to Shomoozing", *New Scientist*, September 3, 2005.

15) R. C. Savin-Williams, "An Ethological Study of Dominance Formation and Maintenance in a Group of Human Adolescents", *Child Development* 47(1976): 972-79.

16) M. Kaplan, "Make Love, Not War", *New Scientist*, December 2, 2006.

17) I. Parker, "Swingers: Bonobos Are Celebrated as Peace-Loving, Matriarchal, and Sexually Liberated. Are They?" *New Yorker*, July 30, 2007.

18) 새의 경우는 S. J. Shettleworth, "Planning for Breakfast", *Nature* 445(2007): 825-26 참고. 유인원의 경우는 T. Suddendori, "Foresight and Evolution of the Human Mind", *Science* 312(2006): 1006-1007 참고.

19) M. Mesterton-Gibbons and E. S. Adams, "The Economics of Animal Cooperation", *Science* 298(2002): 2146-47.

20) J. McCrone, "Smarter Than the Average Bug", *New Scientist*, May 21, 2006.

21) B. Holmes, "Did Humans and Chimpanzees Once Merge?" *New Scientist*, May 20, 2006.

22) P. Khaitovich et al., "Parallel Patterns of Evolution in the Genomes and Transcriptomes of Humans and Chimpanzees", *Science* 309(2005): 1850-54; B. Wood, "Who Are We?" *New Scientist*, October 26, 2002.

23) M. Snyder and M. Gerstein, "Defining Genes in the Genomics Era", *Science*

300(2003): 258-60; S. E. Ceinlker et al., "Unlocking the Secrets of the Genome", *Nature* 459(2009): 927-30.

24) "The Chimpanzee Genome", *Nature* 437(2005): 47-66. Chimpanzee Sequencing and Analysis Consortium, "Initial Sequence of the Chimpanzee Genome and Comparison with Human Genome", *Nature* 437(2005): 69-87; International Chimpanzee Chromosome 22 Consortium, "DNA Sequence and Comparative Analysis of Chimpanzee Chromosome 22", *Nature* 429(2004): 382-88.

25) N. Wade, "Still Evolving, Human Genes Tell New Story", *New York Times*, March 25, 2006.

26) M. Balter, "Brain Evolution Studies Go Micro", *Science* 315(2007): 1208-11.

27) L. Spinney, "What Only a Chimpanzee Knows", *New Scientist*, June 10, 2006; E. Pennsie, "Nonhuman Primates Demonstrate Humanlike Reasoning", *Science* 317(2007): 1308.

28) S. Goudarzi, "New Study: The Brain Is Chaotic", www.livescience.com, February 27, 2007.

29) A. S. Deinard and K. K. Kidd, "Evolution of D2 Dopamine Receptor Intron within the Great Apes and Humans", *DNA Sequencing* 8(1998): 289-301.

30) K. J. Livak et al., "Variability of Dopamine D4 Receptor(DRD4) Gene Sequence within and among Nonhuman Primate Species", *Proceedings National Academy Science USA* 92, no. 2(1995): 427-31.

31) J. F. Pregenzer et al., "Characterization of Ligand Binding Properties of the 5-HT1D Receptors Cloned from Chimpanzee, Gorilla and Rhesus Monkey in Comparison with Those from the Human and Guinea Pig Receptors", *Neuroscience Letters* 235, no. 3(1997): 117-20.

32) 인간과 달리, 침팬지들은 분위기와 행동을 빨리 바꾸는 경우가 많다.

33) V. Morell, "Minds of Their Own", *National Geographic*, March 2008, pp. 37-61; S. Milius, "Ape Aces Memory Test, Outscores People", *Science News* 172(2007): 355-56; S. F. Brosman and F. B. M. de Waal, "Monkeys Reject Unequal Pay", *Nature* 425(2003); 297-99; P. Bloom, "Is God an Accident?"

Atlantic Monthly, December 2005.

34) P. Bloom, "Children Think before They Speak", *Nature* 430(2004): 410-11.

35) B. Pesaran et al., "Free Choice Activates a Decision Circuit between Frontal and Parietal Cortex", *Nature* 453(2008): 406-409.

36) P. Cizek and J. F. Kalaska, "Neural Correlates of Mental Rehearsal in Dorsal Premotor Cortex", *Nature* 431(2004): 993-96; K. Nelissen et al., "Observing Others: Multiple Action Representation in the Frontal Lobe", *Science* 310(2005): 332-36.

37) 개인적인 인터뷰를 옮긴 것이다. S. Pinker, "The Moral Instinct", *New York Times*, January 13, 2008도 참고.

38) M. Koenigs et al., "Damage to the Prefrontal Cortex Increases Utilitarian Moral Judgements", *Nature* 446(2007): 908-11.

39) R. Dunbar, "We Believe", *New Scientist*, January 28, 2006.

40) D. S. Wilson, "Evolution of Religion: The Transformation of the Obvious", in *The Evolution of Religion*: Studies, *Theories, and Critiques*, ed. J. Bulbulia et al.(Santa Margarita, CAL Collins Foundation Press, 2008), pp. 23-30

41) 종교들이 자신의 신앙집단을 위해 주창하고 있는 보편적 형제라는 관념은 신의 관념에 이르는 진화적 경로를 갖고 있다고 주장한 로버트 라이트의 책을 참고하라. R. Wright, *The Evolution of God*(Boston: Little, Brown, 2009).

Chapter 7   스트레스, 뇌, 그리고 종교

1) Z. Zhou et al., "Genetic Variation in Human NPY Expression Affects Stress Response and Emotion", *Nature* 452(2008): 997-1001.

2) C. B. Zhong and K. Liljenquist, "Washing Away Your Sins: Threatened Moral and Physical Cleansing", *Science* 313(2006): 1451-52.

3) chapter 4의 주 1) 참고.

4) D. V. Erdman, ed., *The Poetry and Prose of William Blake*(Garden City, NY: Doubleday, 1965), P. 229. 신이 종교를 만들었는지 아니면 종교가 신을 만들었는지에 대한 논의는 J. Campbell, *The Many Faces of God*(New York: Norton, 2006) 참고. 이 책 216p에서 캠벨은 "신이 종교를 낳았다는 생각보다 종교가 신

을 낳았다는 생각이 흥미롭고 기이한 결과를 낳는 경향이 있다. 그 결과는 '신이 무엇인지를 결정하는 것은 나다I decide what God is' 라는 주장으로 요약되는, 급진적으로 일탈한 신앙의 형태로 나올 수 있다'라고 했다. 이런 생각은 이 책에서 우리가 다루는 문제가 아니다. 본질적으로 우리의 주장은 다음과 같다. 요컨대, 뇌는 그것이 완전히 파악할 수 없는 사람, 사물, 사건, 시나리오, 인과관계 등을 상상한다. 더욱이, 뇌는 그것이 상상했지만 증명할 수는 없는 것에서 불확실성, 모호함 그리고 (종종은) 공포(뇌가 싫어하는 상태)를 느낀다. 그런 후 뇌는 모호함과 불확실성을 줄이는 체계를 만들어내는데, 그중 하나가 종교다. 그리고 세속의 일에 대해 안심할 수 있는 이런 구원의 원천(즉, 종교)에 대해 꼼꼼히 검토하는 것은 불경한 일만은 아니다.

5) 다른 방법을 사용하여 유사한 발견을 한 사례는 다음을 참고할 것. S. Hamann and H. Mao, "Positive and Negative Emotional Verbal Stimuli Elicit Activity in the Left Amygdala", *Neuroreport* 13, no. 1(2002): 15-19; J. J. Paton et al., "The Primate Amygdala Represents the Positive and Negative Value of Visual Stimuli During Learning", *Nature* 439(2006): 865-70; T. Canli et al., "Amygdala Response to Happy Faces as a Function of Extroversion", *Science* 296(2002): 2191; L. Helmuth, "Fear and Trembling in the Amygdala", Science 300(2003): 568-69; R. J. Dolan, "Emotion, Cognition, and Behavior", *Science* 298(2002): 1192-92.

6) R. B. Adams Jr. et al., "Effects of Gaze on Amygdala Sensitivity to Anger and Fear Faces", *Science* 300(2003): 1536.

7) P. J. Whalen et al., "Human Amygdala Responsivity to Masked Fearful Eye Whites", *Science* 306(2004): 2061.

8) T. Singer et al., "Empathy for Pain Involves the Affective but Not the Sensory Components of Pain", *Science* 303(2004): 1157-62.

9) C. Holden, "Imaging Studies Show How Brain Thinks about Pain", *Science* 303(2004): 1121.

10) N. I. Eisenberger et al., "Does Rejection Hurt? An fMRI Study of Social Exclusion", *Science* 302(2003): 290-92; G. MacDonald and M. R. Leary, "Why Does Social Exclusion Hurt? The Relationship between Social and

Physical Pain", *Psychological Bulletin* 131(2005): 202-23.

11) R. L. Trivers, "The Evolution of Reciprocal Altruism", *Quarterly Review of Biology* 46(1971): 35-57; E. Fehr and U. Fischbacker, "THe Nature of Human Altruism", *Nature* 425(2003): 785-91.

12) T. Singer et al., "Empathetic Neural Response Are Modulated by the Perceived Fairness of Others", *Nature* 439(2006): 466-69.

13) R. I. M. Dunbar and S. Shultz. "Evolution in the Social Brain", *Science* 317(2007): 1344-47.

14) A. Troisi, "Gender Differences in Vulnerability to Social Stress: A Darwinian Perspective", *Physiology and Behavior* 73, no. 3(2001): 443-49; J. J. Wang et al., "Brain Imaging Shows How Men and Women Cope Differently under Stress", *Social Cognitive and Affective Neuroscience* 24(2007): 58-61.

15) J. Panksepp, "Affective Consciousness: Core Emotional Feeling in Animals and Humans", *Consciousness and Cognition*, in press.

16) J. N. Wood and J. Grafman, "Human Prefrontal Cortex: Processing and Representational Perspective", *Nature Review* 4(2003): 139-47.

17) A. G. Hohmann et al., "An Endocannabinoid Mechanism for Stress-Induced Analgesia", *Nature* 435(2005): 1008-12.

18) G. F. Koob, "Corticotropin-Releasing Factor, Norepinephrine, and Stress", *Biological Psychiatry* 46, no. 9(1999): 1167-80; B. S. McEwen, "Protective and Damaging Effects of Stress Mediators: Central Role of the Brain", *Dialogues in Clinical Neuroscience* 8, no. 4(2006): 367-81; S. F. Anestis et al., "Age, Rank, and Personality Effects on the Cortisol Sedation Stress Response in Young Chimpanzees", *Physiology and Behavior* 89, no. 2(2006): 287-94. 생쥐의 만성 스트레스에 관한 연구도 본문의 내용과 일치한다. 예를 들어, 만성 스트레스는 습관적인 행동을 하게 만든다. 이에 대해서는 E. Dias-Ferreira et al., "Chronic Stress Causes Frontostriatal Reorganization and Affects Decision-Making", *Science* 325(2009): 621-25.

19) C. A. Morilak et al., "Role of Brain Norepinephrine in the Behavioral Response to Stress", *Progressive Neuropsycho-Pharmacology Biological*

Psychiatry, October 12, 2005.

20) R. M. Sapolsky, "The Endocrine Stress-Response and Social Status in the Wild Baboon", *Hormones and Behavior* 16(1982): 279-92; S. F. Anestis et al., "Age, Rank, and Personality Effects on the Cortisol Sedation Stress Response in Young Chimpanzees."

21) H. Pilcher, "The Science of Voodoo: When Mind Attacks Body", *New Scientist*, May 13, 2009.

22) M. Marmot, *The Status Syndrome*(New York: Owl-Books/Henry Holt, 2005).

23) Sapolsky, "The Endocrine Stress-Response and Social Status in the Wild Baboon."

24) A. Mazur and A. Booth, "Testosterone Change after Losing Predicts the Decision to Compete Again", *Hormones and Behavior* 50(1998): 684-92; J. K. Maner et al., "Submitting to Defeat: Social Anxiety, Dominance Threat, and Decrements in Testosterone", *Psychological Science* 19(2008): 764-68

Chapter 8　우리가 교회나 절에 가는 이유

1) D. Y. Tsao et al., "A Cortical Region Consisting Entirely of Face-Selective Cells", *Science* 311(2006): 670-74; F. Formisano et al., "'Who' Is Saying 'What'? Brain-Based Decoding of Human Voice and Speech", *Science* 322(2008): 970-73; M. S. George et al., "Brain Regions Involved in Recognizing Facial Emotion or Identity: An Oxygen-15 Pet Study", *Journal of Neuropsychiatry* 5(1993): 384-94.

2) G. Rizzolatti and C. Sinigaglia, *Reflecting on the Mind*(Oxford: Oxford University Press, 2007); G. Miller, "Reflecting on Another's Mind", *Science* 308(2005): 945-47; C. Zimmer, "How the Mind Reads Other Minds", *Science* 300(2003): 1079-80.

3) L. Aziz-Zadeh, "Brain's Action Center Is All Talk: Strong Mental Link between Actions and Words", www.sciencedaily.com, September 9, 2006.

4) J. J. Paton et al., "The Primate Amygdala Represents the Positive and

Negative Value of Visual Stimuli during Learning", *Nature* 439(2006): 865-70; T. Sharot et al., "Neural Mechanisms Mediating Optimism Bias", *Nature* 450(2007): 102-105; L. Tiger, *Optimism: The Biology of Hope*(New York: Simon & Schuster, 1979).

5) N. Abe et al., "Deceiving Others: Distinct Neural Responses of the Prefrontal Cortex and Amygdala in Simple Fabrication and Deception with Social Interactions", *Journal of Cognitive Neuroscience* 19(2007): 287-95.

6) B. Bower, "Monkey See, Monkey Think", *Science News* 167(2005): 163-64.

7) T. Singer et al., "Empathetic Neural Responses Are Modulated by the Perceived Fairness of Others", *Nature* 439(2006): 466-69; S. F. Brosman and F. B. M. de Waal, "Monkeys Reject Unequal Pay", *Nature* 425(2003): 297-99.

8) 이에 대한 일반적인 견해는 다음의 저작을 참고. R. Masters and M. T. McGuire, *The Neurotransmitter Revolution*(Carbondale: Southern Illinois University Press, 1994. 보다 상세한 내용은 M. T. McGuire and A. Troisi, "Physiological Regulation-Deregulation and Psychiatric Disorder", *Ethology & Sociobiology* 8 suppl.(1987): 95-125 참고. 환경이 뇌의 화학작용에 미치는 영향에 관한 초기의 대담한, 그러나 영향력 있는 견해는 M. R. A. Chance, ed., *Social Fabrics of the Mind*(Hove, UK: Erlbaum, 1998) 참고.

9) D. S. Moskowitz et al., "Tryptophan, Serotonin and Human Social Behavior", *Advances in Experimental Medicine and Biology* 527(2003): 215-24.

10) B. Knutson et al., "Selective Alteration of Personality and Social Behavior by Serotonergic Intervention", *American Journal of Psychiatry* 155, no. 3(1998): 373-79. 이 논문은 정상적인 사람을 대상으로 관찰한 결과를 보고한 것임을 유념하자. (보통 우울증이나 근심을 없애려고) 뇌의 세로토닌 수치를 높이는 약물을 복용하는 사람 중 무시할 수 없는 비율이 약을 먹기 전보다 적은 성적 오르가슴을 경험했다고 보고했다. 걱정이나 우울함과 관련된 뇌의 세로토닌 수치 변화는 그런 상태에서 발생하는 여러 화학적 변화 중 하나에 불과하기 때문에 이는 그리 놀라운 일이 아니다. 따라서 다른 화학적 이상 상태의 변화 없이 세로토닌 수치만 높이는 것으로는 모순적 효과를 낳을 수 있다. 그렇다 해도 이런 논의가 좋은 사무실이나 자기만의 회사 주차장이 없어도 세로토닌이

보다 높은 지위감을 준다는 사실을 뒤집지는 못한다.

11) M. J. Crockett et al., "Serotonin Modulates Behavioral Reactions to Unfairness", *Science* 320(2008): 1739.

12) C. S. Carver et al., "Serotonergic Function; Two-Mode Models of Self-Regulation, and Vulnerability to Depression: What Depression Has in Common with Impulsive Aggression", *Psychological Bulletin* 134(2008): 912-43.

13) H. F. Clarke et al., "Cognitive Inflexibility after Prefrontal Serotonin Depletion", *Science* 304(2004): 878-80.

14) S. Nisizawa et al., "Differences between Males and Females in Rates of Serotonin Synthesis in Human Brain", *Proceedings National Academy Science USA* 94(1997): 5308-13.

15) W. S. Tse and A. J. Bond, "Difference in Serotonergic and Noradrenergic Regulation of Human Social Behaviors", *Psychopharmacology*(Berl) 159(2002): 216-21.

16) M. R. Roesch and C. R. Olson, "Neuronal Activity Related to Reward Value and Motivation in Primate Frontal Cortex", *Science* 304(2004): 307-10; G. D. Stuber et al., "Reward-Predictive Cues Enhance Excitatory Synaptic Strength onto Midbrain Dopamine Neurons", *Science* 321(2008): 1690-92.

17) A. Damasio, "Brain Trust", *Nature* 435(2005): 571-72; M. Kosfeld et al., "Oxytocin Increases Trust in Humans", *Nature* 435(2005): 673-76; P. J. Zak, "The Neurobiology of Trust", *Scientific American*, June 2008.

18) T. Canil et al., "Amygdala Response to Happy Faces as a Function of Extroversion", *Science* 296(2002): 2191.

Chapter 9 　신은 어떻게 뇌를 만족시키는가?

1) J. Borg et al., "The Serotonin System and Spiritual Experiences", *American Journal of Psychiatry* 160(2003): 1965-69.

2) G. Ferguson, *Signs and Symbols in Christian Art*(New York: Oxford University Press, 1954); L. W. Wagner, *American Life*(Chicago: University of

Chicago Press, 1953).

3) J. R. Feierman, "How Some Components of Religion Could Have Evolved by Natural Selection", in *The Biological Evolution of Religious Mind and Behavior*, ed. E. Voland and W. Schiefenhovel(New York: Springer-Verlag, 2009), pp. 51-66; J. R. Feierman, "The Evolutionary History of Religious Behavior", in *The Biology of Religious Behavior*, ed. J. R. Feierman(Santa Barbara, CA: Praeger, 2009), pp. 71-86.

4) P. Ball, *The Essence of Tao*(Royston, Hertfordshire, UK: Eagle Editions), pp. 197-98. 개인적인 서신에서, 파이어만J. Feierman은 이렇게 말했다. "세대에 걸쳐 DNA 속에서 전해지는 규범 의식과, 세대에 걸쳐 사회적 학습에 의해 전해지는 규범 의식을 구분할 필요가 있다. 예를 들어, 청원 기도를 할 때 자신을 낮추는 태도 같은 일반적인 행동 특징은 DNA를 통해 세대에 걸쳐 전해진다." 이 생각을 보다 발전시킨 논의는 J. R. Feierman, "How Some Components of Religion Could Have Evolved by Natural Selection" 참조.

5) J. T. Farrow and J. R. Herbert, "Breath Suspension during the Transcendental Meditation Technique", *Psychosomatic Medicine* 44, no. 3(1982): 133-53.

6) T. Kamei et al., "Decrease in Serum Cortisol during Yoga Exercise Correlated with Alpha-Wave Activation", *Perceptual Motor Skills* 90(2000): 1027-32.

7) F. Travis and R. K. Wallace, "Autonomic and EEG Patterns during Eye-Closed Rest and Transcendental Meditation(TM) Practice: The Basis for a Neural Model of TM Practice", *Conscious Cognition* 8, no. 3(1999): 302-18.

8) 이에 대한 개관은 H. Benson, *The Relaxation Response*(New York: Avon Books, 1975)와 D. J. Holmes et al., "Effects of TM and Resting on Physiological and Subjective Arousal", *Journal of Personality and Social Psychology* 44(1980): 245-52 참고.

9) M. Bujatti and P. Riederer, "Serotonin, Noradrenaline, and Dopamine Metabolites in the Transcendental Meditation Technique", *Journal of Neural Transmission* 39(1976): 257-67.

10) 이 책을 최종적으로 편집하던 중에 A. Newberg와 M. R. Waldman의 *How God Changes Your Brain*(New York: Ballantine, 2009)을 구해볼 수 있었다.

매우 유익하고 잘 씌어진 이 책에서 저자들은 영적인 믿음과 경험이 뇌의 변화에 어떤 영향을 미치는지 분석하고 있다. 이와 관련된 논문으로는 S. W. Lazar et al., "Functional Brain Mapping of the Relaxation Response and Meditation", *Neuroreport* 11, no. 7(2000): 1581-85 참고.

11) R. Ritskes et al., "MRI Scanning during Zen Meditation: The Picture of Enlightenment", *Constructivism in the Human Sciences* 8(2003): 85-89.

12) K. Weich et al., "An fMRI Study Measuring Analgesia Enhanced by Religion as a Belief System", *Pain*, September 5, 2008.

13) M. R. Roesch and C. R. Olson, "Neuronal Activity Related to Reward Value and Motivation in Primate Frontal Cortex", *Science* 304(2004): 307-10; G. D. Stuber et al., "Reward-Predictive Cues Enhance Excitatory Synaptic Strength onto Midbrain Dopamine Neurons", *Science* 321(2008): 1690-92; K. A. Burke et al., "The Role of Orbitofrontal Cortex in the Pursuit of Happiness and More Specific Rewards", *Nature* 454(2008): 340-44.

14) P. McNamara, "The Motivational Origins of Religious Practices", *Zygon* 37, no. 1(2002): 143-60.

15) J. J. Paton et al., "The Primate Amygdala Represents the Positive and Negative Value of Visual Stimuli during Learning", *Nature* 439(2006): 865-70; T. Sharot et al., "Neural Mechanisms Meditating Optimism Bias", *Nature* 450(2007): 102-105.

16) 매클루언Marshall McLuhan은 '미국 성조기'와 그냥 '미국 국기'라는 말이 적힌 비슷한 천 조각의 차이를 생각해보라고 하면서 상징과 말의 차이가 어떤 것인지 보여주었다. M. McLuhan, *Understanding Media*(New York: McGraw-Hill, 1964).

17) H. Phillips, "How Life Shapes the Brainscape", *New Scientist*, November 13, 2005; D. B. Polley et al., "Naturalistic Experience Transforms Sensory Maps in the Adult Cortex of Caged Animals", *Nature* 429(2004): 67-71; G. H. Mead, *Mind, Self, and Society*(Chicago: University of Chicago Press, 1934).

18) S. B. Hofer et al., "Experience Leaves a Lasting Structural Trace in Cortical Circuits", *Nature* 457(2009): 313-17.

19) K. J. Flannelly et al., "Beliefs, Mental Health, and Evolutionary Threat Assessment Systems of the Brain", *Journal of Nervous and Mental Disease* 195(2007): 996-1003; K. J. Flannelly et al., "Beliefs about Life-after-Death, Psychiatric Symptomology, and Cognitive Theories of Psychopathology", *Journal Psychology and Theology* 36, no. 2(2008): 94-103.

20) 이와는 다르지만 상당 부분 중복된 시각에 대해서는 P. Bloom, "Religion Is Natural", *Developmental Science* 10, no. 1(2007): 147-54; A. Traves, "Religious Experience, and the Brain", in *The Evolution of Religion*, ed. J. Bulbulia et al.(Santa Margarita, CA: Collins Foundation Press, 2008), pp. 211-18; P. Boyer, "Bound to Believe?" *Nature* 455(2008): 1038-39; H. Whitehouse, "Cognitive Evolution and Religion; Cognitive and Religious Evolution", in *The Evolution of Religion*, ed. J. Bulbulia et al.(Santa Margarita, CA: Collins Foundation Press, 2008), pp. 31-42 참고.

21)J. D. Cohen and G. Aston-Jones, "Decision and Uncertainty", *Nature* 436(2005): 471.

22) 이것을 집에서 실험해선 안 된다.

23) J. N. Wood and J. Grafman, "Human Prefrontal Cortex: Processing and Representational Perspectives", *Nature Reviews* 4(2003): 139-47.

24) M. P. Walker et al., "Dissociable States of Human Memory Consolidation and Reconsolidation", *Nature* 425(2003): 616-20.

25) L. C. Lee et al., "Independent Cellular Processes for Hippocampal Memory Consolidation and Reconsolidation", *Science* 304(2004): 839-43; B. E. Depue et al., "Frontal Regions Orchestrate Suppression of Emotional Memories via a Two-Process", *Science* 317(2007): 215-19.

26) L. Pessoa, "Seeing the World in the Same Way", *Science* 303(2004): 1617-18.

27) S. C. Pepper, *World Hypotheses*(Berkeley: University of California Press, 1942).

Chapter 10　나의 뇌는 스트레스에 얼마나 견딜까?

1) Z. Zhou et al., "Genetic Variation in Human NPY Expression Affects Stress Response and Emotion", *Nature* 452(2008): 997-1001.

2) A. Troisi, "Gender Differences in Vulnerability to Social Stress: A Darwinian Perspective", *Physiology and Behavior* 73, no. 3(2001): 443-49.

3) S. B. Baylin and K. E. Schuebel, "The Epigenomic Era Opens", *Nature* 448(2007): 548-49; A. Eccleston et al., "Epigenetics", *Nature* 447(2007): 395-440.

Chapter 11　종교, 미움과 다툼 없는 논의를 위하여

1) 이와 관련된 논의는 D. Bell, *The End of Ideology*(New York: Collier Books, 1961); F. Fukuyama, *Our Post-human Future*(New York: Farrar, Straus, and Giroux, 2002); H. N. Smith, *Virgin Land*(Cambridge, MA: Harvard University Press, 1950)에서도 발견된다.

2) B. Stevens, *Wall Street Journal*, May 12, 2009.

3) R. R. Wisse, *Jews and Power*(New York: Next Book/Schocken, 2007).

4) A. France, *The Gods Will Have Blood*(New York: Penguin, 1980, first published in 1912). 또는 T. Carlyle, *The French Revolution*(New York: George Routledge, 1904)

5) R. M. Gerecht, "The Jihad and the Ballot Box", *New York Times*, June 21, 2009.

6) P. Boyer, "Bound to Believe?", *Nature* 455(2008): 1038-39.

7) P. Bloom, "Religion Is Natural", *Development Science* 10(2007):147-51.

8) A. Norenzayan and A. F. Shariff, "The Origin and Evolution of Religious Prosociality", *Science* 322(2008): 58-62.

9) K. J. Flannelly et al., "Beliefs about Life-after-death, Psychiatric Symptomology, and Cognitive Theories of Psychopathology", *Journal of Psychology and Theology* 36(2008): 94-103; K. J. Flannelly et al., "Beliefs, Memtal Health, and Evolutionary Threat Assessment Systems in the Brain", *Journal of Nervous and Mental Disease* 195, no. 12(2007): 996-1003; M.

McGuire and L. Tiger, "The Brain and Religious Adaptations", in *The Biology of Religious Behavior: The Evolutionary Origins of Religious Behavior*, ed. J. R. Feierman(Santa Barbara, CA: Praeger, 2009), pp. 125-40. 우리는 의식과 자유의지의 문제를 다루지는 않았다. 그 이유는 이 두 주제와 관련된 논의가 매우 심한 변화를 보이고 있는 데다, 우리 또한 이 문제를 다루지 않는 것이 좋다고 생각했기 때문이다.

10) D. S. Wilson, "Evolution and Religion: Theoretical Formation of the Obvious", in *The Evolution of Religion*, ed. J. Bulbulia et al.,(Santa Margarita, CA: Collins Foundation Press, 2008), pp. 23-29.

11) F. de Waal, *Primates and Philosophers: How Morality Evolved*(Princeton, NJ: Princeton University Press, 2007)

12) B. Y. Hayden et al., "Fictive Reward Signals in the Anterior Cingulated Cortex", *Science* 324(2009): 948-50.

13) E. Gellner, "Nature of Society in Social Anthropology", *Philosophy of Science* 30, no. 3(July 1963).

God's Brain
신의 뇌

초판 1쇄 인쇄 2012년 1월 25일
초판 1쇄 발행 2012년 1월 30일

지은이 라이오넬 타이거 · 마이클 맥과이어
옮긴이 김상우

펴낸곳 와이즈북
펴낸이 심순영

등록 2003년 11월 7일 (제313−2003−383호)
주소 121-841 서울시 마포구 서교동 464−4, 5층

전화 02) 3143-4834
팩스 02) 3143-4830
이메일 cllio@hanmail.net

ⓒ 와이즈북, 2012
ISBN 978-89-958457-6-9 03400

＊ 책값은 뒤표지에 있습니다.
＊ 잘못 만들어진 책은 바꾸어드립니다.
＊ 이 도서의 국립중앙도서관 출판시도서목록(CIP)은
 e−CIP 홈페이지(http://www.nl.go.kr/ecip)와
 국가자료공동목록시스템(http://www.nl.go.kr/kolisnet)에서 이용하실 수 있습니다.
 (CIP 제어번호: CIP2012000003)